U0217141

XINSHIDAI
ZHONGGUO TESE SHEHUIZHUYI
JINGJI LUNCONG

新时代中国特色社会主义经济论丛

新时代
中国特色社会主义
生态环境理论探索
2019

陈　工　谢贞发　黄寿峰 等/著

厦门大学出版社
XIAMEN UNIVERSITY PRESS
国家一级出版社
全国百佳图书出版单位

图书在版编目(CIP)数据

新时代中国特色社会主义生态环境理论探索 2019 / 陈工，谢贞发，黄寿峰等著.
—厦门：厦门大学出版社，2019.8
(新时代中国特色社会主义经济论丛)
ISBN 978-7-5615-7552-9

Ⅰ. ①新… Ⅱ. ①陈… ②谢… ③黄… Ⅲ. ①生态环境－研究－中国
Ⅳ. ①X321.2

中国版本图书馆 CIP 数据核字(2019)第 163199 号

出 版 人 郑文礼
责任编辑 江珏玙 李峰伟
封面设计 李夏凌
技术编辑 许克华

出版发行 厦门大学出版社
社　　址 厦门市软件园二期望海路 39 号
邮政编码 361008
总　　机 0592-2181111 0592-2181406(传真)
营销中心 0592-2184458 0592-2181365
网　　址 http://www.xmupress.com
邮　　箱 xmup@xmupress.com
印　　刷 厦门集大印刷厂

开本 787 mm×1 092 mm 1/16
印张 16.25
字数 336 千字
版次 2019 年 8 月第 1 版
印次 2019 年 8 月第 1 次印刷
定价 58.00 元

本书如有印装质量问题请直接寄承印厂调换

厦门大学出版社
微信二维码

厦门大学出版社
微博二维码

前 言

党的十八大以来，以习近平同志为核心的党中央面对极其复杂的国内外经济形势，坚持观大势、谋全局、干实事，在实践中形成了以新发展理念为主要内容的习近平新时代中国特色社会主义经济思想，它是推动我国经济发展实践的理论结晶，是党和国家十分宝贵的精神财富。同时，习近平总书记对生态环境的保护和生态环境理论的发展发表了一系列重要讲话、重要论述，内涵丰富，博大精深，为做好生态环境的理论和实践研究工作提供了根本遵循。

厦门大学财政学科源于1928年的“银行学系”，1951年设立了厦门大学财政金融系，1981年开始招收财政学硕士研究生，1984年开始招收财政学博士研究生，1985年成立了厦门大学财政科学研究所，1987年成为全国首批唯一的财政学国家重点学科点，在2001年与2007年的评审中两度成为国家级重点学科。财政系科学研究水平高，成果丰硕，经过几十年的积累，在财政基础理论、税收理论与政策、公共投资、公共经济与管理等方面已形成了自己的研究特色和优势，具有扎实的理论基础和深厚的学术底蕴，现已成为我国研究财政理论与政策、财政经济人才培养最重要的基地之一，也是我国高等学校财政学专业重要的具有骨干和示范作用的教学科研基地。

本专著汇集了近年来厦门大学财政学科的各位师生在中国特色社会主义生态环境理论方面的探索和思考，覆盖了环境保护税与税法效应、分权与税收分成、碳排放与碳排放交易制度、环境规制与能源替代政策以及油价与交通设施5个部分共14章内容，系统探讨了中国的发展与环境问题。各章的主要负责人有：邓力平（第一章和第二章）、刘晔（第三章和第九章）、陈工（第四章和第五章）、黄寿峰（第六章和第十一章）、梁若冰（第七章、第十二章、第十三章和第十四章）、王艺明（第八章）、冯俊诚（第十章）。该专著反映了厦门大学财政学科各位师生在研究和发展中国特色社会主义生态环境理论上所做出的努力，但由于能力所限，很多观点可能还不成熟，还有很多值得完善的地方，欢迎读者批评指正。

本专著的研究和出版工作获得了厦门大学经济学院和王亚南经济研究院、福建省特色新型智库——社会经济政策量化评估中心、福建省高校人文社科重点研究基地——厦门大学公共经济研究中心的资助，在此一并致谢。

CONTENTS 目录

第一部分　环境保护税与税法效应研究

第二部分　分权、税收分成与环境污染

第三部分　碳排放与碳排放交易制度

第四部分　环境规制、能源替代政策与空气污染

第五部分　油价、交通设施与空气污染

第一部分

环境保护税与税法效应研究

第一章　对我国环境保护税立法的五点认识

陈斌　邓力平*

运用税收来推动环境治理是近年来国家的重要思路。国务院 2007 年就提出“探索建立环境税收制度，运用税收杠杆促进资源节约型、环境友好型社会的建设”。党的十八届三中全会要求“推动环境保护费改税”。依据中央决定，环境保护税已被列入第十二届全国人大常委会立法规划，且正在推进之中。环境保护税立法不仅体现了我国利用税收手段推动环境治理的决心，也是对税收法定原则的落实，我们必须深刻理解。

一　立法理论基础

理论研究、实践佐证和发展经验均表明，环境保护税作为重要的环境经济政策工具，对解决环境问题具有重要作用。环境保护税法作为专门的环境保护税收法律，必须具有明确的立法理论基础。从目前的《环境保护税法（征求意见稿）》（以下简称《征求意见稿》）看，应该说国家在这方面已经做了大量工作，但还需要进一步完善。

其一，“绿色发展理念”作为理论依据应在环境保护税法中得到充分体现。《征求意见稿》第一条提出了环境保护税的立法宗旨，即“为保护和改善环境，促进社会节能减排，推进生态文明建设，制定本法”。这里有三层意思：一是保护和改善环境。环境保护税作为特定目的税，设立的目的主要就是保护和改善环境。二是促进社会节能减排。环境污染具有负外部性，环境保护税作为“纠正性”税收，其核心是利用税收手段迫使企业实现外部性的内部化。三是推进生态文明建设。环境保护税秉持“环境优先”的原则，强调在发展中重环保，在环保中求发展，走经济发展与环境保护协调发展之路。我们对此表示赞同，并进一步认为，环境保护税还应增加一项立法目的，即促进产业转型升级。开征环境保护税后，排污企业的生产成本增加，这必然促使资源由效益低下、污染排放量大的企业流向新兴产业、高新技术产业、清洁产业，从而推动产业结构的优化升级。更为重要的是，党的十八届五中全会提出的“创新、协调、绿色、开放、共享”五大发展理念，是对我国

---

* 陈斌，厦门国家会计学院副教授。邓力平，厦门大学经济学教授，厦门国家会计学院院长。

新时期发展规律的新认识、新概括。环境保护税正是落实绿色发展理念的重要经济手段。我们据此建议将“绿色发展理念”作为环境保护税的理论依据写入立法宗旨中，可以将《征求意见稿》第一条修改为：“依据绿色发展理念，为保护和改善环境，促进社会节能减排和产业转型升级，推进生态文明建设，制定本法。”

其二，环境保护“费改税”的必要性和可行性应该得到体现。对于环境保护“费改税”，国内大多数学者都持赞成态度（黄新华，2014；葛察忠等，2015；许文，2015；苏明等，2016），认为排污收费制度存在较多缺陷，不能有效应对当前经济发展和环境治理之间的矛盾。通过分析环境保护税的内在机制，越来越多的学者认为，环境保护“费改税”应是治理环境的合适经济手段与必要选择。当然也还存在对排污费改税的一些担心，如对环境保护税开征受制于技术因素和既定利益的担忧，对征纳双方的信息不对称与税收综合成本可能增加的考虑，以及认为通过完善排污费制度来解决可能更为可行的观点。

我们认为，评价环境保护“费改税”是否具有必要性和可行性，应该从我国当前国情特征和税费关系出发来分析这项改革能否解决经济社会发展中的突出矛盾，既要坚持排污费改税的正确方向，又要妥善处理各种关系，解决各种担忧，并将逐步统一的认识与行之有效的经验纳入立法理论基础中来。一是要充分认识排污费改税的必要性。环境保护的收费制度一直是我国环境保护的主要经济手段，但已暴露出越来越多的弊端。从规范层面看，排污费以行政法规和行政规章为主，法律位阶较低，强制性较弱；从制度设计层面看，排污费存在征收面窄、征收标准偏低、征收力度不足、征收效率低等不足，难以为降低污染排放提供有效激励。因此，必须考虑开征环境保护税，其相应的立法是一项“清费立税”的改革。新修订的《环境保护法》第二十一条规定：“国家采取财政、税收、价格、政府采购等方面的政策和措施，鼓励和支持环境保护技术装备、资源综合利用和环境服务等环境保护产业的发展。”第二十二条规定：“企业事业单位和其他生产经营者，在污染物排放符合法定要求的基础上，进一步减少污染物排放的，人民政府应当依法采取财政、税收、价格、政府采购等方面的政策和措施予以鼓励和支持。”第四十三条还规定：“依照法律规定征收环境保护税的，不再征收排污费。”这些法规都为环境保护的“清费立税”提供了法律依据，必须在环境保护税的立法中得到体现。二是要充分认识以税收形式进行环境治理的可行性。环境保护税具有强制性、固定性和无偿性的一般共性。环境保护税的强制征收，可以克服环保部门征收排污费的强制力不够、执法容易受制于地方经济发展需求等缺陷，可以约束地方政府的自由裁量权，减少权力寻租，影响经济主体的生产和消费行为。环境保护税相对于排污费，其公开性、稳定性也有利于保护纳税人的合法权益，加强部门监督。我国虽然在环境和资源保护方面也开征了一些税种，但是这些税种受功能定位影响，调控效果有限。因此，需要推进以环境保护为目的的环境保护税出台。这些理论共识与实践经验都应该在环境保护税的立法中得到体现。

其三，对环境保护税实施可能的约束条件的突破必须在立法过程中加以考虑。在认识环境保护税是解决环境问题有效手段的同时，还应明确环境保护与治理是一个复杂、系统的问题。税收不是解决环境问题的“万能药方”，其自身也有局限性，在某些领域或环节，其作用的发挥会受到限制。对于环境保护税实施后会出现的制约因素，特别是涉及利益格局的调整，应通过进一步完善环境保护税制度及其相关配套制度来加以解决。一个富有效率且具备可行性的环境保护税制度，必须建立在参与各方利益均衡的基础上。因此，环境保护税在制度设计中需要明确各方的权利和义务，建立激励相容的环境税收制度。环境保护税在实施过程中还需要根据利益格局的变化不断调整，达到新的均衡。此外，要实现环境的有效治理，还需要多种手段配合，建立多元化的治理机制，才能实现环境保护与经济发展的双赢目标。一是要加强环境立法工作，健全和完善环境保护相关的法律法规。法律控制是对环境行为实施约束的最有效手段。二是除税收外，还应使用政府管制、排污权交易制度等措施控制污染物排放。三是综合利用财税、金融等政策支持环保技术的开发，促进新能源、可再生能源的发展，从源头上解决环境污染问题。这些基本思路在环境保护税的立法过程中都应该得到充分考虑。

其四，对环境保护税两大职能的协调平衡应该成为立法考虑的重要因素。任何税收都具有调控与收入两大职能，环境保护税也不例外。环境保护税的调控职能表现为：一是环境保护税遵循“谁污染，谁付费”的原则，通过对排污者征税，使排污者承担与其自身造成的污染破坏相当的环境成本，进而限制排污者的排污行为来实现环境保护的目标；二是对排污者征收环境保护税还可能发挥激励效应，即排污者为了减少缴纳的环境保护税，可以通过加大科技创新、购买节能环保设备等方式减少污染排放，从而促进技术进步和产业升级。由此可见，无论是发挥“纠正性”被动调节作用，还是发挥正向激励效应，该税都会起到促进节能减排、保护和改善环境的作用。而环境保护税的收入职能则是指通过开征环境保护税来增加政府财政收入，为政府治理环境污染提供财力支撑。显然，开征任何税种的关键都是要处理好税收这两项职能之间的关系，对于环境保护税则必须予以特别考虑。总体上看，该税的这两项职能相辅相成，内在统一，但是作为“纠正性”税收，环境保护税应坚持以调控职能为主，收入职能为辅，不宜过分强调环境保护税的收入功能。从短期看，环境保护税的开征必然带来税收收入的增长；从长期看，随着环境保护税调控职能的发挥，环境保护税的征收将会抑制污染排放，而污染排放的减少势必带来税收收入的减少。我们认为，这个基本判断必须在环境保护税的立法层面得到确认，在立法过程中得到体现。

二　落实税收法定原则

党的十八届三中全会对落实税收法定原则提出了明确要求。依据税收法定原则，开征环境保护税，必须立法先行。《征求意见稿》在落实税收法定原则、实现“费改税”有效

衔接等方面已经做了充分考虑，有了鲜明特色，但还有一些必须完善的内容。我们提三点建议：

其一，环境保护税立法是落实税收法定原则中国实践的首次亮相。当前，我们在探寻落实税收法定原则之中国模式方面已经迈出了实质性的步伐，必须在环境保护税的实践中予以体现。新修订的《立法法》对税收法定原则进行了重申与强化，要求今后凡是要开征新税的，都要由全国人大及其常委会制定法律，即“先立后征”。“环境保护税法”是《立法法》修订后可望首先出台的税收法律，在落实税收法定原则上迈出了第一步。根据税收法定原则，需要将依据行政规章、条例征收的排污费提升到依据法律位阶较高的《环境保护税法》征收的环境保护税，这是“费改税”的自然演进过程。我们要依据《立法法》确定的税收法定原则做好环境保护税的立法工作，使该税的立法进程真正成为税收法定中国模式的典范。

其二，正确理解《立法法》对全国人大及其常委会赋予的税收专属立法权。《立法法》第八条第六款规定：税种的设立、税率的确定和税收征收管理等税收基本制度，只能制定法律。这一表述方式曾经在全国人大审议期间引起过争议，焦点在于“税种设立”与“税率确定”是否存在同义反复的问题。我们认为，每一个税种都是由具体的税制要素构成的，税制要素包括纳税人、课税对象、税目、税率、纳税环节、纳税期限、减免税等，其中纳税人、课税对象和税率是税种的基本税制要素，任何税种如果缺少这三个要素，均无法成立。所以税种的设立已经包括了税率的确定，但是考虑到纳税人对税率要素格外敏感和特别关注，最终全国人大表决通过的《立法法》修订稿中将税种的设立与税率的确定分别列示。我们认为，《立法法》对于税收法定的表述已经明确，必须予以执行。要站在落实税收法定的高度进行理解，不再纠结于“税种是否包含税率”问题。我们曾经强调，理论探讨依然可以有，各种表述也各有道理，但是税收法定得以确定的意义始终是首位的，法律的严肃性必须得到尊重。这些要求必须在环境保护税的立法中得到体现，特别是在该税“税种设立”与“税率确定”这两个方面要能体现出税收法定中国模式的特色。

其三，在税收法定前提下做好环境保护税税制诸要素的确定。“环境保护税法”应是在吸收和继承了原《排污费征收使用管理条例》基础上的新发展。它不仅应吸纳排污费多年实践中的经验教训，也要考虑新时期环境保护的功能和需求，要能基本形成符合中国特色的规范化、制度化、程序化的环境保护税法律框架。但是在税制诸要素的设计和落实税收法定原则上，《征求意见稿》还存在一些不足。这里提三个方面建议：

一是关于征税对象的确定。《征求意见稿》第三条规定，征税对象为“大气污染物、水污染物、固体废物、建筑施工噪声和工业噪声以及其他污染物”。这与原来排污费的规定是一致的。这种制度安排是为了实现环境保护税和排污费间的平稳过渡，但相对而言，征税范围太窄，调控力度不足，难以发挥环境保护税的效应。例如，《征求意见稿》没有将二氧化碳列入征税范围，虽然从短期来看，对二氧化碳征税时机并不成熟，且气候问题是一个全球性问题，开征二氧化碳税还需要国际协调，但从长远来看，在全球气候变暖的大背景下，对二氧化碳征税势在必行。因此，环境保护税立法要体现一定的前瞻性，将来应在综合考虑环境现状、经济社会发展情况、纳税人负担水平、税收征管能力等因素的前提下，适当扩大环境保护税的征税范围，逐步将生态保护、自然资源保护纳入征税范围。我们建议环境保护税法应留下立法空间，《征求意见稿》第四条可明确提出："根据经济社会发展的情况，适当地调整环境保护税的税目和税额。"

二是关于税额标准的确定。《征求意见稿》中税额标准存在的主要问题有二：其一，税额标准偏低。《征求意见稿》只是将大气污染和水污染的税额标准比原排污费提高了一倍，其余征收对象的税额标准与原排污费的标准相同。这种安排没有考虑到我国环境保护的实际情况和环境保护税加强调控职能的需要，因此建议根据治理成本对各税目的税额标准进行科学测算，并建立定期调整机制。其二，超标课税的方法还不够合理。《征求意见稿》第十条将排污费原本适用于水污染的超标加倍征收扩展到大气污染，并提出按3倍全额累进征收。由于全额累进在污染排放量的临界点会出现税负增长超过计税依据增长的问题，因此我们建议将《征求意见稿》第十条的税额累进方式由全额累进改为超额累进。

三是关于授权立法的运用。《立法法》第九条对税收横向授权立法给予了保留，规定对专属立法权没有明确规定的事项，可以授权国务院制定行政法规。但是《立法法》并未对地方纵向授权立法做出明确规定。从税收立法实践看，我国目前单行税收法律、行政法规中涉及省级政府授权立法的税种不在少数，如《车船税法》第二条、第五条，《资源税暂行条例》第三条、第七条，《城镇土地使用税暂行条例》第五条、第八条、第十三条，《耕地占用税暂行条例》第五条，《契税暂行条例》第三条，《房产税暂行条例》第六条、第七条、第十条等，均授权给省级政府在本地方范围内决定具体适用税率或税额、税收减免税权、纳税期限、实施规则的制定权等。考虑到我国存在较大的地区差异，在个别税制要素方面，确实不宜采取全国"一刀切"的做法，将这些税制要素的调整权交给省级政府有其合理性和必要性。从法理上看，综合考察《宪法》第一百零七条第一款、《立法法》第八十二条第一款的规定，地方政府可以依照法律规定的授权，为管理本行政区域内的各项行政工作制定地方规章。但地方规章的制定必须受到两个方面的限制：其一，必须要有法律、行政法规和地方性法规的依据。其二，其规定的事项只能是"为执行法律、行政法规、地方性法规的规定需要制定规章的事项"。换言之，地方政府就决定个别税收要素而制定地方规章的立法权必须来自于上位法的授权。认真研究这些规定要求，应该说在环境保护税的立法中，在某些税收要素上对地方进行纵向授权是有法律依据的。

进而，就环境保护税的税制设计而言，我们应当考虑不同地区的经济发展水平和税负承受能力，以及我国环境治理的复杂性。我国东部沿海地区的产业结构以高科技、高效率、低投入、低能耗的产业为主，开征环境保护税对东部沿海地区大部分企业的影响有限。与东部沿海地区相比,中西部地区的产业结构以高能耗、低效率、高排放的产业为主,对环境和生态系统构成了很大压力。随着环境保护税的开征,中西部地区大部分企业的生产成本将显著提升,企业经营将受到较大影响,部分企业可能会减少产能甚至退出该产业,这会直接影响到中西部地区的经济发展,并最终影响到我国目前的区域经济格局。因此,在环境保护税的立法中必须考虑这些地区差异因素,在税制设计时切忌"一刀切"。

鉴于此,我们认为环境保护税的立法应该采用"立法+授权"这一既合法又现实的模式。在坚持税收法定原则的前提下,授权地方适当的税收立法权限,有利于各地根据实际情况制定有效的环境治理政策,提高地方政府治理环境的积极性,从而更好地发挥环境保护税的职能。因此,在《征求意见稿》的第四条、第七条、第十二条中明确授予省级政府在税额标准、征税范围、税收优惠方面适当的立法权,既合理且必要。当然,《征求意见稿》在授权立法方面还存在一些值得再研究的地方。第一,根据税收法定原则,地方税收立法权应当由地方人大及其常委会行使。因此,建议将上述条文中的"省、自治区、直辖市人民政府"修改为"省、自治区、直辖市人民代表大会及其常务委员会"。第二,授权立法应当有适当的限制。《立法法》第十条规定:"授权决定应当明确授权的目的、事项、范围、期限以及被授权机关实施授权决定应当遵循的原则等。""环境保护税法"在授权地方行使税率上浮的上限、税基扩大的种类、税收减免的权力等方面都应当有适当的限制,防范地方对授权立法的滥用。第三,要完善税收授权立法的监督机制。我国宪法和法律都规定地方制定的法规、规章应当向全国人大常委会、国务院备案,《征求意见稿》只在第四条税率上浮的授权中提出了备案要求,其他授权条款都没有体现。我们建议应当对所有授权条款都提出备案要求。

三　事权的划分与收入归属

关于环境保护税的收入归属问题,即环境保护税究竟是中央税、地方税还是中央地方共享税,《征求意见稿》没有加以体现,这是正常也是合适的,因为财税体制改革还在深化,法律要为改革留下必要的探索空间。但从现实来看,收入归属不清可能会造成税收征收过程中中央政府和地方政府之间的利益冲突和相互博弈。因此,在环境保护税的立法过程中,要有从法律到征收实践的顶层设计,有必要现在就对环境保护的事权划分进行必要的明确,而后根据事权与支出责任匹配的原则,在总体框架下对环境保护税的收入归属做出初步或意向性的明确,这样既体现了立法的法律导向,又为立法留下了空间,有利于下一步工作的衔接。

其一,要明确环境保护事权划分的理论依据与现实制约。清晰、合理地划分环境保护的政府间事权,是明确各级政府在环境保护方面的职责和范围,确定其支出责任的基础,也是开征环境保护税必须考虑的重要因素。党的十八届三中全会提出“建立事权与支出责任相适应的制度”“中央和地方按照事权划分相应承担和分担支出责任”“保持现有中央和地方财力格局总体稳定”等要求,为明确中央与地方环境保护事权指明了方向。环境问题具有跨区域性、复杂性和动态性的特点,因此单靠一级政府是无法对环境实现有效治理的而需要依据政府纵向事权划分的基本理论,结合环境管理的实际情况,对环境保护的纵向事权进行清晰的划分。在此基础上,根据事权与支出责任相匹配的原则,划分环境保护税的收入归属。政府纵向事权划分的基本理论主要包括公共产品理论与信息不对称理论,将这些理论用于环境保护事权的划分,对我们考虑环境保护税收入的划分是有帮助的。

政府事权划分的理论依据与现实因素是要统筹考虑的。中国现实中划分政府环境保护事权时,需要考虑的主要因素有三:一是环境问题的跨区域外部效应,需要纵向与横向的协调应对;二是环境问题上存在的信息不对称,中央政府无法掌握某一企业的排污情况,因而无法进行有效监管,只能由具有信息优势的地方政府来承担;三是环境治理具有复杂性和动态性,某些环境治理事务只能由某一特定层级的政府来承担。简言之,从中国现实出发,区分不同范围的环境保护工作作为全国性公共产品、地方性公共产品、跨区域公共产品等不同属性,充分考虑相关主体在环境保护信息方面的不对称因素后,我们建议《征求意见稿》应该对一些原则性的规定做出必要表述。环境保护的事权应当由中央政府和地方政府共同承担,大部分事权应当界定给地方政府,而与此相对应的环境保护税收入的归属就有了对应的要求。这种理论判定应该尽量在立法中得到必要的体现。

其二,对环境保护税收入归属的政策建议。根据事权与支出责任匹配的原则,合理划分环境保护税的收入归属。环境保护税的收入归属直接影响到环境保护税能否有效实现环境保护的宗旨。若将环境保护税作为地方税,一方面,地方政府希望通过环境保护税取得更多的财政收入,而环境保护税收入的增加与排污企业排污量增加是成正比的,即排污量越大,财政收入越多。为了争夺税源,地方政府会放松相关的环境管制,这不仅不能促进环境保护、节能减排,反而产生了反向激励作用——鼓励企业排污。另一方面,因污染外溢而受损的地方政府很难从受益的政府那里获得应有的补偿。而若将环境保护税作为中央税,地方由于无法享有环境保护税带来的税收利益,往往会缺乏有效执行环境保护税制度的动力,从而影响到环境保护税职能的发挥。我们据此建议,环境保护税收入应当由中央政府与地方政府共享,分享比例要兼顾环境保护事权的划分和中央与地方的收入格局。从目前我国排污费的收入归属看,90%的排污费收入归属于地方财政收入。按照中央提出的“保持现有中央和地方财力格局总体稳定”的基本要求,我们建议环境保护税作为中央与地方共享的税种,应当由地方税务局征收,收入分享比例应当向地方倾斜。

四 预算管理体系

《征求意见稿》第二十八条规定:“本法施行后,对依照本法规定征收环境保护税的,不再征收排污费。原由排污费安排的支出纳入财政预算安排。”这一规定将环境保护支出纳入了预算安排,体现了依法理财的要求。同样,从法律制定与实践运作的关系看,做出这样的规定是合适的。但由于现实中对排污费改税后在预算中的使用方向没有明确,容易导致公众对开征环境保护税产生疑虑。因此,在环境保护税立法中,如何兼顾法律要求与改革实践的关系,在法律的相关部分适当地表明该税收入的使用方向,可能是立法时需要加以考虑的内容。

其一,坚持环境保护税收入使用的长远方向。关于环境保护税的使用,是应当专款专用还是纳入一般公共预算管理使用,目前学术界还存在争论。一些学者(林烺,2015;宋丽颖和王琰,2015)认为,排污费改税后,为了较好地解决费改税的衔接问题,环境保护税的使用应继续沿用排污费的使用安排,采用专款专用制度较为合适。也有一些学者(苏明等,2016)认为,环境保护税收入不应指定用途使用,而应当纳入一般公共预算统一使用。我们认为,环境保护税收入的使用应当结合财政预算管理体制改革的目标与当前的环境现状进行考虑。在中国特色的全口径预算管理体系中,预算管理的目标是统筹安排各类政府收支。从长远看,排污费改税后,收入应当纳入一般公共预算统筹管理。同时通过建立中长期重大事项科学论证机制,编制中期预算规划,保障环境保护的必要支出。

其二,环境保护税收入的管理可采取“两步走”策略。我们历来倡导财税体制改革的渐进次优思路,在财税立法上也不例外。从我国国情与财税体制改革的发展看,我们倾向对环境保护税收入的管理与使用采用“两步走”的做法。第一步,在环境保护税改革的初设阶段,应当实行环境保护税专款专用。这主要基于以下考虑:一是我国当前的环境现状。我国当前的环境形势严峻,环境治理任务繁重,环境保护税收入专款专用有利于保障环保资金的投入。二是与排污费的平衡衔接和过渡。排污费归入政府非税收入,纳入一般公共预算,一直采用专款专用的管理模式。费改税后,继续采用专款专用,保持与原有制度的延续,有利于保障环保资金的稳定性。三是专款专用能够减轻环境保护税开征的政治和社会压力。专款专用具有明确的方向性和目标性,符合纳税人在纳税后期待获得相应回报的心理,能够获得公众对环境保护税改革的支持,减少改革阻力。第二步,当环境保护税基本达到了政策目标,污染排放量减少,环境保护税收入相应减少时,环境保护税收入就应当纳入一般公共预算的统筹管理。这主要基于以下考虑:一是符合财政预算管理规范化的总体要求。新修订的《预算法》第二十七条把环境保护支出纳入一般公共预算支出的范围,实际上间接明确了环境保护税收入将纳入一般公共预算。此外,国务院有关规定也指出："新出台的税收收入或非税收入政策，一般不得规定以收定支、专款专用。"这些规定直接明确了环境保护税收入将纳入一般公共预算统筹使用。二是环境保护是典型的公共产品，是市场经济下政府应尽的职责，其资金来源主要应是一般公共预算收入。环境保护税的收入是有限的，仅仅依靠环境保护税为环境治理进行投入是不现实的。三是可避免环境保护税收入专款专用中出现的截留、挪用、挤占问题。四是可避免环境保护支出结构的固化和支出的重复安排，有利于统筹安排各项财政资金，提高资金使用效率。五是一般公共预算的预决算必须经各级人大审议批准，以利于各级人大的监督，提高环保资金的使用效益。

环境保护税收入纳入一般公共预算管理后，社会公众可能担心用于环境保护的财政支出会减少。这个担忧是可以解除的。《预算法》第三十七条明确规定："各级一般公共预算支出的编制，应当统筹兼顾，在保证基本公共服务合理需要的前提下，优先安排国家确定的重点支出。"环境保护支出作为重点支出应当优先安排和重点保障。面对严峻的环境和生态形势，我国对节能减排和环境保护的重视程度日益增加，用于环境保护的财政支出逐年增长。因此，环境保护作为国家确定的重点支持方向，在绿色发展理念下，一定能在依法理财的框架下得到充分的资金保障。

五　协调机制构建

环境保护税立法是将原收费制度转变为税收制度，涉及体制转换、税制协同、部门利益调整等方面，因此制定环境保护税的相关协调机制非常重要。与前面事权划分与收入归属、预算体制管理问题相类似，协调机制的构建固然不是这次立法的重点，但同样必须随改革实践进程发展。作为顶层设计的重要部分，我们建议在此次立法过程中也要充分考虑这一因素，主要有以下三个方面：

其一，与排污权交易的协调。排污权交易与环境保护税都是针对排污企业征收的费用。排污权交易是在污染物排放总量控制指标确定的条件下，利用市场机制，通过污染企业之间交易排污权的方式实现低成本治理污染的目标。我国目前正在推行排污权交易试点。国务院有关文件明确：有偿取得排污权的单位，不免除其依法缴纳排污费等相关税费的义务。这意味着开征环境保护税后，排污企业可能面临着两种税费的叠加征收，企业税费负担过重。因此，环境保护税立法时需要慎重考虑环境保护税和排污权交易之间的协调，主要有三个方面：一是要建立以政府为主、市场为辅的环境调控机制，政府和市场共同构建起一个以环境保护税为主、排污权交易为辅的环境调控机制；二是要尽快建立合理的排污权交易机制，加强排污权交易的立法，通过立法来规范和保障排污权交易，还要建立排污权交易定价的市场化原则，减少行政干预；三是在污染排放总量控制的前提下，应合理划定排污权交易和环境保护税的比重。如果排污权交易部分比重过

大,就可能导致交易价格偏低,进而侵蚀环境保护税的税基;如果环境保护税比重过大,则可能导致排污权交易价格水平过高,影响到排污权交易效用的发挥。环境保护税税率水平和排污权交易价格水平之间要保持适度均衡。

其二,与绿色税制体系的协调。作为"十三五"规划的重要内容,资源税、消费税等相关税种也要进行改革。环境保护税与资源税、消费税、车辆购置税等其他具有环境保护职能的税种共同构建起我国的绿色税制体系。因此,环境保护税立法要考虑与其他绿色税种的衔接、配合和协调,避免出现重复征税和税制之间相互抵触的问题,使各个税种在环境保护目标下实现有机统一。在我国绿色税制体系的构建中,其他税种虽然也从不同的征税环节、征税对象发挥着环境保护的职能,但受税种自身功能定位的影响,调控作用有限,环境保护税应当发挥其核心作用。环境保护税立法后,消费税的立法也应跟上。高耗能、高污染的产品应纳入消费税征收范围,根据消费品对环境的影响确定消费税的税率水平:对高耗能、高污染的产品提高消费税的税率水平,对节能低碳产品适当调低税率或取消消费税的征收。要完善资源税制度,适当扩大征税范围,合理调整税率水平和结构,将资源开采产生的环境成本考虑进来,实行差别税率。车辆购置税未来可以考虑并入小汽车消费税,适当提高小汽车的消费税税率,简化税制。

其三,与税收征管机制的协调。环境保护税的征收是一项专业性很强的工作,单凭税务部门无法完成,而需要环保部门的配合。环保部门负责排污量的测定,税务部门负责税款征收。因此,《征求意见稿》将环境保护税征收模式明确为"企业申报、税务征收、环保协同、信息共享"。税务和环保两个部门必须实现充分的合作,构建税收征管协调机制。一是要构建环境保护税税收征管法律制度,提高税收执法的法律效力。当前《税收征管法》尚在修订过程中,这次修订应根据"环境保护税法"所确定的征管模式,为环境保护税的征管做出专门的制度安排。二是要强化税务与环保部门间的配合。环保部门要认真履行对应税污染物的监测、监督和审核工作,税务部门要认真履行对税款的征收、管理、稽查工作,其他相关部门(土地、供水、银行、进出口管理部门)作为第三方要发挥协同监管职能。三是要建立以互联网为依托的环境保护税征管信息平台,实现相关部门的信息共享,提高税收征管效率,降低税收征管成本。四是要构建问责机制。排污费改税后,环保部门的利益减少,可能会出现协同配合积极性不高的问题。为了防止工作中出现相互推诿的情况,应当构建相应的问责机制,监督环保、税务等部门切实履行职责。

本章参考文献

邓力平.落实税收法定原则与坚持依法治税的中国道路[J].东南学术,2015(5):12-19.

邓力平.中国特色社会主义财政、预算制度与预算审查[J].厦门大学学报(哲学社会科学版),2014(4):16-23.

陈斌.碳税对中国区域经济协调发展的影响与效应[J].税务研究,2010(7):45-47.
黄新华.环境保护税的立法目的[J].税务研究,2014(7):74-78.
葛察忠,李晓琼,王金南,等.环境保护税:环境税费改革的积极进展与建议[J].环境保护,2015(20):43-46.
许文.环境保护税与排污费制度比较研究[J].国际税收,2015(11):49-54.
苏明,邢丽,许文,等.推进环境保护税立法的若干看法与政策建议[J].财政研究,2016(1):38-45.
林烺.税收法定原则下环境保护税的立法设计[J].地方财政研究,2015(10):36-41.
宋丽颖,王琰.完善我国环境保护税法的思考[J].税务研究,2015(9):64-67.

第二章　环境保护税征管机制：新时代税收征管现代化的视角

陈斌　邓力平*

2016 年 12 月颁布的《环境保护税法》是我国落实税收法定原则后出台的第一部绿色税法，承载着落实绿色发展理念、促进生态环境保护的重任。在该法中，环境保护税征管模式被定义为“企业申报、税务征收、环保协同、信息共享”。对于这一征管模式，理论研究和实践经验都尚缺乏，有必要加强系统研究并注重问题导向。特别是在中国特色社会主义进入新时代后，作为一个践行绿色发展理念的新税种，征管机制的切实可行将关系到税务部门服务新时代与美丽中国建设的大局。基于此，本章拟从新时代税收征管现代化角度探讨环境保护税征管机制构建，提出完善这一征管机制的建议。本章是笔者关于环境保护税立法研究的继续（陈斌和邓力平，2016），更是在新时代对中国特色环境保护税理论与实践的再探索。

一　环境保护税征管机制内含的“四个定位”

党的十九大指出，中国特色社会主义进入新时代。这是党对国家发展阶段的历史定位，为做好新时代税收工作指明了方向，也是今天探讨环境保护税征管机制时必须考虑的时代背景。笔者的总体判断是，《环境保护税法》的出台是中国特色社会主义税收取得成就的一个体现。而在新时代，要依据党的十九大提出的新要求，围绕为“新时代税收征管现代化”提供“现实样本”的任务，做好环境保护税征管体制的细化落实与实践探索。所谓新时代税收征管现代化，强调的是税收征管要适应新时代下国家战略、社会治理、经济结构、税源结构、信息技术等变化趋势，这是一个主动调整与持续优化的过程，具体体现为征管机制的科学有效、税务机关的有效执法、信息资源的密切共享、征管纳服的合理联动等。笔者就环境保护税征管机制如何适应这一要求，提出“四个定位”的基本判断。

其一，新时代税收征管现代化要服务于落实新发展理念这一重要目标，环境保护税是践行这一目标的有效载体。党的十九大将“贯彻新发展理念，建设现代化经济体系”作

* 陈斌，厦门国家会计学院副教授。邓力平，厦门大学经济学教授，厦门国家会计学院院长。

为新时代经济发展的战略目标。“贯彻新发展理念”是“建设现代化经济体系”的重要前提。“创新、协调、绿色、开放、共享”的新发展理念，是实现新时代更高质量、更有效率、更加公平、更可持续发展的必由之路。税收作为国家财政收入的主要来源和国家治理的重要手段，应该在实现新发展理念方面发挥重要作用，为推动我国经济社会的稳定发展提供支撑。环境保护税正是落实绿色发展理念、推进生态文明建设的最直接、最重要的举措，通过环境保护税的征收，助力绿色发展，建设美丽中国。更重要的是，环境保护税的征收让人们对未来国家建设与新发展理念相适应的现代化税制有了更大信心。因此，虽然环境保护税税种不大，税款不多，但这是税务部门服务新时代新发展的开头炮与先行棋，头炮必须顺利打响，下棋必须马到成功。

其二，新时代税收征管现代化必须服务于“建设现代化经济体系”的总体要求，环境保护税的开征必须体现“现代化征管体系”的新特征。党的十九大报告指出：“我国经济已由高速增长阶段转向高质量发展阶段，正处在转变发展方式、优化经济结构、转换增长动力的攻关期，建设现代化经济体系是跨越关口的迫切要求和我国发展的战略目标。”现代化经济体系是由“质量变革、效率变革、动力变革”之三大变革，“实体经济、科技创新、现代金融、人力资源”协同发展之产业体系，供给侧结构性改革之主线，“市场机制有效、微观主体有活力、宏观调控有度”之经济体制等构成的完整经济体系，而要逐步形成这一体系，税收是可以通过现代化税制设置与现代化征管体系来体现作为的。环境保护税开征在其中的作用也是显而易见的。例如，环境保护税应主动对接和服务于供给侧结构性改革，在支持创业创新投资、化解过剩产能、促进环境保护等方面发挥作用，关系直接，任务明确。再如，环境保护税的征收还必然促进资源向新兴产业、高新技术产业、清洁产业流动，推动产业结构的优化。另外，税务部门在环境保护税征管之初，就要顺应“简政放权、放管结合、优化服务”的要求，将纳税服务内在地嵌入税收征管中，建立起符合新时代要求的“征管纳服统一体系”。

其三，新时代税收征管现代化必须与“深化税收制度改革”的新要求结合起来，而环境保护税从落实税收法定到具体实施开征已经体现了这一结合，并将继续从特定侧面诠释这一结合。例如，《环境保护税法》是《立法法》修订后出台的第一部税法，它关于环境保护税征管模式的规定是落实税收法定原则之中国模式的具体体现，较好地体现了现代化税收征管法定的三个层次：一是通过税收征管法定，增强税收执法的统一性和规范性；二是通过税收征管法定，尊重并保护纳税人的权利，提高纳税人的税法遵从度；三是通过税收征管法定，体现出税收制度设计的理念和原则，使税收征管水平与税收制度相适应。

其四，新时代税收征管现代化要能体现中国特色经济税收观和“集中力量办大事”的体制性优势，环境保护税征管体制的运行也要体现这些特色。中国特色的经济税收观为我们厘清经济现代化与税收现代化的关系提供了理论依据。经济体系现代化决定税收征管现代化，而税收征管现代化又服务于经济体系现代化。事实表明，国家财税部门已

经注重坚持把环境保护税的税制设计、政策运用和征管机制安排融入新时代经济社会发展与美丽中国建设进程。我们必须保留“集中力量办大事”的体制优势在新时代下并努力探寻新的表现形式。当生态文明进入新时代,环境保护成为全社会共同的价值追求和自觉行动时,环境保护税的征管除了需要税务机关、环保部门和地方政府配合,还需要土地、供水、银行、进出口管理部门等发挥协同监管职能,为共同目标协同联动,共建环境保护税征管的利益共同体。

二　环境保护税征管机制展现的“五个特征”

国家税务总局高度重视税收征管现代化建设,有关领导提出过“联动集成的税收征管现代化”的思路。就本章的研究内容而言,现在要做的就是把这种思路放在新时代背景下考察,并结合环境保护税征管体系进行实验探索。结合环境保护税征管机制的“四个定位”,考虑税收征管现代化的“联动集成”要求,笔者认为,环境保护税征管体制应该具有主体有效协同、信息聚合共享、制度征管联动、制度规范联动和征管纳服协调五个特征。

其一,环境保护税征管机制应实现多部门协同征管集成。《环境保护税法》规定的“企业申报、税务主导、环保协作、政府协调”征管模式与党的十九大报告中提出的“构建政府为主导、企业为主体、社会组织和公众共同参与的环境治理体系”精神是完全契合的。构建一个由税务机关、环保部门、地方政府、其他单位共同参与、分工协作、各负其责、发挥优势的多部门协同征管集成体,是环境保护税的内在要求和本质属性。第一,改善环境、减少污染物排放、推动生态文明建设是环境治理主体们的共同职责和价值追求。建立一个法治、公平、高效的多部门参与环境保护税协同征管机制,符合各方的共同利益。第二,多部门协同征管解决了税务机关单独征管可能出现的信息失真、监督乏力、税收流失等问题,提高了征管效率。第三,环境保护税的协同征管是维护纳税人权益的重要举措,多部门协同征管实现了资源整合和制度创新,客观规范了税务机关与环保部门的执法行为和纳税人的办税行为,较好地营造了公平、公正、公开的税收法治环境。

根据《环境保护税法》的规定,多部门协同征管集成体中的参与各方应有明确的职责划分。纳税人是主体责任者,承担着依法纳税申报和缴税的责任。纳税人由原来对排污费的“被动缴费”转变为对环境保护税的“主动纳税”,这是“污染者付费”原则的直接体现,有利于提升纳税人的纳税遵从意识和节能减排意识。税务机关是主导者,全面负责税收征管,履行受理纳税申报、比对涉税信息、核定税基、组织税款入库、实施税源管理、严格税务稽查职责。环保部门是协作者,主要负责依法制定和完善污染物监测规范,加强应税污染物的监测管理,为税务机关核定税基提供监测数据。地方政府是协调者,主要负责环境保护税征管工作的领导,建立税务机关与环保部门的协同配合机制,协调信息共享平台的运行维护。协同征管各方应当根据法律规定切实履行好各自职责，这是环境保护税征管机制有效运行的前提条件。为了充分调动协同征管各方的积极性，有必要在职责清晰的基础上，进一步明确各方的权利、义务及法律责任，建立起既相互制约又相互监督的环境保护税征管机制。

其二，环境保护税征管机制应实现信息聚合共享。税务机关与纳税人在污染排放信息方面处于不对称状态，纳税人可以利用这种信息不对称，通过各种手段隐瞒或伪造虚假信息来逃避纳税义务。为了防止出现这种税收流失风险，税务机关需要和环保部门建立信息共享机制，这是环境保护税实现有效征管的重要技术保障。税务机关和环保部门的信息共享程度越高，部门间协同水平越高，税收征管的效率就越高。一是税务机关与环保部门的涉税信息共享是推进环境保护税风险管理的重要抓手。税务机关通过环保部门共享的信息，利用环保部门对排污企业的监测数据来对企业纳税申报的真实性进行判断，从而建立起有效的税收风险控制机制。二是税务机关与环保部门的涉税信息共享是优化纳税服务、促进税法遵从的重要保障。税务机关通过搭建跨部门的信息共享平台，在获取环保部门及相关机构的涉税信息后，可以运用大数据分析技术，努力掌握纳税人的行为模式，在此基础上为纳税人提供更便捷、更有针对性的纳税服务，提升纳税服务整体效率。三是税务机关与环保部门的涉税信息共享是形成环境治理合力的“推动器”。税务机关利用环保部门提供的信息加强了税收管理，环保部门利用税务机关提供的信息加强了环境监管，涉税信息共享为创新环境治理、提升环境治理水平拓展了新空间。

其三，环境保护税征管机制应实现制度与征管的联动。成熟定型的环境保护税制度体系是环境保护税征管实施的重要基础，科学严密的环境保护税征管机制是实现政策目标的必要手段。环境保护税征管机制只有与环境保护税制度联动，才能实现环境保护税的政策目标和确保可操作性。一是要突出环境保护税征管机制的创新性。环境保护税制度改革要求征管机制改革同步实施，这就要通过征管机制的创新来解决环境保护税制度实施中存在的困难，确保环境保护税的顺利落地和平稳推行。二是要突出环境保护税征管机制的法治性。这是指税务机关和环保部门必须依照《环境保护税法》以及《税收征管法》进行协同征管，纳税人必须依照法律的规定履行纳税义务。环境保护税的征管机制要在实现环境保护税制度目标的同时，保障好纳税人的合法权益。三是要突出环境保护税征管机制的效率。这是指环境保护税征管协同主体在征管过程中发生的成本与取得的环境保护税收入之间的关系要对应。在相同的征管成本条件下，环境保护税的征管效率越高，法定税负与实际税负之间的差额就越小，环境保护税制度的成熟性和完备性就会越强。四是要突出环境保护税征管机制的预算约束性。这是指中国特色现代财政制度具有鲜明的“收支联动”特征，税制改革必须在预算约束内实施。税收征管是实现税收制度目标的手段，环境保护税征管也必须在预算约束内实施。税收征管与税收任务的内在统一是中国特色社会主义税收的重要特征，必须在实践中贯彻。

其四，环境保护税征管机制应实现制度与规范的联动。环境保护税的协同征管制度是环境保护税征管业务处理的执行依据，环境保护税的协同征管规范是对环境保护税征管业务处理的规范化。环境保护税征管制度与征管规范的联动能够优化环境保护税征管流程和资源配置，在提升环境保护税征管效率和质量的同时，也让纳税人最大限度地享受到便捷高效、公平公正的服务。环境保护税征管制度与征管规范的联动对两个体系的同步建设提出了要求。一是要建立完备的环境保护税协同征管的制度体系。其目的在于通过对协同征管流程的制度性安排，使流程中各项征管衔接工作有法可依、有章可循。二是要建立完备的环境保护税协同征管的规范体系。其目的在于通过制定环境保护税征管规范，将环境保护税制度体系中的政策条文细化为可操作的规范、流程、环节和表证单书，为各部门正确适用法规政策和办理征管业务提供明确而具体的标准和指南，确保协同征管工作的流程与环节间有良好的衔接与配合，提高各部门的法治意识和执行力。

其五，环境保护税征管机制应实现征管与纳服的协调。笔者多年来就依法治税（依法征管）与纳税服务的联动关系进行过持续探索，这些观点在新时代下的环境保护税征管机制中也要得到进一步体现与完善。环境保护税协同征管机制的复杂性对税收工作提出了新要求。探索建立适应环境保护税的征管纳服体系，是摆在税务机关面前的理论和实践问题，需要各级税务机关发挥“集中力量办大事”的体制优势，在依法治税的基础上，将纳税服务与税收征管工作有机融合起来，在优化纳税服务的过程中实施税收征管，在税收征管的过程中体现纳税服务，共同促进环境保护税征管质量和效率的提升，全面实现环境保护税的政策目标。

三　环境保护税征管机制健全的“六点建议”

环境保护税征管机制是一项系统工程，涉及协同征管、信息共享、机制联动等，需要我们在新时代结合上述环境保护税征管现代化的“四个定位”与“五个特征”加以探索，努力构建具有新时代税收征管现代化特征的环境保护税征管机制。笔者在这里提出六点建议：

其一，建立健全协同征管机制的相关安排。税务机关与环保部门在征管流程中的职责明晰和职能“无缝衔接”，是环境保护税顺利实施的关键。这里主要包括三个层面。一是加快完善协同征管机制的相关法律体系。要在《环境保护税法》的相关配套法规、规章、规范性文件的起草中，明确环境保护税征管的参与各方依法享有的权利和承担的义务，以及不履行义务应承担的法律责任，增强部门职责界定的约束性和权威性。二是建立跨部门的绩效考核制度。协同征管的各部门要围绕征管的整体目标确立自身的绩效考核制度体系，激发各部门在关心本部门绩效的同时，具有为实现整体目标努力的内在动力。三是建立“联席会议制度”和“重要情况通报制度”，协调解决环境保护税征管过程中的疑难和突发问题。一旦对这些问题达成共识，有关部门应该共同发布操作性指引，以最大限度地减少征纳成本。

其二，制定协同征管的技术规范。依据《环境保护税法》和《税收征管法》中关于税务机关和环保部门协同事项的规定，研究制定两部门的协同工作规范，明确两部门在环境保护税协同征管事项中的程序要求和运行标准，以标准化来规范税务机关和环保部门履行职能。协同征管工作规范应从整个征管流程进行规范，即从纳税人界定、纳税申报、税收优惠、税额确认、税收风险管理、税务稽查、争议处理、违法处置、信息共享等征管全流程来明确具体协同事项的操作标准、处理流程、办理时限、表证单书、法律责任等。

其三，加强信息平台的建设与维护。环境保护税开征后，税务机关和环保部门要签订信息共享协议，搭建全国统一的涉税信息共享平台，将税务机关的征收系统和环保部门的监测系统对接起来；制定涉税信息平台标准，明确数据采集、传递、分析和利用的规范，形成标准、真实的信息数据库；加强对信息平台的维护，制定并落实平台管理制度，明确各自法律责任，确保共享信息的真实性和时效性，并对信息共享定期进行评估和考核，保障环境保护税的平稳启动和稳定征管。

其四，推进“互联网＋大数据”治税模式的推广工作。环境保护税计税依据的特殊性对税务机关提升征管能力提出了新的要求。“以票控税”的传统监管方式在环境保护税的征管中难以发挥效能，只有依托现代信息技术，实施“互联网＋大数据”管税才是实现环境保护税征管现代化的根本路径。为此，一是要求环保部门依托“互联网＋”加强污染源自动监测系统的建设，推进自动监测系统与税收征管系统的联通，使税务机关能够及时获取排污数据；二是要求税务机关借助税收征管信息系统中的“大数据”，根据相关行业能耗指标与污染指标的指数关系，研究和探索环境保护税税务风险发生的规律，在收集和辨别风险因素的基础上，建立一套包括税务风险识别指标体系、风险特征库和分析模型在内的现代化税收风险管理体系，为环境保护税的风险应对、堵塞税收漏洞提供技术支撑。

其五，在《税收征管法》修订中关注环境保护税等新税种的特定要求。《税收征管法》作为基本程序法，是对税收征纳关系的全面规范，适用于由税务机关负责征收的各个税种的税收管理。《税收征管法》需要与各个单行的税收实体法相配套，并根据各个单行税法中的程序性问题进行调整，环境保护税也不例外。鉴于环境保护税计税依据的特殊性，现行《税收征管法》中有一些不适用于环境保护税的制度亟待进一步完善，如核定征税情形、认定偷税情形等，因此有必要在《税收征管法》修订中为环境保护税的征管制度留下立法空间，以便在《环境保护税法》及其配套法规、规章、规范性文件中建立与环境保护税特征相适应的征管制度。

其六，通过优化纳税服务来提升征管效率。按照“征管纳服统一体系”的要求，税务

机关要联合环保部门发挥各自优势，统筹协调，探索环境保护税税收征管与纳税服务融合的新模式。当前需要做好三个方面：一是认真做好政策培训和辅导工作，使纳税人能够尽快地了解和熟悉环境保护税的相关政策，熟练掌握环境保护税的计缴方法和办税流程；二是认真做好纳税咨询服务，通过多种形式和多种平台，为纳税人提供及时、权威的政策答疑解惑，提高纳税人的税法遵从度；三是充分运用现代信息技术，将“互联网＋税收”的思维与纳税服务相结合，推动线上线下融合发展，实现纳税服务方式的不断创新。

本章参考文献

陈斌，邓力平.对我国环境保护税立法的五点认识[J].税务研究，2016(9)：71-78.

国家税务总局办公厅.王军出席第十一届税收征管论坛大会并强调：走联动集成的税收征管现代化之路[EB/OL].(2017-09-30)[2017-10-11]. http://www.chinatax.gov.cn/n810219/n810724/c2843519/content.html.

王明世，宋兴义.新课题：环境保护税如何征管[N].中国税务报，2017-01-06.

赖慧婧，黄雅妮.加强涉税信息共享机制建设的思考[J].税务研究，2016(8)：65-67.

施正文.税收征管规范化：税收管理事业的里程碑事件[J].中国税务，2015(9)：15-16.

第三章　不完全竞争市场结构下环境税效应研究述评

刘晔　周志波*

环境税效应研究最初源于20世纪20年代庇古(Pigou)所提出的外部性理论及纠正税思想。但直到皮尔斯(Pearce)(1991)在研究碳税改革时,理论界才首次正式提出了"双重红利"这一术语,并构成了环境税效应的基础性概念。环境税效应主要包括环境税的环境效应、效率效应(也称"经济效应")和公平效应(也称"社会效应")。环境税如果改善了环境,就获得了"环境红利"(称"第一重红利");如果还提高了经济效率或促进了社会公平,就获得了"经济红利"或"社会红利"(统称为"第二重红利")。按照第二重红利的性质,"双重红利"又可分为弱式双重红利、强式双重红利、就业双重红利、增长双重红利和分配双重红利。其中,就业双重红利是指环境税在改善环境的同时能够促进就业增加,缓解失业问题;增长双重红利是指环境税在改善环境的同时,还能通过减轻税制扭曲效应,促进社会生产效率,从而促进经济增长;分配双重红利是指环境税能够在改善环境的同时促进收入或者福利分配公平。

环境税效应的早期研究大多建立在完全竞争市场假设基础上,并以检验双重红利是否存在为核心。完全竞争市场假设虽然有利于理论模型的构建,但这一假设过于严格并与现实不符,因此其研究结论对实践的指导意义相对有限。因此,从20世纪90年代后期开始,不完全竞争因素被逐渐引入环境税效应研究中来,通过对市场做出更贴近现实的假设来为各国环境税改革提供更有针对性的政策建议。特别是进入21世纪以来,探讨不完全竞争市场结构下的环境税效应构成了国外环境税研究的重点,其具体又可分为三类研究:不完全竞争劳动力市场下环境税效应、不完全竞争产品市场下环境税效应和不完全信息市场下环境税效应。

一　不完全竞争劳动力市场下环境税效应研究

20世纪90年代后期,经济合作与发展组织(Organisation for Economic Co-

* 刘晔,厦门大学经济学院财政系教授。周志波,西南大学经济管理学院。

operarion and Devolopment, OECD)国家普遍面临经济萧条、失业严重的问题,希望借环境税改革在减排的同时促进就业和增长。因此,在环境税研究中通过将诸如非自愿失业、工资刚性、工会议价、结构性失业等劳动力市场不完全竞争的现实因素考虑在内,重点考察环境税的就业效应,同时兼及增长效应和分配效应。

(一)不完全竞争劳动力市场下环境税的就业效应

尽管很多学者认识到劳动力市场不完全竞争因素对环境税效应有较大的影响,但只有少数学者在他们的模型中明确考虑了这些因素。早期的相关研究主要论证在特定模型假设下"是否具有就业双重红利"。这些研究认为,在存在非自愿失业的情况下,如果环境税改革能够将税收负担由就业者转嫁给失业者,获得就业双重红利的可能性将大大增加。在以环境税收入为劳动所得税减税的环境税改革中,失业津贴对环境税的就业效应起了决定性作用。降低失业津贴可以通过刺激劳动需求和提高劳动供给两个渠道缓解失业问题。第一,降低失业津贴会降低政府为失业津贴筹资而提高劳动所得税税率的激励。劳动所得税的一部分税负由企业负担,降低劳动所得税税率相当于降低了企业购买劳动力的价格,必然刺激其劳动需求。第二,降低失业津贴实际上会降低失业者继续保持失业状态的激励,从而降低失业者在工资谈判时的议价能力,使其更容易接受较低的工资,从而增加劳动供给。

进入 21 世纪以后,通过对不完全竞争劳动力市场结构以及对环境税收入返还方式进行更为细致的区分,环境税就业效应的研究更加细化,并普遍支持了不完全竞争劳动力市场中就业双重红利的存在。Bosello 和 Carraro(2001)假设劳动力市场分为熟练工人和非熟练工人两部分,并比较了将能源税收入用于减少非熟练工人工资和用于减少所有工人整体工资时政策效果的差别。研究表明,就业双重红利在短期内成立,而且其在将能源税收入用于减少所有工人整体工资水平时比用于减少非熟练工人工资水平时更大。Assouline 和 Fodha(2006)研究了存在非自愿失业情况下环境税的环境效应和就业效应,发现环境税能在改善环境的同时促进就业,从而获得了就业双重红利效应。Taran 等(2009)则同时假设了熟练工人和非熟练工人两种类型的劳动力市场,并且又存在非自愿失业的情况,通过以西班牙碳税改革为研究对象,发现如果将碳税收入用于工薪税减税,则可以改善失业状况,获得就业双重红利效应。但同期也有一些研究发现,在将劳动力市场和产品市场的不完全竞争因素引入环境税的研究中后,环境税对环境质量可能具有消极作用,因此即使环境税就业效应是积极的,就业双重红利也不存在。对此,Bayindir-Upmann(2004)解释说,当劳动税收很高并且人们将收入的很大一部分用于污染环境的产品消费时,以环境税收入来为工薪税减税就难以获得就业双重红利,因为在这种条件下高污染品的消费大量增加,从而使环境质量降低。而在近期研究中,Ciaschini 等(2012)在不完全竞争劳动力市场结构下利用两部分可计算的一般均衡(computable general equilibrium, CGE)模型研究了意大利北部中心区和南部群岛区的环境税实施效果,发现虽然两地区都可以实现环境红利,但通过税收返还北部中心区可以实现就业双重红利,而南部群岛区的失业率反而上升。这一研究表明,有必要结合一国不同区域间经济社会结构性差异进行进一步细化研究。

(二)不完全竞争劳动力市场下环境税的增长效应

与就业效应的研究相比,不完全竞争劳动力市场结构下环境税增长效应的研究相对较少。一些文献认为,在不完全竞争劳动力市场下环境税通常都会在改善环境质量的同时,促进经济增长。例如,在最早对中国开征碳税进行模拟的研究文献中,Garbaccio 等采用一个动态递归模型,充分考虑了 20 世纪 90 年代中国计划及市场两种制度并存情况下劳动力市场的不完全竞争因素,模拟了征收碳税对中国经济的影响。结果表明环境税在长期可增加中国的 GDP(国内生产总值)和促进消费,这实际上是对增长双重红利的一种支持。

而对不完全竞争劳动力市场下增长效应的质疑,则主要来自几个方面。一是环境税虽然促进了就业和经济增长,但对环境质量的效应反而可能是消极的,因而双重红利不存在。二是认为环境税的双重红利效应在理论模型中永远得不到完美的解释,而应当利用现实中的数据进行以计量分析为主的实证研究。三是即便经济增长与环境保护间不存在冲突,但经济增长与其他目标如就业、福利等存在冲突,因而政府在追求其他目标的同时会损害经济增长。Holmlund 和 Kolm(2000)研究了存在结构性失业的小型开放经济中环境税的效应,结果表明环境税虽然能够改善环境,却会导致实际 GDP 的下降,因而也就不支持增长双重红利。Bayindir-Upmann 和 Raith(2003)分别考察了劳动力市场存在垄断工会组织、权利管理方法和有效的讨价还价三种因素时环境税是否存在增长双重红利效应,结果表明环境税通常不能促进经济增长。

(三)不完全竞争劳动力市场下环境税的分配效应

对于不完全竞争劳动力市场下环境税分配效应的研究相对较少,且已有研究主要分析环境税对于福利分配的影响。例如,Ono 在一个世代交替模型中研究了非自愿失业情况下环境税对福利分配的影响,结果表明环境税能在一代的区间内同时提高环境质量、就业和社会福利,但不同代人之间的福利存在一种权衡,即当代人福利水平的提高必须以后代人福利的降低为代价。对于环境税这一代际分配效应,不完全竞争市场结构下得出的研究结论与完全竞争市场结构下所得出的研究结论基本类似。

二 不完全竞争产品市场下环境税效应研究

将产品市场的不完全竞争因素引入环境税的研究中,最初始于对最优环境税和最优污染控制机制的研究。例如,Baumol 和 Oates(1988)明确地将产品市场不完全竞争因素纳入最优环境税的研究中。但直到 20 世纪 90 年代后期,学者们才系统地将产品市场的

不完全竞争因素引入环境税的研究中。其主线是以产品市场的厂商数量为依据,将市场结构划分为垄断、寡占、垄断竞争等,分别考察各种市场结构中环境税的效应。此后,相关研究迅速增加,并以博弈论为工具将重心放在了寡占产品市场上。

(一)不完全竞争产品市场下环境税的环境效应

有关不完全竞争产品市场中环境税环境效应的研究,往往涉及市场垄断程度对环境质量的影响。一般认为,市场集中度越高,就越有利于环境税环境效应的发挥。例如,Heijnen 和 Schoonbeek(2008)的一项研究表明:产品市场上存在一个垄断的污染型企业时,如果垄断企业能够阻止市场进入,则可以实现污染的最低排放水平,即市场越集中,环境税的实施就越有利于环境质量的提高。此外,一些研究逐步将市场假设由垄断转向寡占,并产生了丰富的文献。不过,这些研究通常认为,寡占市场结构不利于环境税环境效应的发挥。例如,Tanguay(2001)分析了在国际寡头市场结构中,政府策略性地征收污染税和关税对环境的影响,结果发现策略性的污染税将导致本国污染排放量上升,环境质量恶化。Sugeta 和 Matsumoto(2005)研究了寡头企业存在技术差异情况下环境税改革的效应。结果表明,如果寡头企业的生产技术差距足够大,提高环境税税率的环境税改革可能造成污染排放量上升,环境质量恶化,尽管产出可能会因此而提高。

此外,一些学者还在寡占市场结构中将环境税改革与国有企业私有化改革结合起来研究,结果显示,环境税的环境效应同样不容乐观。Ba′rcena-Ruiz(2006)和 Garzo′n 考察了将公共企业私有化与政府环境政策间的相互作用,发现如果政府开征环境税,那么在混合寡头竞争市场结构下,最优环境税比在私企市场更低但对环境的损害更大,即寡占市场结构不利于环境税环保功能的发挥。Wang 和 Wang(2009)的研究结论相对乐观一些,他们发现公共企业私有化会降低所有企业对节能减排的关注度并促使政府降低环境税税率,如果寡头企业生产的产品替代性较弱,环境质量会更加恶化;但如果寡头企业生产的产品替代性较强,相对于混合寡头竞争的情况,环境税的实施会使环境质量得到改善。

(二)不完全竞争产品市场下环境税的经济效应

不完全竞争产品市场下环境税经济效应的研究文献通常假设市场结构为寡占,一般采用微观模型来分析环境税对就业和经济增长的影响。寡占市场下环境税的增长效应(产出效应)的研究,一般认为环境质量与产出水平之间存在一种权衡,很难获得增长双重红利。例如,Sugeta 和 Matsumoto(2005)研究了在寡头企业存在技术差异情况下环境税改革的效应。结果表明,如果寡头企业间生产技术差距足够大,提高环境税税率的环境税改革可能造成污染排放量上升,环境质量恶化,但产出会因此提高。也有研究从相反方面阐释了环境质量与产出水平之间的权衡。例如,Orlov 和 Grethe(2012)基于碳税对俄罗斯经济影响的研究表明,在由完全竞争市场假设转入古诺(Cournot)寡占市场假设下,虽然环境效应仍存在,但产出大大降低了,也同样很难实现增长双重红利。

对于寡占市场中环境税就业效应，研究文献相对较少，这可能主要是由于模型构建和数学处理方面存在较大的困难。这方面的研究一般认为，寡占市场结构有利于环境税发挥促进就业的作用，比较容易获得就业双重红利效应。例如，Marsiliani 和 Renström (2000)，Holmlund 和 Kolm(2000)假设小企业参与到垄断竞争中去，并且工资由公司层面的讨价还价决定，其结论是：收入中性的环境税改革可以促进就业，从而就业双重红利成立。

（三）不完全竞争产品市场下环境税的公平效应

这方面研究通常假设市场结构为寡头市场，在模型设定方面则主要是古诺竞争模型和 Betrand 竞争模型，而 Stackelberg 竞争模型和价格领导者模型极其少见。普遍的研究结论如 Yin(2003)所总结的为：寡头市场产量竞争（古诺竞争）模式下环境税不利于社会福利的提高，不利于社会公平，难以获得分配双重红利；而价格竞争（Betrand 竞争）却可以提高社会福利，有利于社会公平。与此同时，环境税的公平效应研究范围也从一国扩展到国际，即探讨国际或国别间的公平效应，并在国际范围内继续支持上述结论。例如，Yanase(2009)在一个产量竞争模型中考察了两个国际寡头污染企业在第三国市场的竞争。结果表明，所在国实施严格的排放政策会由于静态“租金转移”效应而提高外国有企业业的竞争力，外国也会“免费搭车”，分享本国减排政策所促使的全球环境质量改善带来的好处；而排污税博弈将导致一个比行政管制更为扭曲的结果，使得污染排放量增加，社会福利降低。Toshimitsu(2008)则基于一个国际价格竞争（Betrand 竞争）模型研究了环境管制政策作为非关税贸易政策如何影响进口、环境质量和福利水平。结果发现，对于清洁品实施更为严格的排放管制政策会改善环境质量，并提高社会净剩余水平和促进分配公平，从而促使环境税具有分配双重红利效应。

三　不完全信息市场下环境税效应研究

在逐步放弃完全竞争假设、引入不完全竞争因素的背景下，一些学者则侧重于将不完全信息（或不对称信息）引入环境税效应研究中来。不完全信息市场结构下环境税效应的研究可以分为两个阶段：第一个阶段的研究主要解决信息披露的问题，研究重点在于实现政府与企业间的激励相容，通过激励机制设计让企业“说真话”，如实地披露自己的减排成本、技术等相关信息；第二个阶段的研究主要解决特定市场结构和竞争模式中环境税的效应问题，有的研究则考察影响不完全信息条件下环境税效应的因素。

（一）不完全信息市场下环境税效应研究的总体情况

第一，既有静态分析，又有动态分析。一些早期研究文献虽然考虑了不完全信息问题，但其研究方法主要还是静态分析方法；随后越来越多的研究开始采用比较静态分析和动态分析方法。第二，既有同时博弈，也有序列博弈。从理论上讲，同时博弈的模型主

要是古诺均衡和 Betrand 均衡模型;序列博弈的模型主要是 Stackelberg 先行者均衡和价格领导者模型。但现有的研究主要还是采用古诺均衡和 Betrand 均衡模型,只有个别研究采用 Stackelberg 先行者均衡模型,采用价格领导者模型的研究并不多见。这主要是因为古诺均衡属对称均衡,价格变量单一,模型数学处理过程相对简单,结论也更加清晰,容易给予经济解释。第三,信息不对称既有横向信息不对称,也有纵向信息不对称,也有部分研究同时考虑横向和纵向信息不对称。横向信息不对称主要是厂商间的信息不对称。Long 和 Soubeyran(2005)是为数不多的考虑企业之间关于生产、减排成本横向不对称信息的文献之一。纵向信息不对称主要是厂商与监管者(或政府)之间的信息不对称,多数情况下考虑政府信息少于企业,但也有的研究假设政府信息多于企业的情况。例如,Barrigozzi 和 Villeneuve(2006)假设政府的信息多于企业,不过他们的这种假设使不对称信息条件下的最优环境税不存在。此外,Antelo 和 Loureiro(2009)同时考虑了横向信息不对称和纵向信息不对称,比较研究了对称信息和不对称信息条件下的最优环境税及其环境、产出、福利效应。

(二)不完全信息市场下环境税的环境效应

在不完全信息市场下环境税效应研究中,环境效应是重点。各项研究普遍认为,信息不对称会增加经济活动的成本,导致效率降低,可能不利于环境质量的提高,从而极大地降低双重红利效应成立的可能性。例如,Pezzy 和 Park(1998)考虑到不完全信息导致的信息成本和政治集团的利益之后,发现环境质量的改善变得不那么明显,双重红利效应也变得很模糊。Antelo 和 Loureiro(2001)在研究环境税效应的同时考虑了不完全信息和产品市场不完全竞争因素,比较研究了环境税在不完全信息和完全信息条件下古诺寡头博弈的环境税效应。结果表明,在完全信息条件下,最优环境税往往是正的,但考虑到不完全信息和信号博弈,环境税通常为负且其大小可能比在完全信息的情况下大或者更小,这依赖于政府的环境容忍度和企业是污染型企业的概率;最优环境税小于庇古税率,即最优环境税低于边际环境损害水平,不利于环境质量的提高,而不完全信息强化了这种效应。

(三)不完全信息市场下环境税的公平效应

不完全信息市场下环境税公平效应的研究,最初始于由 Kwerel(1977)提出并由 Dasgupta 等(1980)改进的信息披露机制研究。其假设企业比政府具有更多的关于生产成本和减排成本的信息,试图在政府只具有环境损害函数信息的情况下设计出最优的污染控制(环境税)机制。其后,Spulber(1988)通过引入生产成本和减排成本间的相互依赖性进行了进一步拓展分析。其研究结果均表明,在政府诱导性的信息披露机制下,环境税不仅能发挥改善环境的作用,还能促进社会福利公平分配,因而实际上存在分配双重红利效应。

进入 20 世纪 90 年代后,总体上看,研究不完全信息下环境税公平效应的文献并不多见。值得一提的是，在不完全信息背景下，Biglaiser 等(1995)提出了一种更为激进的污染控制机制，即重税机制。重税机制要求政府对所有污染者都征收相当于总环境损害的污染税，从而排污税收入就等于环境损害的 n(n 为寡头行业中企业的数量)倍。只要污染的边际损害与平均损害之比小于企业数量 n，这种机制就是有效的并能获得分配双重红利。但是这种机制只有当寡头行业存在单一的排污大企业时才适用，否则可能遭遇巨大的政治压力而难以实施。

(四)不完全信息市场下环境税效应的政治经济学研究

环境税改革在政治经济学方面，主要考虑跨国(或者联邦体制内跨地区)环境税政策的协调问题。在这个方面，Ulph 做出了先驱性的探索。Ulph(1998)指出，在策略性贸易和政治经济考虑两种因素的作用下，政府很难完全内在化国内的环境成本；从社会福利的角度来讲，即便存在不对称信息并且在国家层次和超国家层次都存在政治歧视，超国家层次(或联邦层次)的环境协调政策仍是合意的。但 Ulph(2000)的研究表明，政府间的横向不对称信息有利于缩小各国间(或联邦体制国家内各州间)环境政策的差别，环境税政策的协调会由于各国环境损害成本的差别而造成福利水平急剧降低。Bayindir-Upmann(1998)还研究了本地企业在不完全竞争市场结构中地方政府间排放税的竞争效应。当直接的贸易手段被禁止并且企业进行不完全竞争时，政府就倾向于运用甚至滥用环境政策来影响贸易。研究表明，在政府参与税收竞争之后，可能发生三种情况：在两种极端情形中，环境质量很低但公共服务水平很高，或者环境质量很高但公共服务水平很低；在另外一种居中的情况中，环境质量和公共服务水平都会很低。因此，税收竞争有可能导致“生态倾销”。研究对比了政府合作行为模式下的竞争性管理。基于财政效应、产出效应和环境效应，政府倾向于降低税率而背弃合作。要消除这种反复无常的激励，环境协议必须要有补充的措施。

此外，还有一些有关环境税政治经济学方面的研究分析了影响环境税公众接受性的因素，其中以 Kallbekken 和 Salen(2011)的研究最具有代表性。他们通过对挪威民众的问卷调查发现，影响公众对环境税接受程度的主要因素是环境税对于环境质量、公平分配等方面的效应，而环境税对于民众自身利益的影响并不能影响他们对环境税所持的态度。Cherry 等(2012)还通过市场试验(market experiment)方法比较研究了公众对环境税、环境补贴和排污数量管制三种环境政策的接受度。结果表明，多数人都反对效率促进型(efficiency-enhancing)政策和干预市场型政策，即环境补贴政策获得的支持明显多于税收政策，而排污管制政策则比环境税遭受了更多的反对。

四 简评及对我国的启示

自 20 世纪 90 年代后期 OECD 国家纷纷兴起环境税改革以来，国际理论界通过引进

不完全竞争市场因素，积累了丰富的文献，从而大大推进了环境税效应的研究进展，并为各国环境税改革实践提供了诸多有益的政策建议。应该看到，这一时期环境税效应研究所取得的成就源于对完全竞争市场假设的修正，使得理论研究进一步贴近经济运行的现实状况。可以预见，未来环境税效应研究将进一步沿着这一取向，更加务实地从理论或经验上考察环境税对环境、经济、社会及其他方面的影响，其最终的目标都指向政策应用。而从我国来看，近十年来环境税研究逐步得到了重视并产生了众多文献，这些文献集中在我国环境税效应的模拟预测、政策建议、制度设计等方面。但从总体来看，国内环境税研究都未从市场结构差异来分析环境税效应，而主要是以完全竞争市场为隐含假设前提的。只有徐有俊等(2010)基于两部门混合市场结构(即城市国有垄断工业企业和农村竞争性农业私有企业)，用一般均衡模型研究了国有企业部分私有化下的环境税效应。此外，另有少量文献涉及寡头市场结构的博弈分析，如邢斐和何欢浪(2011)、刘晔和周志波(2011)、谢申祥等(2012)和高鹤文(2012)，但这些研究也都仅局限于双寡头这一特定市场。而从各种不完全竞争市场类型出发，对环境税效应进行系统研究的国内文献目前尚付诸阙如。

2010 年，由财政部、国家税务总局和环保部三部委拟订的我国环境税方案早已递交国务院，等待适时推出。但是，环境税效应复杂，牵涉面广，其在减排、增长、就业、分配等方面效应的研究与预测需要结合我国现实市场结构来进行。由此，现有不完全竞争市场结构下环境税效应研究文献对我国具有如下重要启示：

(一)应注重对“双重红利”假说的研究与预测

国外现有的环境税效应研究是以双重红利为核心的，在其假设前提由完全竞争市场转入不完全竞争市场后，这一研究重点并没发生变化，并广泛涉及环境税改革的环境效应、增长效应、就业效应、公平效应等多方面。对我国而言，环境税改革的直接目标固然是节能减排，但中国作为一个发展中大国，同样面临协调经济发展、促进就业和保障民生等多重目标和任务，必须权衡和协调环境税改革的各方效应。因此，加强中国环境税改革双重红利的理论和实证研究，是一个关系我国经济社会协调发展的重大议题。从国外现有研究来看，不同学者关于环境税双重红利的研究结论差别很大，这主要是源于所研究问题的复杂性，不同的研究者采用的研究方法、模型假设等都不尽相同。尤其是实证研究方面，即便方法和模型完全相同，而采用的数据统计口径不同，结论也会有所差别。但我们并不能由此否定双重红利研究的重要性，而是要更现实地针对中国市场结构的实际来构建理论模型，更合理地针对中国现实状况来选择研究方法，更有效地利用中国现实经验数据或仿真数据来做经验实证和模拟预测。

(二)应注重对我国现实市场结构的研究

国外研究表明，与完全竞争市场结构相比，不完全竞争市场下环境税效应有着重要差别，这对我国环境税改革有几点重要启示。第一，现有环境税实践经验主要来自

OECD 国家，这些国家市场经济体制相对完善，市场竞争性程度相对较高，基于 OECD 国家经验的研究结论和税制设计可能并不适用于我国。我国环境税改革必须充分考虑与 OECD 国家不同的市场结构对环境税效应的影响。第二，石油、电力、化工、农药、煤炭、电子、纺织、造纸等行业是我国主要的污染源，这些行业具有不同的市场结构特征，有的行业如电子、纺织、造纸等接近完全竞争市场，而有的行业如石油、电力等在产品市场上具有寡头市场特征。我国环境税改革应充分考虑这些行业不同的市场结构对环境税效应的影响，从而进行差别化的税制设计。

（三）应充分考量我国现实市场中不完全竞争因素的独特性及其对环境税效应的影响

国外文献表明，不完全竞争市场结构对环境税效应有重要影响。作为体制转轨国家，除了考虑西方国家市场结构中的不完全竞争因素，还应考虑我国不完全竞争市场的体制性因素。例如，在劳动力市场不完全竞争因素上，我国既有 OECD 国家非自愿失业、工资刚性、结构性失业等不完全竞争因素，更有我国由于户籍、身份、社会保障、用工制度差别而产生劳动力市场分割的因素，这些构成我国劳动力市场独特的不完全竞争因素；再如，在产品市场不完全竞争因素上，我国能源生产行业和高耗能行业(如石油、电力等)既有和西方国家共同的由于行业技术特征造成的自然垄断因素，也有我国自身的国有企业背景和行政性垄断因素；等等。我国环境税效应研究应在国外研究基础上，充分考量具有我国独特性的不完全竞争市场因素，构建贴近我国现实的理论模型。

（四）应针对不同市场结构选择合理适用的研究方法

从国外研究文献来看，环境税效应研究的主要方法有可计算一般均衡(CGE 模型)、宏观经济方法、博弈论、少量的计量实证等。在这些方法中，除计量方法具有较为普遍的适用性外，其他方法则依市场结构不同而各有侧重。例如，CGE 模型主要应用于完全竞争市场；不完全竞争劳动力市场更多采用宏观经济模型，也有部分采用 CGE 模型；而在不完全竞争产品市场(特别是寡占市场)和不完全信息市场中，则主要采用微观模型，并主要是博弈模型。对我国来说，应针对不同市场结构选择合适的研究方法。此外，为实现不同市场结构中我国环境税效应研究的连续性并比较其不同效应，我国还应探索建立对于多种市场结构都能使用的、能容纳和比较多种市场结构中不同效应的环境税模型。

（五）应更加注重对不完全竞争市场结构中市场微观主体的行为研究

从国外现有文献看，不完全竞争市场结构中环境税效应十分重视对消费者、生产者等市场微观主体的行为研究。在不完全竞争产品市场和不完全信息市场中，由于博弈论与信息经济学的使用，模型主要刻画消费者、生产者及政府间的反应与互动关系。而在不完全竞争劳动力市场中，最常用的宏观经济模型和 CGE 模型，也是以刻画消费者和生产者在商品和要素市场上的行为为微观基础的。反观我国环境税效应的现有研究，它们主要基于政府政策制定的角度，考察环境税在增长、就业、分配方面的宏观影响，却较少从消费者、生产者微观决策的角度出发，研究他们对环境税改革的行为反应。由此，今后我国环境税效应研究应更注重对不完全竞争市场下微观主体的行为研究：第一，为我国环境税的宏观效应研究奠定微观基础，以更好地对环境税改革效应做出事前预测。第二，有利于发挥环境税改革政策对微观市场主体的积极引导作用，为环境税改革决策提供政策建议。

本章参考文献

PEARCE D. The role of carbon taxes in adjusting to global warming[J]. The Economic Journal, 1991(101):938-948.

STRAND J. Efficient environmental taxation under worker-firm bargaining [J]. Environmental and Resource Economics, 1999(13):125-141.

NIELSEN S B, PEDERSEN L H, SORENSEN P B. Environmental policy, pollution, unemployment, and endogenous growth[J]. International Tax and Public Finance, 1995(2):183-204.

KOSKELA E, SCHOB R. Alleviating unemployment: the case for green tax reform[J]. European Economic Review, 1999(42):1723-1746.

BOVENBERG A L. Green tax reform and the double dividend: an updated reader′s guide[J]. International Tax and Public Finance, 1999(6):421-443.

BOSELLO F, CARRARO C. Recycling energy taxes: impacts on a disaggregated labour market[J]. Energy Economics, 2001(23):569-594.

ASSOULINE M C, FODHA M. Double dividend hypothesis, golden rule and welfare distribution[J]. Journal of Environmental Economics and Management, 2006(51): 323-335.

TARAN F, GÓMEZ-PLANA A G, SNORRE K. Can a carbon permit system reduce Spanish unemployment[J]. Energy Economics, 2009(31):595-604.

BAYINDIR-UPMANN T, RAITH M G. Should high-tax countries pursue revenue-neutral ecological tax reforms[J]. European Economic Review, 2003(47):41-60.

BAYINDIR-UPMANN T. On the double dividend under imperfect competition[J]. Environmental and Resource Economics, 2004(28):169-194.

CIASCHINI M, PRETAROLI R, SEVERINI F. Regional double dividend from environmental tax reform: an application for Italian economy [J]. Research in Economics, 2012(66):273-283.

GARBACCIO R F, HO M S, JORGENSON D J. Controlling carbon emissions in China

[J]. Environment and Development Economics, 1999(4):493-518.

FULLERTON D, KIM S R. Environmental investment and policy with distortionary taxes, and endogenous growth [J]. Journal of Environmental Economics and Management, 2008(56):141-154.

HOLMLUND B, KOLM A. Environmental tax reform in a small open economy with structural unemployment [J]. International Tax and Public Finance, 2000(7): 315-333.

BAYINDIR-UPMANN T. Two games of interjurisdictional competition when local governments provide industrial public goods [J]. International Tax and Public Finance, 1998, 5(4):471-487.

ONO T. Environmental tax reform in an overlapping-generations economy with involuntary unemployment[J]. Environmental Economics and Policy Studies, 2008 (9):213-238.

BAUMOL W, OATES W. The theory of environmental policy[M]. Cambridge MA: Cambridge University Press, 1988.

BELADI H, CHAO C C. Does privatization improve the environment[J]. Economics Letters, 2006(93):343-347.

SCHOONBEEK L, VRIES F P. Environmental taxes and industry monopolization[J]. Journal of Regulatory Economics, 2009(36):94-106.

HEIJNEN P, SCHOONBEEK L. Environmental groups in monopolistic markets[J]. Environmental and Resource Economics, 2008(39):379-396.

YIN X K. Corrective taxes under oligopoly with inter-firm externalities [J]. Environmental and Resource Economics, 2003(26):269-277.

OHORI S. Optimal environmental tax and level of privatization in an international duopoly[J]. Journal of Regulatory Economics, 2006(29):225-233.

KATO K. Emission quota versus emission tax in a mixed duopoly[J]. Environmental Economic Policy Study, 2011(13):43-63.

TANGUAY G A. Strategic environmental policies under international duopolistic competition[J]. International Tax and Public Finance, 2001(8):793-811.

SUGETA H, MATSUMOTO H. Green tax reform in an oligopolistic industry[J]. Environmental and Resource Economics, 2005, 31(3):253-274.

BA'RCENA-RUIZ J C B. Environmental taxes and first-mover advantages [J]. Environmental and Resource Economics, 2006(35):19-39.

WANG L F S, WANG J. Environmental taxes in a differentiated mixed duopoly[J].

Economic Systems,2009(33):389-396.

ORLOV A, GRETHE H. Carbon taxation and market structure: a CGE analysis for Russia[J]. Energy Policy, 2012(51):696-707.

MARSILIANI, RENSTRÖM. Imperfect competition, labour market distortions, and the double dividend hypothesis: theory and evidence from Italian data[C]. Note dilavoro, 2000.

YANASE A. Global environment and dynamic games of environmental policy in an international duopoly[J]. Journal of Economics, 2009(97):121-140.

TOSHIMITSU T. On the effects of emission standards as a non-tariff barrier to trade in the case of foreign betrand duopoly: a note[J]. Resource and Energy Economics, 2008(30):578-584.

KIM J C, CHANG K B. An optimal tax/subsidy for output and pollution control under asymmetric information in oligopoly market[J]. Journal of Regulatory Economics, 1993(5):183-197.

STIMMING M. Capital-accumulation games under environmental regulation and duopolistic competition[J]. Journal of Economics, 1999, 69(3):267-287.

CANTON J, SOUBEYRAN A, STAHN H. Environmental taxation and vertical Cournot oligopolies: how eco-industries matter[J]. Environmental and Resource Economics, 2008(40):369-382.

LANGE A, REQUATE T. Emission taxes for price-setting firms: differentiated commodities and monopolistic competition[M] // Petrakis E, Sartzetakis E S. Xepapadeas A. Environmental regulation and market power: competition, time consistency and international trade. Edward Elgar,Cheltenham, UK, 1999:1-26.

CARLSSON F. Environmental taxation and strategic commitment in duopoly models [J]. Environmental and Resource Economics, 2000(15):243-256.

LONG V N, SOUBEYRAN A. Selective penalization of polluters: an inf-convolution approach[J]. Economic Theory, 2005, 25(2):421-454.

BARRIGOZZI F, VILLENEUVE B. The signaling effect of tax policy[J].Journal of Public Economic Theory,2006, 8(4):611-630.

ANTELO M,LOUREIRO M L. Asymmetric information, signaling and environmental taxes in oligopoly[J]. Ecological Economics,2009(68):1430-1440.

PEZZY J C V, PARK A. Reflections on the double dividend debate: the importance of interest groups and information costs[J]. Environmental and Resource Economics, 1998,11(34):539-555.

KWEREL E. To tell the truth: imperfect information and optimal pollution control[J]. Review of Economic Studies, 1977, 44(3):595-601.

DASGUPTA P, HAMMOND P, MASKIN E. On imperfect information and optimal pollution control[J]. Review of Economic Studies, 1980,(47):857-860.

SPULBER D F. Optimal environmental regulation under asymmetric information[J]. Journal of Public Economics, 1988(35):163-181.

BIGLAISER G, HOROWITZ J, QUIGGIN K. Dynamic pollution regulation[J]. Journal of Regulatory Economics, 1995(8):33-44.

ULPH A. Political institutions and the design of environmental policy in a federal system with asymmetric information[J]. European Economic Review, 1998(42): 583-592.

ULPH A. Harmonization and optimal environmental policy in a federal system with asymmetric information[J]. Journal of Environmental Economics and Management, 2000, 39(5):224-241.

KALLBEKKEN S, Slalen H. Public acceptance for environmental taxes: self-interest, environmental and distributional concerns[J]. Energy Policy, 2011, 39(5):2966-2973.

CHERRY T L, KALLBEKKEN S, KROLL S. The acceptability of efficiency-enhancing environmental taxes, subsidies and regulation: an experimental investigation[J]. Environmental Science and Policy, 2012(16):90-96.

徐有俊,江旭,沈悦.发展中经济部分私有化、环境税及其影响:基于一般均衡分析[J].商业经济与管理,2010,225(7):36-41.

邢斐,何欢浪.贸易自由化、纵向关联市场与战略性环境政策:环境税对发展绿色贸易的意义[J].经济研究,2011(5):111-125.

刘晔,周志波. 完全信息条件下寡占产品市场中的环境税效应研究[J].中国工业经济,2011(8):5-14.

谢申祥,王孝松,商龙燕. 混合寡头竞争、污染物排放与环境税[J].山东财政学院学报,2012,117(1):59-64.

高鹤文.环境税与市场结构的简单三阶段博弈模型[J]. 统计与决策,2012(11):49-52.

第四章　我国环境税的政策效应研究
——基于个体异质性 OLG 模型

陈工　邓逸群*

一　引言及文献回顾

现阶段，我国税收体系的“绿色性质”主要通过资源税、车船税、消费税等税种间接体现，这在一定程度上能够增加环境资源使用成本，促进资源节约利用，抑制污染物产生。但针对污染物（如大气污染物、水污染物、固体废物、噪音等）直接征收的独立环境税尚未建立，目前只是通过排污费制度发挥规制和调节作用。此类环境税的缺失，削弱了我国环境税体系在治污方面所能发挥的作用，降低了减排激励。2014 年十二届全国人大二次会议期间，环境保护税立法得到多部门（财政部、环境保护部和国家税务总局）的积极推进，《环境保护税法（草案稿）》已报送国务院，并列入国家立法计划之中。可见，环境税已成为我国治理环境污染、解决严峻环境问题的必然选择。有鉴于此，势必需要对我国实施环境税的预期政策效应进行全面深入的研究。

针对环境税的政策效应，国外围绕环境税“双重红利”的文献数不胜数。根据不同的研究角度，“双重红利”的定义和内涵有所不同。早期学者主要围绕环境税的“效率红利”展开研究（Pearce，1991；Goulder，1995；Bovenberg and De Mooij，1997）。随着 20 世纪 90 年代欧洲国家失业问题日益加剧，学术界兴起对环境税“就业双重红利”的研究（Bovenberg and De Mooij，1994；Goodstein，1994；Carraro et al.，1996）。关于环境税“就业双重红利”究竟存在与否，学术界尚未有定论。Bovenberg 和 De Mooij（1994）发现提高环境税的同时又降低工薪税，由于环境税的税收交互效应超过收入循环效应，就业会减少。而国际劳工组织（ILO，2009）对欧洲 9 个国家的“就业双重红利”进行验证，发现在征收碳税的同时降低个人所得税，在 2014 年能提高 0.5% 的就业机会。在国际实践中，环境税实施所面临的挑战之一是民众对环境税公平效应的质疑。对于单一实施环境税具有累退性，学术界已有基本共识（Wier et al.， 2005；Ruiz and Trannoy，2008； Bureau，2011）。但有学者发现通过对税收返还形式的有效设计，能够降低甚至消除环境税的累

* 陈工，厦门大学经济学院财政系教授。邓逸群，厦门大学经济学院博士研究生。

退性，从而提出环境税的“分配双重红利”，即在提高环境税的同时，如果通过降低个人所得税等方式减少低收入家庭的税负，则可以改进社会的收入分配状况，实现进一步的社会公平，获得所谓的“收入分配红利”（Budzinski，2002）。Chiroleu-Assouline 和 Fodha（2014）认为在实行环境税改革的同时，降低工薪税的比例税率并提高累进税率，可以改进环境税的累退性。在“分配双重红利”的研究中，世代交叠模型得到广泛采用，因为它被认为更适合引入个体异质性。

国内对环境税政策效应的分析主要以碳税为研究对象，政策效应集中于环境税对环境保护和宏观经济的影响，且大多选择 CGE 模型（曹静，2009；童锦治和沈奕星，2011）。国内对环境税“就业双重红利”和“分配双重红利”的研究在早期很少，在近期文献中逐渐被关注。陆旸（2011）通过向量自回归模型对我国不同碳税政策进行模拟，估测开征碳税对产业和就业可能产生的影响。其研究结果显示，即使是将碳税收入用于降低低碳行业的个人所得税，我国环境税在目前的条件下还难以实现“就业双重红利”。张晓娣（2014）对碳税的收入分配效应进行实证分析，通过测算发现碳税具有累退性。总体看来，我国对环境税政策效应的研究还有待进一步完善：第一，政策效应研究在模拟之前缺少环境税税率范围设定的量化依据。第二，缺少对环境税公平效应和代际间效应的研究。第三，较少关注社会个体的异质性。

因此，本章以独立环境税为研究对象，在定量确定我国环境税的最优税率及其动态范围的基础上，构建多期异质性世代交叠模型，考察不同实施方案下环境税的综合政策效应。在此基础上，本章提出环境税政策设计的合理建议。

二　异质性世代交叠模型的构建

本章构建一个异质性世代交叠模型（overlapping generations model，简称 OLG 模型），引入环境外部性和不同类型税收等要素，并进行如下几个方面的扩展：（1）考虑我国劳动力效率的差异性，该差异来源于年龄和能力，劳动效率差异导致个体工资水平具有异质性。（2）考虑生产过程伴随污染物排放，环境质量的恶化对产出有负面影响，厂商选择减排行为。（3）考虑多功能型政府，征收消费税、工薪税、资本税和环境税，并进行多项支出，包括一般政府转移支出、养老金支出和污染治理支出。

（一）异质性劳动力

据《中国统计年鉴》显示，近几年我国居民平均寿命约 75 岁。因此，本章假设个体一生包括三个阶段，即 20 年学习阶段、40 年工作阶段和 20 年退休阶段。如果将第一阶段缩短为一个时点，那么模型中仅包括生命周期的后两个阶段。假设人口的增长率为 0，每期都有新的一代出生，新生代 $s=1$ 对应现实中年龄为 21 岁。每一代都在 60 岁时退休（即 $s=R=40$），且能存活的最大年龄为 80 岁（$s=J=60$）。

假设个体的效用大小仅与劳动和消费有关,不考虑环境对个体效用的影响。个体是完全理性的,选择工作阶段的劳动和终生消费最优化其终生效用。根据以上设定,t 期出生的个体选择劳动力供给、消费和持有资本以最大化其跨期效用的目标函数为

$$\text{Max}\sum_{s=1}^{J}\beta^{s-1}\left(\prod_{z=1}^{s}\varphi_{t+z-1}\right)u\left(c_{t+s-1}^{j,s},l_{t+s-1}^{j,s}\right) \tag{4-1}$$

式中,$c_{t+s-1}^{j,s}$ 表示 j 类型消费者的各期消费;$l_{t+s-1}^{j,s}$ 表示 j 类型消费者弹性提供的劳动;β 为贴现因子;φ 为存活率。为了简化,假设各年龄层的存活率不变,年龄为 s 岁的个体存活至 $s+1$ 岁的概率为 φ_s,且 $\varphi_0=100\%$,$\varphi_J=0$。瞬时效用函数采用不变相对风险厌恶函数,具体形式表示为(省略表示类型和年龄时间的标记):$u(c,l)=\frac{[c^{\gamma}(1-l)^{1-\gamma}]^{1-\eta}}{1-\eta}$,其中,$\eta$ 为相对风险厌恶系数,γ 表示效用中消费的权重。

假设劳动力的异质性主要来源于劳动效率的不同,由效率类型和年龄决定。效率差异会导致工资水平不同,从而引起消费和储蓄水平的差异。借鉴 Heer 和 Alfred(2009)的设定,假设劳动效率定义为 $e^{j,s}\equiv\bar{y}_s\varepsilon_j$,$\varepsilon_j\equiv\{\varepsilon_1,\varepsilon_2\}$ 表示两种效率类型,体现了个体接受教育和掌握技能的恒定差异,$\{\bar{y}_s\}$ 表示年龄一平均效率组合。在人生的不同阶段,消费者面临不同的预算约束。在工作阶段,效率类别为 j 的 s 岁个体,面临的预算约束为

$$(1+g_A)a_{t+1}^{j,s+1}=[1+(1-\tau_t)r_t]a_{t+s-1}^{j,s}+(1-\tau_w-\tau_b)\omega_{t+s-1}e^{j,s}l_{t+s-1}^{j,s}+tr_{t+s-1}-(1-\tau_c)c_{t+s-1}^{j,s} \tag{4-2}$$

式中,ω_{t+s-1} 为企业支付的工资水平;τ_w 为工资税;τ_b 为养老保险贡献率;$(1-\tau_w-\tau_b)\omega_{t+s-1}e^{j,s}l_{t+s-1}^{j,s}$ 为净工资收入;tr_{t+s-1} 为政府转移支付;$a_{t+s-1}^{j,s}$ 为 j 类型劳动力持有的资本;r_t 为资本收益率;τ_t 为资本收益税率;g_A 为外生的经济增长率。在退休阶段,消费者不再向企业提供劳动,而得到养老金,其预算约束为

$$(1+g_A)a_{t+1}^{j,s+1}=[1+(1-\tau_t)r_t]a_{t+s-1}^{s}+b_{t+s-1}^{j,s}+tr_{t+s-1}-(1+\tau_c)c_{t+s-1}^{s} \tag{4-3}$$

式中,$b_{t+s-1}^{j,s}$ 为 j 类型个体所得到的养老保险。

(二)代表性企业

本章假设经济中存在大量同质且完全竞争的企业,生产投入为资本和劳动,企业以利率水平 r_t 在资本市场上租用资本,以工资 ω_t 在劳动力市场上雇佣劳动。另外,假设生产技术为规模不变的柯布一道格拉斯生产函数,即

$$F(K_t,N_t^i)=K_t^{\alpha}(N_t^i)^{1-\alpha}=K_t^{\alpha}(A_tL_t^i)^{1-\alpha} \tag{4-4}$$

借鉴 Heutel(2012)的设定,假设环境质量能够影响企业产出,以体现污染排放的外部性,设定企业产出与环境质量的关系为

$$Y_t=(1-d_2x_t^2-d_1x_t-d_0)F(K_t,N_t^i) \tag{4-5}$$

式中,x_t 为 t 期的污染存量。该污染存量是动态变化的,其表达式为

$$x_t=\rho x_{t-1}+P_t \tag{4-6}$$

式中,ρ 为污染存量的衰减率;P_t 为生产过程中所排放的污染物流量。假设 P_t 与企

业产出、企业私人减排之间的关系为

$$P_t=(1-\mu_t)h(Y_t)=(1-\mu_t)Y_t^{1-\varphi} \tag{4-7}$$

式中，μ_t 为污染物减排量占污染物产生量的比例；φ 为污染物产生量与企业产量之间函数关系的参数。政府对企业排污征收税率为 τ_e 的环境税，以激励企业采取减排行为而减少污染物排放。借鉴 DICE(dynamic integrated model of climate and the economy)模型最新版本 DICE－2013R(Nordhaus and Sztorc,2013)，假设企业的减排成本是减排比例和产出的函数，设定为

$$z_t=g(\mu_t)Y_t=\theta_1\mu_t^{\theta_2}Y_t \tag{4-8}$$

基于以上的设定，企业选择资本、劳动力和减排比例最大化其利润，即

$$\pi_t=Y_t-(r_t+\delta_t)K_t-\omega_t N_t-z_t-\tau_e P_t \tag{4-9}$$

式中，δ 为资本折旧率。

(三)政府行为

本章设计五种环境税收入用途和返还形式，包括环境税收入用于一般预算支出、专项治污支出，以及分别用于降低工薪税、资本税和消费税。前两种情形属于非税收中性的政策方案，会增加社会总税负；而后三种政策情形符合税收中性原则，社会总体税负不会增加。另外，将不征收环境税的情形作为基准，以便于比较。

1.不征收环境税情形

在这种情形下，政府征收消费税、工薪税和资本税(合计为 T_t)用于政府一般性支出 G_t 和转移支付 Tr_t，社会上所有遗产 Beq_t 归政府支配。本章假设政府的一般性支出为经济产出的固定比例(即 $G_t=\bar{g}Y_t$)，在模拟过程中，政府的预算平衡由转移支付进行调节。因此，政府在 t 期的预算平衡表示为

$$G_t+Tr_t=T_t+Beq_t \tag{4-10}$$

以上 3 种税的合计额为 T_t 的表达式为

$$T_t=\sum\tau_t c_{t+s-1}^s+\tau_t r_t a_{t+s-1}^s+\tau_w\omega_{t+s-1}e^{j,s}l_{t+s-1}^{j,s} \tag{4-11}$$

2.用于一般财政支出

假设征收环境税收入用于增加公共财政收入，统筹支出。在该情形下，社会总税负将会增加，属于“非税收中性”的政策方案。政府支出的预算平衡公式(4-10)可以修改为

$$G_t+Tr_t=T_t+\tau_e P_t+Beq_t \tag{4-12}$$

3.用于治污专项支出

假设环境税收入专项用于治理环境污染，政府减排专项支出的平衡式为

$$G_t^e=\tau_e P_t \tag{4-13}$$

原污染物存量的动态公式修改为

$$x_t=\rho x_{t-1}+P_t-\xi_t G_t^e \tag{4-14}$$

式中，ξ_t 表示治理污染专项支出的产出投入比，体现治污技术高低。

4.按照税收中性原则进行税收返还

税收中性原则要求环境税的实施不增加社会总税负。我国正推行结构性减税改革，企业税负的降低为环境税开征提供了一个良机。另外，根据税收中性原则开征环境税也能缓解财政减收的压力。为模拟此情形，假设环境税收入分别用于降低工薪税、资本税或消费税的税率，以保持总体税负不变。在政府预算平衡公式(4-12)中，除环境税之外的其他税收总额 T_t 相应变为 T'_t，则政府预算平衡公式为

$$G_t + Tr_t = T'_t + \tau_e P_t + Beq_t \tag{4-15}$$

(四)社会保险

假设社会保险采取现收现付制，社保部门向当期劳动个体收取保费以支付养老金给当期退休个体。假设养老金为个体劳动税费后净收入的恒定比例为

$$b^{j,s}_{t+s-1} = \begin{cases} 0 & s < R \\ \zeta(1-\tau_w-\tau_b)\omega_{t+s-1}e^{j,s}l_{t+s-1} & s \geqslant R \end{cases} \tag{4-16}$$

在均衡条件下，养老保险预算达到平衡，养老金替代率 ζ 假设是恒定的，社保部门通过调整保险贡献率(保险费率)τ_b 以平衡社保预算。

三　参数校正

(一)经济人口方面的参数校准

考虑在初始均衡状态下，经济体没有征收环境税，即 $\tau_e=0$。为求得稳态变量值，采用在增长模型中通常设定的参数值。根据林伯强和孙传旺(2011)的研究结果，设生产函数中的资本弹性 $\alpha=0.4$，资本折旧率 δ 取常用的 0.1。在效用函数中，消费弹性 $\gamma=0.32$，相对风险厌恶系数 $\eta=1.5$，贴现因子 $\beta=0.99$。利用我国经济统计数据进行校准，得预算支出占国内生产总值的比例 $\bar{g}=0.18$，工薪税税率取 $\tau_w=0.15$，消费税税率取 $\tau_c=0.3$，资本税税率取 $\tau_k=0.3$，养老保险替代率取 $\zeta=0.1$。根据《中国 2010 年第六次人口普查资料》，计算年龄在 21～80 岁之间的人口死亡率，以校准存活率 φ。① 设定异质性个体劳动效率 $e(s,j)=\bar{y}_s\varepsilon_j$ 时，借鉴 Hansen(1993)的方法，利用我国家庭健康与营养调查(1997 年、2000 年、2004 年、2006 年)四年的微观调查数据，测算我国年龄一效率组合 $\{\bar{y}_s\}$。

(二)环境方面的参数

借鉴 Heutel(2012)的校准值，减排成本函数系数为 $\theta_1=0.056$、$\theta_2=2.8$，ρ 表示污染存量的衰减率。本章采用 Heutel(2012)按照 1983 年半衰期估算出的参数，为 0.997 9。同样，借鉴 Heutel(2012)方法，利用我国经济和环境统计数据，通过回归分析估测生产污染弹性；分别采用 ARIMA、OLS 和固定效应三种估计方法，回归结果显示生产污染弹性

① 为了简化模型，假设各年龄段个体的存活率是恒定的。

范围为 0.579～0.721，本章取三个估计结果的平均值为生产污染弹性的校准值，即 $1-\varphi=0.648$。[①] 这一数值小于 1 且为正，说明污染排放和产出呈正相关，但缺乏弹性。

四　环境税税率和方案设计

（一）最优环境税税率的确定

环境税税率的确定对政策效果至关重要。因此，研究适合我国国情的最优环境税是必要的，也是分析环境税政策效应的基础。本章在 Nordhaus 和 Sztorc（2013）研究的 DICE 2013R 模型框架下估测我国最优环境税，作为政策效应分析的税率参考范围。考虑到环境税种类较多以及模型的适用性，本章以碳税为测算对象来确定最优环境税的税率范围。对于我国经济正处在调速换挡的关键时期，应将兼顾经济增长和环境保护作为选择环境经济政策的出发点。因此，本章基于 DICE 2013R 模型，增加我国经济增长和减排目标的双重约束，分析不同经济增长速率下我国最优环境税的动态税率水平。借鉴林伯强和孙传旺（2011）对我国经济增长的预测，设定以下三种经济情形：8%～9%为高速增长情形，7%～8%为基准情形，6%～7%为低速情形。此外，根据我国承诺的减排目标增加减排约束条件：以 2020 年单位 GDP 二氧化碳排放量比 2005 年降低不少于 40%为条件进行校准。采用 GAMS24.1.3，在高速增长、基准增长和低速增长三种情形下进行模拟，图 4-1 显示了 2010 年至 2050 年最优碳税的动态路径。随着时间推移，税率整体呈上升趋势，且当经济增长速年加快（减缓）时，税率水平会升高（降低）。由此可见，我国最优环境税是顺周期的，政府在制定和实施环境税政策时，应充分考虑我国宏观经济的波动，合理确定适宜税率水平，以实现“保增长”和“促减排”的双重目标。

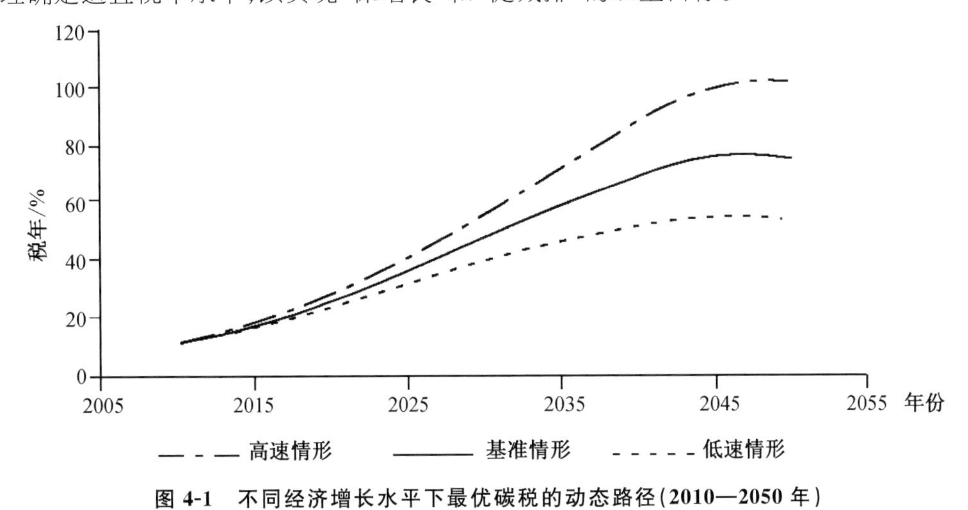

图 4-1　不同经济增长水平下最优碳税的动态路径（2010—2050 年）

---

① 本章分别采用 ARIMA、OLS 和固定效应估计方法，由于篇幅有限，这里省略回归结果。

(二)税率的转换

上文模拟得到符合我国实际情况的最优碳税,这是一个从量税,且是针对碳排放征收的。为了便于开展环境税政策效应的研究,需要将针对碳排放征收的从量税转换为一般性比例税,以确保和下文政策效应研究模型的设定保持一致。本章设定的转换公式为

$$\tau = \frac{tC}{\sum_{j} E_j \bar{P}_j} \tag{4-17}$$

式中,t 为定量税额;C 为含碳燃料消费所产生的碳排放总额;E_j 为不同能源的消费量;$\bar{P}_j$ 为各类能源的平均价格。t 来自于前述部分通过我国环境经济综合评估模型估测出的最优碳税的定量税率;C 的计算方法是根据《IPCC 国家温室气体清单指南》所提供的基准方法,即

碳排放量=燃料消耗量×碳排放系数

碳排放系数=低位发热量×碳排放因子×碳氧化率×碳转化系数

由表 4-1 可以看出,当经济增长速率放缓时,环境税税率适宜采用较低税率水平,以缓解环境税产生的经济压力;若经济增长提速,则污染排放也将增加,相应提高环境税税率可以加强污染控制力度。从目前我国经济增长情况来看,环境税税率的适宜范围是0.02～0.15。

表 4-1 不同经济增长情形下的环境税税率

	高速情形	基准情形	低速情形
最小值	2.36%	2.39%	2.44%
最大值	20.9%	15.68%	11.36%

数据来源:根据《中国能源统计年鉴》的统计数据,经作者计算所得。

(三)环境税方案设计

本章设定 $\tau_e=0$、$\tau_w=0.5$、$\tau_k=0.3$、$\tau_c=0.3$ 为基准模型。环境税实施方案分为税收中性方案和非税收中性方案。税收中性是指国家进行税制改革要以社会已付出的税款为限,不能给纳税人或社会带来额外损失或负担。因此,在税收中性方案中征收环境税的同时,适当降低其他税种的税率。在非税收中性改革方案中,根据环境税的支出用途分为增加财政收入和用于专项减排两种形式。环境税实施方案设计见表 4-2。本章在模型设计和参数校准的基础上,使用 GAUSS10 编程的方式,模拟环境税的不同实施方案。

表 4-2　环境税实施方案设计

不同税种税率	基准情形	税收中性方案			非税收中性方案	
		降低工薪税	降低资本税	降低消费税	增加财政收入	用于专项减排
环境税税率	0	0.10	0.10	0.10	0.10	0.10
工薪税税率	0.15	0.10	0.15	0.15	0.15	0.15
资本税税率	0.30	0.30	0.15	0.30	0.30	0.30
消费税税率	0.30	0.30	0.30	0.15	0.30	0.30

五　环境税政策效应分析

(一)代内静态效应分析

基于模拟结果,比较未征环境税时的基准稳态和开征环境税后的稳态情况,可计算出经济和社会福利在环境税实施前后的变化率,见表 4-3。

表 4-3　环境税政策的静态效应

相对基准情形的变化率/%	资本存量	劳动力供给	消费	总产出	污染排放量	污染存量	社会总福利
$\tau_e=0.10$							
增加财政收入(SS1)	−13.66	−0.04	−8.44	−5.74	−60.56	−57.63	−1.42
专项支出用于减排(SS2)	−15.38	1.38	−13.38	−5.19	−60.49	−79.85	−2.47
降低工薪税(SS3)	−9.28	−0.04	−4.71	−3.87	−60.32	−57.82	−0.77
降低资本税(SS4)	−5.45	−2.07	−6.26	−3.47	−60.27	−57.81	−0.83
降低消费税(SS5)	−8.61	1.54	−3.24	−2.66	−60.17	−59.82	−0.68
$\tau_e=0.15$							
增加财政收入(SS6)	−15.53	−3.21	−11.32	−8.38	−75.62	−71.73	−1.62
专项支出用于减排(SS7)	−18.06	0.88	−15.51	−6.68	−75.48	−92.37	−2.83
降低工薪税(SS8)	−11.24	0.62	−7.72	−4.32	−75.29	−71.85	−1.36
降低资本税(SS9)	−7.50	−1.41	−9.22	−3.89	−75.26	−73.05	−1.42
降低消费税(SS10)	−13.14	−0.57	−8.88	−5.82	−75.41	−72.43	−1.44

在环境效应方面，从表 4-3 看出，征收环境税对环境质量的改善力度很明显，环境税在我国能够获得显著的“环境红利”。其中，改善环境质量效果最优的是将环境税收入专项用于治理污染的征税方案，最不理想的是增加财政收入的征税方案。

在经济效应方面，从表 4-3 看出，无论采取何种税收用途或返还方式，即使征收低税率，环境税的实施都会对资本存量、消费和总产出产生负面影响。其中，两种非税收中性实施方案对资本存量和消费产生的负效应最大，因为社会总税负额外增加，挤出社会投资，致使资本积累减少，产出减少，总消费也大大减少。相比之下，税收中性方案能在一定程度上缓解扭曲程度恶化，更好地实现环境保护和经济增长的平衡。如果降低资本税税率，则使资本更有吸引力，从而缓解环境税开征对企业资本投入的负面影响；如果降低消费税税率，则能够缓解对消费的损害。

在劳动供给方面，专款专用于公共减排和降低消费税进行税收返还，在一定程度上能够抵消环境税对就业的负向规模效应[①]，从而实现环境改善和提高就业的“就业双重红利”。

在社会福利方面，环境税实施会造成社会总福利的降低[②]，理论上的环境税“强双重红利”在我国没有得到验证。在两种非税收中性情形下，社会总福利损失较多，环境红利和经济、社会福利存在明显冲突。对于仍处在发展阶段的我国而言，该方案很可能会使得环境税遭遇公众反对和政治阻碍。如果政府希望能在达到环境改善目标的同时保证效率损失尽可能降低，则税收中性方案优于非税收中性方案，“弱双重红利”在我国成立。

随着税率的提高，不同环境税的实施方案对资本存量、消费、总产出和社会福利的负面影响更大。税收中性实施方案仍然比非税收中性方案更优。在以降低工薪税作为返还方式的情形下，工薪税减少对就业的正向促进作用超过实施环境税对就业的负向影响，就业增加，环境税的“就业双重红利”显现，且该方案对社会福利的负向影响最小。因此，以降低资本税为返还方式能在一定程度上缓解环境税政策对资本存量和产出的冲击。

图 4-2 显示了五种环境税改革设计方案下，征税前后的经济稳态处于不同效率的工人储蓄和劳动供给的变化情况。环境税用于增加财政收入、专项减排支出和降低资本税时，低效率工人的劳动供给降低幅度比高效率工人更大，储蓄下降得也更多。环境税开征使得社会总产出减少，对劳动需求降低。由于低效率工人的劳动边际产出低于高效率工人，企业会更愿意留下高效率工人，而减少对低效率工人的需求。当环境税收入以降低消费税为返还形式时，低效率工人的劳动供给增加更多，消费税的降低使实际价格降

---

① 在其他条件一定的情况下，环境税提高了企业的生产成本，进而缩小了企业的生产规模，减少了企业吸纳工人的数量，即为负向的规模效应。

② 值得注意的是，本章模型中社会总福利未将环境因素纳入；但随着人们对环境的重视程度逐渐提高，环境质量也将影响总体福利高低。

低,低效率(低收入)家庭会增加那些非必需品的消费,促使他们更愿意去工作来增加收入。相比之下,高效率(高收入)家庭的需求价格弹性可能更小,因而其消费和劳动供给受到影响不明显。总体来看,低效率工人更易受环境税影响。

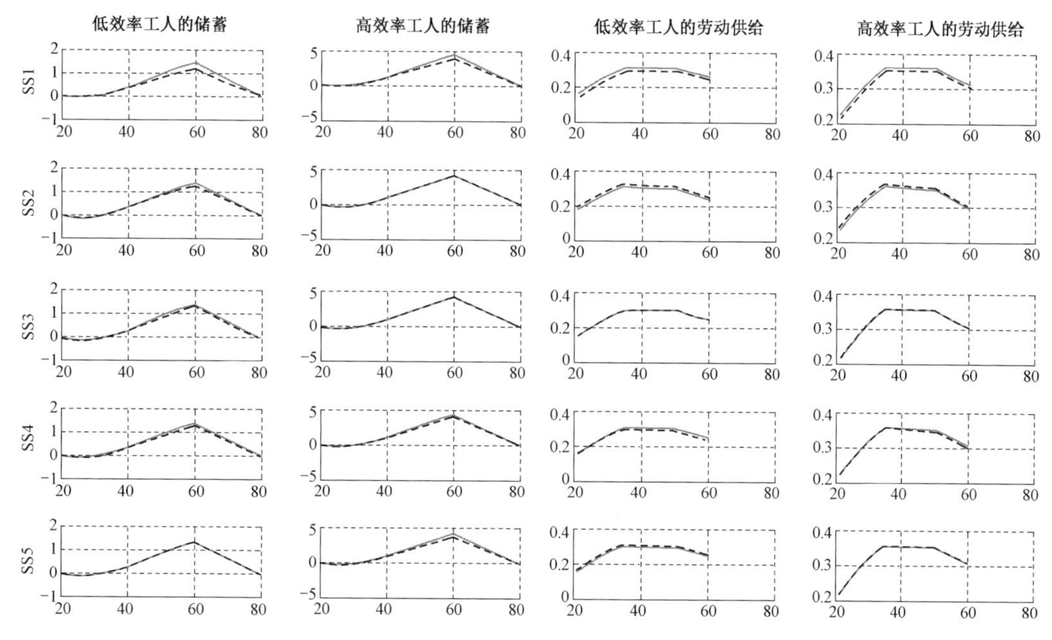

图 4-2 不同环境税政策情形下,不同效率劳动力的储蓄和劳动供给

注:SS1——增加一般预算收入;SS2——专项用于减排支出;SS3——降低工薪税;SS4——降低资本税;SS5——降低消费税。实线——期初稳态;虚线——期末稳态。

不同实施方案情形下,代内不同效率工人的福利变化情况如图 4-3 所示。很明显,无论税率高低,环境税收入专项用于减排的方案对所有工人终生福利的负面影响最大,且低效率工人受损程度更高。在低税率下(税率=0.1),以降低消费税为返还方式的改革方案使得低效率工人的福利损失大于高效率工人,环境税实施具有累退性,不利于实现社会福利分配的公平性。在高税率下(税率=0.15),虽然以降低工薪税为返还方式的改革方案的效应最佳,但未能实现分配公平。

从代内的政策效应来看,环境税不同政策方案存在效率和公平的取舍问题。如果以效率为目标,则可以选择低税率下以降低消费税为税收返还形式的方案,或者高税率下以降低工薪税为税收返还形式的方案。如果以公平为目标,则以降低资本税作为税收返还方式的方案是可选之策,在实现公平的基础上,此方案能避免产出受负向冲击。总体来看,符合税收中性原则的方案优于非税收中性方案,这与目前我国推行结构性减税原则是一致的。

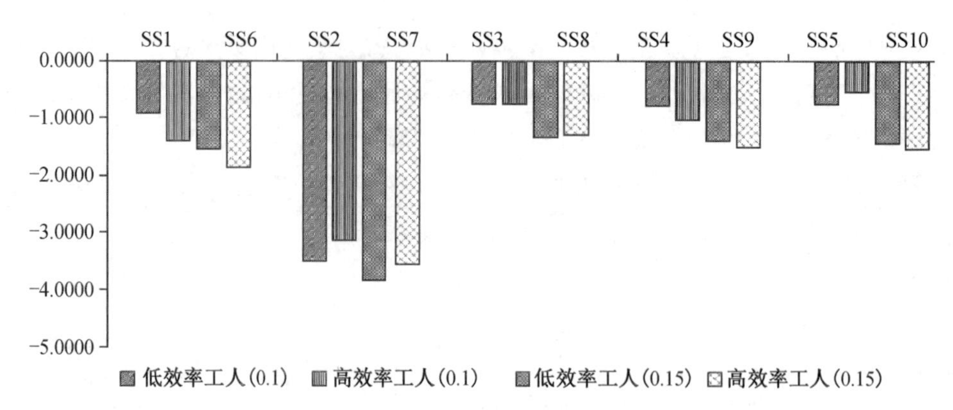

图 4-3 不同实施方案情形下,代际内不同效率工人的福利变化情况

注:SS1/SS6——作为一般预算支出;SS2/SS7——专项用于减排支出;SS3/SS8——降低工薪税;SS4/SS9——降低资本税;SS5/SS10——降低消费税

(二)代际动态效应分析

为了比较不同改革方案对各世代异质性劳动力终生福利的跨期影响,本章按如下方法衡量改革影响:福利变化值=开征环境税时的终生福利效用-没有征收环境税时的终生福利效用。如图 4-4 和图 4-5 所示,不管采取哪一种环境税征收方案,环境税的开征需要付出一定程度的福利成本。在低税率下(图 4-4),改革成本最大的是环境税收入用于专项减排;改革成本最小的是以降低消费税的形式进行税收返还,且福利损失在 60 期后开始逐渐减小。因此,从跨际间的效应来看,环境税用于降低消费税是最优的。但从代际公平来看,在以降低消费税为返还形式的方案下,享受更优环境的世代承担的成本更小,这有违公平原则。高税率的情况有所不同(图 4-5),在环境税收入用于降低资本税的方案下,低效率工人所需承担的福利成本最小,且改革成本更多的是由享受到更好环境的后代承担,符合公平原则。

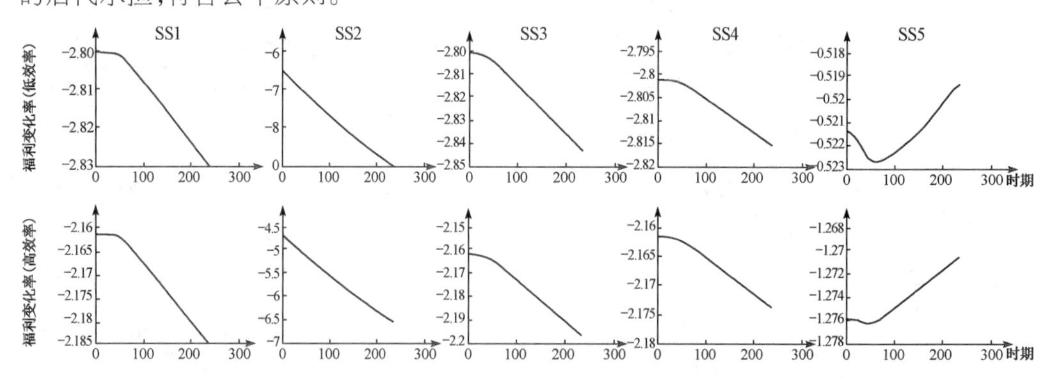

图 4-4 不同环境税政策情形下,不同效率工人的代际福利变化(环境税税率=0.10)

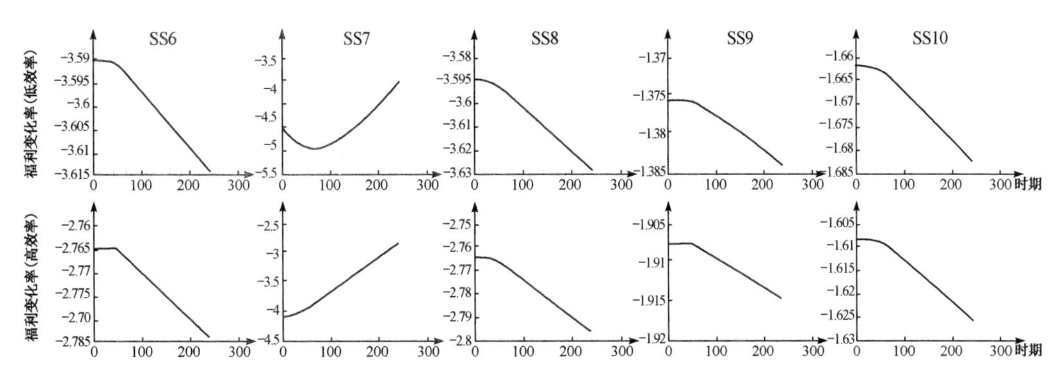

图 4-5　不同环境税政策情形下，不同效率工人的代际福利变化(环境税税率＝0.15)

六　结论与政策建议

(一)主要结论

本章在对我国最优环境税税率水平给予定量分析的基础上，设计不同的环境税实施方案，考虑不同的环境税支出用途和返还形式，对环境税的环境、经济、福利和分配效应进行定量分析，得出以下主要结论：

(1)环境税开征初期，最优环境税税率水平较低，且与宏观经济呈顺周期关系。目前我国正处在经济调速换挡阶段，环境税税率不宜过高。根据本章测算的合理范围为2%～15%，未来可随时间推移进行适当调整。

(2)我国开征环境税会对社会福利产生负面影响，理论上的“强双重红利”并不成立；而“弱双重红利”得到验证，即符合税收中性原则的环境税方案比非税收中性方案更有效率。与发达国家不同，我国属于劳动力供给相对过剩的发展中国家，实现“就业双重红利”并非我国开征环境税的首要目标。我国政府更为紧迫的任务是实现经济增长和环境保护的双重目标，并在实施过程中平衡效率与公平。在效率方面，低税率下以降低消费税为返还方式的政策方案最优，高税率下以降低工薪税为返还方式的政策方案最优。在公平方面，以降低资本税为返还方式的政策方案更优，且能实现“保增长”和“促减排”的双赢。

(二)政策建议

(1)积极推进环境税制建立和环境税立法，解决目前针对污染物和二氧化碳排放征收的环境税尚缺位的问题。当前具备开征环境税的有利条件：一是频繁出现的雾霾天气等环境污染问题，使得社会公众环保意识高涨，利用环境经济政策规制污染、改善环境是众望所归。二是结构性减税改革不断推进，企业税负减轻。此时，开征环境税更容易为企业所接受，还能减缓财政减收压力。所以，应抓住当前良好时机，积极推进环境税制的建立和完善，促进环境税立法。

(2)环境税税率的确定应综合考虑经济增长波动和排污目标。在经济增长较快时,适当提高税率;在经济放缓时,适当降低税率。考虑到我国有企业业的负担能力、经济增长的下行压力、社会分配差距加大等问题,在环境税的开征初期最好设置相对较低的税率水平,循序渐进分阶段逐步提高。

(3)环境税收入的支出用途和返还形式是政策设计的关键。一般情况下,环境税专项用于减排支出的方案通常在开征初期使用,能够有效改善环境。但这种方案不符合税收中性原则,会额外增加税负,对生产和消费有较大的不利影响。我国应根据税种中性原则设计环境税实施方案,与正在推进的结构性减税形成联动和配合,以保持总体宏观税负的稳定。政府在设计环境税实施方案时,应慎重考虑施政的目标,权衡效率和公平,综合考量环境税的政策效应。此外,在实施环境税的过程中,应加强对低收入地区和家庭的扶持,配套政策应体现对这类人群的优惠导向。

本章参考文献

PEARCE D W. The role of carbon taxes in adjusting to global warming[J]. The Economic Journal, 1991, 101(407):938-948.

GOULDER L H. Environmental taxation and the double dividend: a reader's guide[J]. International Tax and Public Finance, 1995, 2(2):157-183.

BOVENBERG A L, DE MOOIJ R A. Environmental tax reform and endogenous growth[J]. Journal of Public Economics,1997, 63(2):207-237.

BOVENBERG A L, DE MOOIJ R A. Environmental levies and distortionary taxation [J]. The American Economic Review,1994, 84(4):1085-1089.

GOODSTEIN E B. Jobs and the environment: the myth of a national trade-off[R]. Washington, DC: Economic Policy Institute, 1994.

CARRARO C, SINISCALCO D, MATTEI F E E. Environmental fiscal reform and unemployment[M]. Boston: Kluwer Academic Publisher, 1996.

ILO. Green policy and jobs: a double dividend? [R]. Geneva, Switzerland, 2009.

WIER M, BIRR-PEDERSEN K, JACOBSEN H K, et al. Are Co_2 taxes regressive? Evidence from the Danish experience[J]. Ecological Economics, 2005, 52(2): 239-251.

RUIZ N, TRANNOY A. The regressive nature of indirect taxes: lessons from a micro-simulation model[J]. Economic et Statistique, 2008(413):21-46.

BUREAU B. Distributional effects of a carbon tax on car fuels in france[J]. Energy Economics, 2011, 33(1):121-130.

BUDZINSKI O. Ecological tax reform and unemployment: competition and innovation issues in the double dividend debate [R]. Universitat Hannover Fachbereich Wirtschaftswissenschaften Working Paper, 2002.

CHIROLEU-ASSOULINE M, FODHA M. From regressive pollution taxes to progressive environmental tax reforms[J]. European Economic Review, 2014(69): 126-142.

曹静.走低碳发展之路:中国碳税政策的设计及 CGE 模型分析[J].金融研究,2009(12):19-29.

童锦治,沈奕星.基于 CGE 模型的环境税优惠政策的环保效应分析[J].当代财经,2011(5):33-40.

陆旸.中国的绿色政策与就业:存在双重红利吗?[J].经济研究,2011(7):42-54.

张晓娣.中国开征碳税对价格、福利及公平影响的测度[J].南方经济,2014(7):58-72.

HEER B, ALFRED M. Dynamic general equilibrium modeling: computational methods and applications[M]. Berlin Heidelberg: Springer, 2009.

HEUTEL G. How should environmental policy respond to business cycles? Optimal policy under persistent productivity shocks[J]. Review of Economic Dynamics, 2012, 15(2):244-264.

NORDHAUS W, SZTORC P. DICE 2013R: Introduction and Users Manual[Z]. New Haven: Yale University, 2013.

林伯强,孙传旺.如何在保障中国经济增长前提下完成碳减排目标[J].中国社会科学,2011(1):64-76.

HANSEN G D. The cyclical and secular behaviour of the labour input: comparing efficiency units and hours worked[J]. Journal of Applied Econometrics, 1993, 8(1): 71-80.

第二部分

分权、税收分成与环境污染

第五章　中国式分权与环境污染

——基于空气质量的省级实证研究

陈工　邓逸群*

一　引　言

中国正处在工业化和城市化高速发展的阶段，人们在分享经济增长红利的同时，也面临着环境污染对生活质量与人民健康的威胁。目前我国的环境形势十分严峻。中国的环境问题是由粗放型经济发展模式导致的，而这种发展模式又源于中国式分权[①]下的政府行为（蔡窻等，2008）。在中国，环境保护的“指令性政策”主要由中央政府制定，但具体施政更多是由地方政府承担（Shen，2012）。在这样的分权制度安排下，地方政府对环境保护的财政支出安排和资源配置有着很大的自由裁量权，具体体现在：一方面，环境保护作为“非经济性”公共物品主要服务于当地居民而不是招商引资，地方政府缺少为此竞争的动力，往往面临提供不足的困境（傅勇和张晏，2007；傅勇 2010）。[②] 若缺乏有效的激励相容机制，则地方政府在“为晋升而增长”“为增长而竞争”驱使下会对污染产业放松管制（周黎安，2007；傅勇和张晏，2007），从而导致地方政府之间出现“趋劣竞争”（race to the bottom，RTB）。另一方面，地方政府会针对污染物不同程度的外溢性采取治理策略。相比于固体废弃物和水环境污染，空气污染的外溢性无疑是最强的，这使得地方政府在“搭便车”的动机下，更易采取放松管制的策略行为（Woods，2006；崔亚飞和刘小川，2010；张克中等，2011）。

随着中国式分权体制下地方政府行为特点为人所探悉，学界开始关注分权对环境污染的影响机制。蔡昉等（2008）强调分权下的地方政府行为既是现阶段经济发展的动力，也是增长方式转变和节能减排的关键。李猛（2009）将 GDP 和财力内化于地方政府政策目标函数中，验证我国环境污染与地方政府财力间存在显著倒 U 形关系。崔亚飞和刘小

* 陈工，厦门大学经济学院财政系教授。邓逸群，厦门大学经济学院博士研究生。

① 中国式分权以财政分权和自上而下垂直的政治集中式管理体制相结合为核心内涵，财政分权又以支出责任下放、财权上收为主要特点。

② 已有不少文献已经分析了中国式分权下，教育、医疗等“非经济性”公共服务提供不足的情况，可见傅勇和张晏（2007）、傅勇（2010）、Uchimura 和 Jütting（2009）、Zhang（2006）、Zhang 和 Kanbur（2005）等。

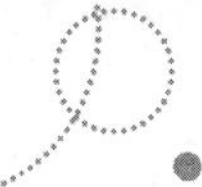

川(2010)分析了税收竞争与环境污染的关系,发现地方政府在税收竞争中更侧重于工业固体废弃物和废水的监管与治理,而放松了对外部性和治理成本较大的工业二氧化硫的治理。张克中等(2011)从碳排放的视角研究财政分权与环境污染的关系,发现提高支出分权度不利于碳排放减少。

以上文献从不同角度对财政分权和环境污染的关系进行了有益探索,并得出有意义的结论。但在分析分权和污染之间关系时,大多割裂了中国式分权、经济增长与环境污染三者的有机联系。一方面,分权的激励导向决定了政府的职能偏好,从而直接影响污染治理力度和环境质量,另一方面,根据环境库兹涅茨曲线(environmental kuznets curve)假说,环境污染与经济增长存在倒 U 形关系,这意味着不同的发展阶段,地方政府面对不同的财税和政治激励,选择的发展方式是不同的,从而间接影响环境质量。另外,较多文献仅单一分析支出分权的影响,而忽视财政自主度[①]的重要性,这会导致模型的设定忽略了纵向不平衡的存在。[②] 自有资金不足而依赖上级政府的转移支付,会诱导地方政府将注意力转向转移支付的竞争,追求寻租和部门利益,而非辖区居民的需求与偏好(高琳,2012)。但财政自主度的提高也可能会导致更多的资源被用在政绩工程或行政消费上,这在经济欠发达地区尤为明显(袁飞等,2008;World Bank,2006)。从研究对象来看,学者们根据不同研究目的选择不同的污染物进行研究。由于空气污染具有显著的外溢性,它常常首当其冲成为地方政府避而不顾的环境问题。近年来,全国性雾霾大规模暴发也证实了这一点。因此,我们认为对中国式分权与空气污染之间的关系进行研究,具有重要的现实意义和政策参考价值。本章试图回答以下三个问题:(1)中国式分权在推动经济腾飞的过程中,是否选择了不利于空气质量的发展方式?(2)中国式分权的制度安排以及激励作用,对空气质量产生了怎样的影响?(3)处于不同发展水平和地理位置的地区,分权对空气质量的影响是否存在异质性?

二 研究设计

(一)模型设定和变量选取

本章选择在 EKC 模型的基础上,检验中国式分权对空气质量的影响机制。传统 EKC 模型引入人均实际 GDP(或者其对数形式),以及其二次项和三次项作为解释变量,忽略了在估计过程中解释变量的非平稳性和协整问题。Müller-Fürstenberger 和 Wagner(2007),以及 Wagner(2008)指出,如果变量是协整的,包含该变量非线性形式的

① 财政自主度通常包括地方政府享有自主设定税率、选择税基、根据自有收入自行配置支出结构等诸多权力。但根据中国实际情况,财政自主度的含义即指地方政府的支出依赖于自有收入(而非转移支付)的程度。

② 不少学者指出,财政分权具有促进公共服务提供效率的潜在优势取决于一系列条件,其中必要的一点是保证地方政府的财政自主权(傅勇,2010;Uchimura and Jütting,2009;高琳,2012)。

模型在进行回归时应适用不同的渐进理论。[①] 本章借鉴 Bradford 等(2005)和 Leitao (2010)改进的 EKC 模型，以避免上述问题。该模型假设污染排放量在某一时点的变化与人均 GDP 均值和人均 GDP 增长率均值之间存在以下关系：

$$\partial P_{it}/\partial t=\alpha_i(y_i-y^*)g_i \tag{5-1}$$

式中，P_{it}表示i地区t期的空气污染指标，本章选择人均工业废气排放量作为被解释变量；y_i表示i地区人均实际 GDP 均值；y^*表示 EKC 转折点(假设各地区一致)；g_i表示i地区人均实际 GDP 增长率均值；系数 $\alpha_i<0$ 时，空气污染和经济增长之间存在倒 U 形关系。对式(5-1)求积分，并加入分权变量和控制变量，得本章的基本模型：[②]

$$\ln P_{it}=\beta_0+\beta_1 y_i g_i t+\beta_2 g_i t+\beta_3 \mathrm{FD}_{it}+\beta_4 Z_{it}+\mu_i+\varepsilon_{it} \tag{5-2}$$

式中，FD_{it}表示分权指标，本章采用两个指标刻画财政分权不同纬度特征：一个是常用的支出分权度 ED_{it}，用"地方政府本级人均支出/(地方政府人均支出＋中央政府本级人均支出)"表示。[③] 另一个分权指标采用财政自主度，用"地方政府人均一般预算收入/地方政府人均支出"表示，记为 VB_{it}。如果 VB_{it}小于 1，说明地方政府的自主收入无法满足其支出责任的资金需求，需要政府间的转移支付；反之，说明地方政府的自主收入对于其支出责任而言是充足的。如果 EKC 假说成立，则 $\beta_1=\alpha_i<0$，且转折点 $y^*=-\beta_2/\beta_1$。β_3反映分权对空气污染的直接影响。

控制变量 Z_{it}包括产业结构 ind_{it}，用工业产值占总产值比重衡量，通常认为工业比重越大，工业废气排放量会越高。外商直接投资 fdi_{it}，以外商直接投资实际使用额衡量。根据"污染天堂"假说，环境成本差异会吸引一些跨国有企业业将高污染产品转移到环境保护标准较低的国家；地方政府间为了吸引外商直接投资而采取的"趋劣竞争"行为会带来地区环境质量恶化。此外，还控制了城市化进程 urban_{it}，由非农人口占总人口比重衡量。环境治理投资 imp_{it}，用环境治理投资完成额表示。人口密度 pdens_{it}，由各省总人口比各省土地面积得到。为了考察分权是否会通过 EKC 路径对空气质量产生间接影响，进行以下辅助回归：

$$y_{it}=\gamma_0+\gamma_1 \mathrm{FD}_{it}+\gamma_2 X_{it}+\mu_i+\tau_t+\varepsilon_{it} \tag{5-3}$$

式中，被解释变量 y_{it}为人均实际 GDP；μ_i表示个体效应；τ_t表示时间效应；X_{it}表示控制变量，包括人均投资额，用人均全社会固定资产投资额度量，记作 inv_{it}，全社会从业人数，记作 emp_{it}，对外开放程度，以进出口总额占 GDP 比重表示，记作 trade_{it}，实际税负，以一般预算收入占 GDP 比重衡量，记作 tax_{it}。不少学者已从分权角度验证了经济增长

---

① 他们同时还指出，利用面板数据进行分析的传统 EKC 模型，存在两个主要计量问题：其一，GDP 和污染排放量面板之间的独立性假设是不可信的；其二，单位根检验和协整分析中存在小样本问题。

② 为了便于分析，对被解释变量取对数。

③ 衡量财政分权的另一个考虑因素是人口规模，有些情况下，支出规模很大是因为人口规模大，而不一定是较大的支出责任所导致的，因此计算分权指标时都进行人均化处理。

奇迹背后的体制根源(如 Qian and Weingast, 1996; Lin and Liu, 2000; Jin et al., 2005; 张晏和龚六堂, 2005; 周业安和章泉, 2008), 预测 $\gamma_1 > 0$。但这种高速发展是以牺牲环境为代价(王永钦等, 2007; 周黎安, 2007; 蔡寔等, 2008), 还是"环境友好型", 仍有待式(5-2)的验证。参照 Bradford 等(2005)和 Leitao(2010)的方法, 基于式(5-3)回归拟合值计算回归式(5-2)所需的 y_i 和 g_i。①

(二)数据描述

本章选择 1994—2012 年省级地方政府为研究样本。② 由于重庆市于 1997 年被列为直辖市, 为了统一口径, 本章将重庆市和四川省数据做合并处理。此外考虑西藏数据的缺失情况, 样本共包括除西藏以外的 29 个省、直辖市和自治区为研究对象。本章环境数据来源于《中国环境年鉴》《中国环境统计年鉴》; 各省经济、社会、财政数据主要来源于《新中国 60 年统计资料汇编》《中国统计年鉴》和各省市统计年鉴以及 CEIC 中经网; 各省人口数据来源于《中华人民共和国全国分县市人口统计资料》。表 5-1 显示了样本描述性统计。

表 5-1 描述性统计

变量		单位	均值	中位数	标准差	最小值	最大值
人均废气排放量	P_{it}	立方米/人	24 535	17 863	23 823	2 503	257 899
支出分权度	ED_{it}	%	74.86	75.45	9.57	51.69	93.59
收入自主度	VB_{it}	%	54.19	50.59	17.86	14.83	101.34
人均实际 GDP	y_{it}	万元/人	0.695	0.501	0.570	0.092 3	3.084
人均固定资产投资	inv_{it}	元/人	3 740	1 682	5 024	45	31 256
实际税负	tax_{it}	%	7.565	6.852	2.617	3.284	18.789
全社会就业人数	emp_{it}	万人	2 420	2 027	1 691	233	6 554
对外开放程度	$trade_{it}$	%	31.84	12.61	40.52	3.21	217.34
城市化水平	$urban_{it}$	%	33.53	28.97	16.26	3.45	89.80
产业结构	ind_{it}	%	38.61	39.64	8.28	11.59	53.97
外商直接投资	fdi_{it}	百万元	24 270	9 512	34 883	40.98	225 732
污染治理投资	imp_{it}	百万元	1 028	598	1 151	7.46	8 441
人口密度	$pdens_{it}$	人/平方千米	399.80	254.88	539.08	6.56	3 754

注: 人均实际 GDP 按照 1990 年价格进行平减处理。

① 样本期为 1994—2012 年, 令 y_i^1 为 1994—1997 年地区 i 的人均实际 GDP 的平均值, y_i^2 为 2009—2012 年地区 i 的人均实际 GDP 的平均值。平均增长率 g_i 根据 $y_i^2 = y_i^1 \exp(15 g_i)$ 计算得到, 人均实际 GDP 平均值 $y_i = y_i^1 \exp(7.5 g_i)$。

② 由于污染治理投资的数据部分省份不可得, 因此样本范围仅到 2012 年。

三 实证结果分析

(一)基本模型回归结果

本章重点考察中国式分权对空气质量的影响,借鉴 Bradford 等(2005)和 Leitao(2010)的分析方法,先基于式(5-3)的回归拟合值计算式(5-2)回归所需的各地区人均实际 GDP 平均值 y_i 和人均实际 GDP 增长率平均值 g_i。回归考虑了个体效应和时间效应,采用双向固定效应模型。① 回归结果显示②,支出分权度和财政自主度对人均实际收入水平的影响都显著为正,说明分税制后分权对地区经济增长确实存在明显的促进作用。依次增加解释变量,财政分权变量的回归结果显著性没有发生变化,仅是系数估计值有所改变,说明分权对经济的影响是稳健的。对于式(5-2)的面板回归,需要考虑地区间不可控的特征,如气候、地理条件、资源禀赋等,这些特征都与空气污染存在潜在的关系,回归结果报告在表 5-2 中。③ 模型 1 和模型 2 的回归结果验证了 EKC 假说在我国成立,$y_i g_i t$ 的系数 $\beta_1<0$,且分别在 5%和 1%置信水平下显著,说明空气污染与人均收入水平之间存在倒 U 形曲线关系。计算可得我国 EKC 转折点位于 2 万元[以 1990 年不变价格计算,下同。见模型 1,$y^*=-0.01/(-0.005)$]和 1.67 万元 [见模型 2,$y^*=-0.01/(-0.006)$]。2012 年我国各省加权人均实际 GDP 为 1.75 万元/人(1990 年价格),尚未达到本章计算的 EKC 转折点,说明空气污染随着经济增长在恶化。这意味着分权虽然为我国经济增长提供了激励相容的机制安排,使地方政府和官员在追求财税利益和政治晋升利益的“双重诱导”下,有很强动力发展当地经济,但这种增长带有显著的扭曲性,结果导致经济增长伴随的环境问题长期存在。

表 5-2 分权对空气质量影响的回归结果

被解释变量:P_{it}	模型 1	模型 2	模型 3	模型 4
$y_i g_i t$	-0.005^{**} (0.002)	-0.006^{**} (0.002)	-0.007^{***} (0.002)	-0.003 (0.002)
$G_i t$	0.010^{***} (0.001)	0.010^{***} (0.001)	0.006^{***} (0.002)	0.010^{***} (0.001)
$\overline{ED}_i \times g_i t$			$0.000\,1^{***}$ (0.000)	

① 采用 Hausman 检验,结果显示固定效应模型更有效。回归过程修正了异方差、截面相关和序列相关问题,修正方法见 Daniel(2007),以下模型的回归采取同样方法修正。

② 由于篇幅限制,式(5-3)的回归结果省略,有需要可向作者索取。

③ 根据 Hausman 检验确定地区特征与解释变量的相关性。检验结果拒绝了个体效应与解释变量不存在相关性的原假设,说明固定效应模型更为有效。因此,结果仅汇报固定效应模型的回归结果。

续表

被解释变量:P_{it}	模型 1	模型 2	模型 3	模型 4
$\overline{VB}_i \times g_i t$				0.000 0 (0.000)
ED_{it}	0.015** (0.005)	0.015** (0.005)	0.016** (0.002)	0.016** (0.001)
VB_{it}	0.004* (0.002)	0.021*** (0.007)	0.022*** (0.007)	0.023*** (0.007)
$VB2_{it}$		−0.000 2*** (0.000)	−0.000 2*** (0.000)	−0.000 2*** (0.000)
imp_{it}	0.034 (0.026)	0.034 (0.026)	0.029 (0.027)	0.033 (0.026)
ind_{it}	0.021*** (0.002)	0.020*** (0.003)	0.019*** (0.003)	0.019*** (0.003)
$urban_{it}$	0.006*** (0.002)	0.006** (0.002)	0.008** (0.002)	0.008** (0.002)
fdi_{it}	0.0419* (0.020)	0.0457* (0.022)	0.0434* (0.021)	0.0445* (0.022)
$pdens_{it}$	−0.009 (0.234 1)	0.110 (0.205 3)	−0.149 (0.236)	0.041 (0.199)
常数项	7.836 9*** (1.387)	5.466 3*** (1.218)	6.727*** (0.903)	5.743 4*** (1.218)
观测值	551	551	551	551
Within R^2	0.909	0.91	0.911	0.911
Hausman 检验(P 值)	0.043 4	0.051 8	0.028 1	0.009 8
Sargan 检验(P 值)	0.354 4	0.114 6	0.120 8	0.127 2
Davidson-MacKinnon 检验(P 值)	0.343 6	0.333 4	0.562 4	0.433 9

注:(1)***、**、*分别表示1%、5%和10%的显著性水平;(2)回归中,对污染治理投资完成额、外商直接投资和人口密度取对数值,其余解释变量为水平值。

通过以上分析我们检验了分权通过 EKC 路径对空气污染的间接影响,再看分权对空气质量的直接影响。模型 1 先估计了支出分权度和财政自主度的线性形式,模型 2 进一步控制财政自主度的平方项,估计结果显示:(1)支出分权度对空气质量存在显著的负面影响,说明政府支出责任的下放不仅没有改善地区的空气质量,反而加剧了废气排放;(2)财政自主度与废气排放量存在显著的倒 U 形关系,当地方政府自主资金比重达到

52.5%之后[按模型 2 结果计算,$VB^* = -0.021/(2*0.0002)$],财政自主度对空气污染转为抑制作用,且随财政自主能力提高而增强。当地方政府自有资金比重很低时,有限的预算内资金很有可能被用于支付工资和各类行政开支,环境保护开支相应减少。同时,自主度较低意味着对转移支付依赖度高,一方面削弱了地方政府提供公共服务的效率,另一方面地方政府有很强的激励通过"跑部钱进""样子工程"等方式来争取资源,结果导致公共服务数量不足、质量低下(袁飞等,2008)。[①] 相反,当地方政府拥有充足自主财力后,空气污染反而得到改善。这说明,分权的合意性在于地方政府具有信息优势,要使这一优势得到发挥,赋予地方政府足够的财政自主度至关重要(傅勇,2010;Uchimura and Jütting,2009;高琳 2012)。随着中央政府对环境质量日益重视,环境保护被纳入地方官员考核体系,在此趋势下,提高地方政府的财政自主度能够激励地方政府选择环境友好型的发展方式。除了人口密度和环境治理投资的回归结果不显著,其他控制变量的系数符号与预期一致,并且都显著。工业化进程和城市化水平对空气质量都有显著的负面影响,且"污染天堂"假说被验证。

(二)地区间异质性影响

1.间接影响的异质性分析

本章第二部分的模型[式(5-2)]基于的假设是各地区 EKC 转折点所处平均收入水平 y^* 是相同的,但考虑到区域间分权情况和经济发展的差异,经济增长对空气污染的影响路径也会存在不同。为了更细致考察分权对空气质量的间接影响机制,我们进一步假设各地区 EKC 转折点 y_i^* 所对应的收入水平并不相同,取决于分权的体制安排。[②] 这意味着,如果分权下的地方政府确实是"重经济,轻环境",且"为晋升而增长,为增长而竞争",则可能在更高的收入水平上才会注重污染减排,EKC 转折点所对应的人均收入水平更高。为了验证这一点,做如下修正:

$$y_i^* = \delta_1 + \delta_2 \overline{FD_i} \tag{5-4}$$

式中,$\overline{FD_i}$ 表示各地区财政分权指标的平均值,包括支出分权度平均值($\overline{ED_i}$)和财政自主度平均值($\overline{VB_i}$),各地区的转折点由各地财政分权因素决定。根据式(5-4)对式(5-1)、式(5-2)进行修改可得:

$$\partial P_{it}/\partial t = \alpha_i [y_i - (\delta_1 + \delta_2 \overline{FD_i})] g_i \tag{5-5}$$

$$\ln P_{it} = \beta_0 + \beta_1 y_i g_i t + \beta_2 g_i t + \beta_3 \overline{FD_i} g_i t + \beta_4 FD_{it} + \beta_5 Z_{it} + \mu_i + \varepsilon_{it} \tag{5-6}$$

分别对支出分权度平均值($\overline{ED_i}$)和财政自主度平均值($\overline{VB_i}$)进行回归,结果见表 5-2 的模型 3 和模型 4。$\overline{ED_i} * g_i t$ 的系数显著为正,说明各地区平均支出分权度越高,EKC

---

① 虽然转移支付被认为是实现公共服务均等化的优先手段(Boadway and Tremblay,2012),中央政府偏好集中更多财力通过转移支付以实现地区间的财政均等,但在本章中这一观点没有得到验证。

② 为了简化分析,假设人均收入水平与分权程度呈线性关系。

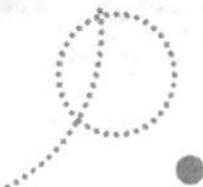

转折点所在的人均收入水平更高；$\overline{VB_i} * g_i t$ 的系数接近于 0，且不显著，说明财政自主度对 EKC 转折点并无显著影响。由此可见，分权不仅促进经济发展，也提高 EKC 转折点所对应的平均收入水平，政府要达到更高发展水平才会关注污染减排，分权对空气质量的间接影响取决于这两股力量的博弈，从而也形成地区间不同影响效果。根据 29 个地区的支出分权度平均值分别计算 EKC 转折点的人均收入水平，见表 5-3。[①] 考虑分权因素后，东部各地区转折点所对应的平均收入水平明显高于大部分中西部地区，北京、上海、天津等 6 个东部地区的发展水平已越过转折点，说明这些地区在高速发展之后，已经意识到粗放型发展的不可持续性，并且有能力加大污染减排力度，转变经济发展方式。

表 5-3　各地区 EKC 转折点对应的收入水平

东部地区	北京	天津	河北	辽宁	上海	江苏	浙江	福建	山东	广东	海南
EKC 转折点	2.27	2.22	1.98	2.14	2.3	2.06	2.09	2.06	2.00	2.13	2.10
2012 年人均实际 GDP	2.59	3.08	1.43	2.12	2.65	2.47	2.29	2.08	1.92	2.19	1.72
中部地区	山西	吉林	黑龙江	安徽	江西	河南	湖北	湖南			
EKC 转折点	2.04	2.10	2.09	1.94	1.96	1.91	1.98	1.96			
2012 年人均实际 GDP	1.16	1.67	1.28	1.02	1.07	1.21	1.26	1.08			
西部地区	内蒙古	广西	四川和重庆	贵州	云南	陕西	甘肃	青海	宁夏	新疆	
EKC 转折点	2.13	1.97	1.97	1.96	2.08	2.03	2.03	2.17	2.13	2.13	
2012 年人均实际 GDP	2.24	1.00	1.05	0.66	0.73	1.28	0.73	0.96	1.22	1.04	

注："EKC 转折点"根据回归结果自行计算，2012 年人均实际 GDP 来源于《2013 年中国统计年鉴》。

2.直接影响的异质性分析

为了考察不同区域内分权对空气质量的直接影响效果是否存在区域差异，我们根据地理位置设置"东部地区""中部地区""西部地区"3 个虚拟变量，并根据人均实际 GDP 均值设置"发达地区"和"欠发达地区"两个虚拟变量，而后分别构造交互项进行回归，回归结果见表 5-4。[②]

---

① 根据模型 3 的回归结果，计算出(5-1)式的 $\delta_1=0.857\ 1$，$\delta_2=0.014\ 3$，则转折点 $y^*=0.857\ 1+0.011$。

② 为了充分捕捉异质性，分别根据人均实际 GDP 均值的 10%、50%和 90% 3 个分位点设置虚拟变量，比如人均实际 GDP 均值的 50%分位点为 5 259 元/人，则当人均实际 GDP 均值>5 259 元/人时，发达地区=1，欠发达地区=0；反之当人均实际 GDP 均值≤5 259 元/人时，发达地区=0，欠发达地区=1。

表 5-4　直接影响的地区异质性影响分析

被解释变量 P_{it}	模型 5	模型 6	被解释变量 P_{it}	10%分位点		50%分位点		90%分位点	
				模型 7	模型 8	模型 9	模型 10	模型 11	模型 12
$y_i g_i t$	-0.01^{**}	-0.01^{**}	$y_i g_i t$	-0.01^{**}	-0.01^{**}	-0.01^{**}	-0.01^{**}	-0.01^{**}	-0.01^{**}
	(0.002)	(0.002)		(0.002)	(0.002)	(0.002)	(0.002)	(0.002)	(0.003)
$g_i t$	0.01^{***}	0.01^{***}	$y_i g_i t$	0.01^{***}	0.01^{***}	0.01^{***}	0.01^{***}	0.01^{***}	0.01^{***}
	(0.001)	(0.001)		(0.002)	(0.002)	(0.002)	(0.001)	(0.001)	(0.002)
ED_{east}	0.02^{***}	0.02^{***}	$ED_{developed}$	0.02^{***}	0.02^{***}	0.02^{***}	0.02^{***}	-0.11^{**}	-0.09^{***}
	(0.005)	(0.005)		(0.005)	(0.005)	(0.005)	(0.005)	(0.028)	(0.028)
ED_{middle}	0.01	0.01^{**}	$ED_{undeveloped}$	0.01	0.01^{**}	0.01^{**}	0.01^{**}	0.02^{***}	0.02^{***}
	(0.005)	(0.004)		(0.007)	(0.006)	(0.004)	(0.004)	(0.005)	(0.005)
ED_{west}	0.009	0.01^{*}	$VB_{developed}$	0.004^{**}	0.02^{***}	0.00	0.02^{*}	-0.01^{*}	-0.24
	(0.005)	(0.005)		(0.002)	(0.004)	(0.002)	(0.011)	(0.006)	(0.137)
VB_{east}	-0.01^{**}	-0.03	$VB_{undeveloped}$	0.02^{***}	0.07^{***}	0.001^{***}	0.003	0.004^{*}	0.023^{***}
	(0.002)	(0.019)		(0.0065)	(0.030)	(0.003)	(0.007)	(0.002)	(0.006)
VB_{middle}	0.02^{***}	-0.08^{**}	$VB2_{developed}$		-0.00		-0.00^{*}		0.00
	(0.004)	(0.028)			(0.000)		(0.000)		(0.001)
VB_{west}	0.01^{***}	-0.00	$VB2_{undeveloped}$		-0.001		0.00		-0.00^{***}
	(0.003)	(0.007)			(0.001)		(0.000)		(0.000)
$VB2_{east}$									
$VB2_{middle}$									
$VB2_{west}$									
观测值	464	464	观测值	551	551	551	551	551	551
Within R^2	0.903	0.904	Within R^2	0.894	0.900	0.912	0.913	0.915	0.916
Hausman 检验(P 值)	0.000	0.000	Hausman 检验(P 值)	0.006	0.008	0.098	0.006	0.000	0.004
Sargan 检验(P 值)	0.328	0.158	Sargan 检验(P 值)	0.318	0.265	0.198	0.167	0.138	0.189
Davidson-MacKinnon 检验(P 值)	0.456	0.901	Davidson-MacKinnon 检验(P 值)	0.287	0.380	0.130	0.404	0.120	0.393

注:(1)***、**、* 分别表示 1%、5%和 10%的显著性水平;(2)对污染治理投资完成额、外商直接投资和人口密度取对数值,其余解释变量为水平值,为节省篇幅,本表省略控制变量回归结果;(3)模型 7、8 按照人均实际 GDP 10%分位点划分发达地区和欠发达地区,模型 9、10 按照 50%分位点划分,模型 11、12 按照 90%分位点划分

(1)东、中、西部区域差异分析

参照基础模型回归结果,构建分析东、中、西部区域差异模型(见模型 5、6)。(1)在东部和中部地区,支出分权度的提高加剧了空气污染,并且东部地区支出分权度的边际效应明显高于中部地区,西部的支出分权度不具有显著影响。(2)东部地区的财政自主度对空气污染具有显著的抑制效果,在西部却是加剧作用,在中部则呈倒 U 形的影响路径。以模型 2 计算的转折点(52.5%)为准,样本期间财政自主度高于转折点水平的地区都集中在东部[①],而西部地区的总体财政自主度平均在 38.96%左右,中部地区大部分地方政府的财政自主度在 1998 年后逐渐降至转折点水平以下。实证结果再次验证了之前所得的结论,即在低自主度的地区(比如西部),财政资金更少配置于环境保护领域。在东部地区,拥有更充分自主资金的地方政府能够更有效地利用财政资源,在一定程度上改善空气。

(2)发达地区与欠发达地区差异性分析

模型 7 至 12 显示了发达地区与欠发达地区的异质性。(1)按 50%分位点划分的发达地区和欠发达地区,支出分权度的提高都会加剧工业废气排放,并且发达地区分权度的边际作用强于欠发达地区。在极度欠发达地区(低于 10%分位点)和极度发达地区(高于 90%分位点),支出分权度对空气质量的影响正好相反:在极度欠发达地区,支出分权度的提升会加剧污染;而在极度发达地区,支出分权度有利于环境的改善。(2)财政自主度在不同经济发展水平下的表现差异较大。极度发达地区(高于 90%分位点)的财政自主度能持续显著地提高空气质量;而在相对发达地区(高于 50%分位点),财政自主度与空气污染呈倒 U 形关系。需要注意的是,无论是在相对欠发达地区(低于 50%分位点)还是在极度欠发达地区(低于 10%分位点),财政自主度对空气质量具有不可逆转的负面作用。在欠发达地区,地方政府使用自主资金的效果完全与居民偏好相悖,一个解释是欠发达地区“本地税收和相当部分转移支付搞吃饭,部分转移支付搞建设”的现象非常突出。尽管近年来中央政府对落后地区财政投入大幅增加,有助于缓解欠发达地区的财政困境,但并没有从根本上解决基层政府提供优质公共服务的激励问题。在极度发达地区,提升财政自主度对改善空气质量的正向作用非常显著,较高的经济水平配有充足的自主资金使得政府能够更好地改善空气质量。计算边际效应可得,在极度发达地区,财政自主度提高 1 单位,废气排放量降低 1.16 个百分点;而在极度欠发达地区,财政自主度提高 1 单位,废气排放量增加 2.20 个百分点。[②]

---

① 这些地区包括北京、天津、辽宁、上海、江苏、浙江、福建、山东和广东,即按本章东、中、西部划分标准来看,只有河北和海南分别在 2000 年和 2001 年后财政自主度低于转折点。

② 极度欠发达地区的财政自主度均值为 38.96%,极度发达地区的财政自主度均值为 71.98%。

四　稳健性检验

本章用“地方本级人均一般预算支出/中央本级人均一般预算支出”计算新的支出分权度,用“一般预算收入＋税收返还－上解支出”表示地方政府净收入并以此计算新的财政自主度后,进行检验,不会改变实证结论。此外,本章尝试逐步加入省级宏观控制变量发现,只要将支出分权度、财政自主度和表示经济增长的 $y_i g_i t$、$g_i t$ 同时控制,加入其他变量的顺序和数量都不会对实证结果产生大的影响。实证结果对是否控制经济变量之所以如此敏感,一是财政分权指标与经济增长之间存在显著正相关关系,这在前面的实证部分也得到验证;二是地区经济发展水平在较大程度上决定了税基,与财政自主度存在较强相关性。这恰恰表明回归中必须控制地区经济发展水平变量,否则产生遗漏变量的内生性。

本章实证结果是否受到内生性问题的挑战呢?我们认为,内生性并非本章面临的主要问题。首先,地方政府承担的支出责任和财政自主度基本上是由国家财政体制和政策所决定,这意味着支出分权度和财政自主度在很大程度上可视为外生变量。其次,在回归分析中控制了诸多省级变量,大大缓解了内生性偏误的影响。尽管如此,本章仍然做了内生性检验[①],工具变量回归的内生性检验表明,不能拒绝支出分权度和财政自主度为外生变量的原假设(见模型 1 至 12)。

五　结论与政策含义

(一)研究结论

我国的分权体制被证实为经济增长、基础设施建设带来巨大的推动力,但也使得“非经济性公共物品”得不到地方政府的青睐。中国式分权赋予了地方政府很强的支出自主性,但在有限的财力约束下,这种单方面支出权力的下放反而会导致公共部门效率的更大偏离(傅勇,2010)。本章认为,中国式分权确实有其成功之处,但它也是导致地方政府环境保护不力的重要制度根源。除了考虑支出责任下放,政府间收入权力的配置也至关重要,财政收入自主权是保证地方政府能够充分发挥信息优势的制度性基础。如果基层政府被赋予过多的支出责任却又缺少足够的财力,导致过度依赖转移支付,反而会削弱基层政府提供公共产品的效率,并且我国转移支付体系存在的弊端也会降低资金使用效率,造成环境保护低效率。

本章实证研究发现,中国式分权在推动经济高速发展的同时,并没有改变粗放式的

---

① 对模型 1 至 12 进行工具变量回归,选取支出分权度和财政自主度的滞后项作为工具变量,利用 Sargan-Hansen 检验(原假设:工具变量是有效的)判断工具变量的有效性,利用 Davidson-MacKinnon 检验(原假设:是否使用工具变量回归结果都是一致的)分析内生性问题。

发展方式。支出责任的高度下放会直接加剧空气污染,而财政自主度对空气污染有“先扬后抑”的影响过程。此外,中国式分权对空气质量的影响存在显著地区差异:间接影响方面,平均支出分权度越高的地区,EKC 转折点所处的平均收入水平越高,分权对空气质量的间接影响体现为分权对经济增长和对 EKC 转折点影响的净效应。在东部的部分地区,分权虽然提高了转折点所在的收入水平,但经济发展已越过转折点,地方政府有意识且有能力改善空气质量;而在中西部,经济水平尚未突破转折点,发展方式仍是粗放型。直接影响方面,在东部和极度发达地区,支出分权度的提升会恶化空气质量,但财政自主度的提升能够显著抑制空气污染;而在西部和较为不发达的地区,支出责任的下放对空气质量没有显著影响,但财政自主度的提升反而恶化了空气质量。

(二)政策建议

笔者认为,要改善空气质量,并非要摒弃分权体制,而在于增加其合意性。从政府收支安排来看,一方面需要对中央和地方之间的支出责任重新进行合理分配,另一方面应给予地方政府更多的收入自主权。

在以“财政分权、政治集权”为特点的中国式分权体制下,中央政府控制主要财政资源并通过转移支付为地方融资,迫切需要一个制度性机制激励地方政府对当地居民充分负责,提高地方政府对环境质量的治理效率。从这个意义上来看,改变地方官员考核机制,将环境质量纳入考核体系,促进政府预算收支和转移支付的透明化从而保证政府“良治”,是改善地方环境质量、提高公共服务供给效率的必要举措。

本章参考文献

蔡昉,都阳,王美艳.经济发展方式转变与节能减排内在动力[J].经济研究,2008(6):4-11,36.

崔亚飞和刘小川.中国省级税收竞争与环境污染——基于 1998—2006 年面板数据的分析[J].财经研究,2010(4):46-55.

傅勇,张晏.中国式分权与财政支出结构偏向:为增长而竞争的代价[J].管理世界,2007(3):4-12.

傅勇.财政分权、政府治理与非经济性公共物品供给[J].经济研究,2010(8):4-16.

高琳.分权与民生:财政自主权影响公共服务满意度的经验研究[J].经济研究,2012(7):86-98.

李猛.财政分权与环境污染——对环境库兹涅茨假说的修正[J].经济评论,2009(5):54-59.

王永钦,张晏,章元,等.中国的大国发展道路——论分权式改革的得失[J].经济研究,2007(1):4-16.

袁飞,陶然,徐志刚,等.财政集权过程中的转移支付和财政供养人口规模膨胀[J].经济研究,2008(5):70-80.

张克中,王娟,崔小勇.财政分权与环境污染:碳排放的视角[J].中国工业经济,2005(4):75-108.

张晏,龚六堂.分税制改革、财政分权与中国经济增长[J].经济学(季刊),2005(4)75-108.

周黎安.中国地方官员的晋升锦标赛模式研究[J].经济研究,2007(7):36-50.

周业安,章泉.财政分权、经济增长和波动[J].管理世界,2008(3):6-15.

BOADWAY R, TREMBLAY J-F C C O, Reassessment of the tiebout model[J]. Journal of Public Economics, 2010, 96(11):1063-1078.

BRADFORD D F, FENDER R A, SHORE S H. The environmental Kuznets curve: exploring a fresh specification[J]. Contributions in Economic Analysis and Policy, 2005, 4(1):1-37.

CHAPMAN, J. I. Local government, fiscal autonomy and fiscal stress: the case of California[R]. Lincoln Institute of Land Policy,1999.

JIN H H, QIAN Y Y, WEINGAST B R. Regional decentralization and fiscal incentives: federalism,chinese style[J]. Journal of Public Economics, 2005, 89(9-10):1719-1742.

LIN J Y, LIU Z. Fiscal decentralization and economic growth in China[J]. Economic Development and Cultural Change, 2000, 49(1):1-21.

LEITAO A. Corruption and the environmental Kuznets curve: empirical evidence for sulfur[J]. Ecological Economics, 2010, 69(11):2191-2201.

MÜLLER-FÜRSTENBERGER G, WAGNER M. Exploring the environmental Kuznets hypothesis: theoretical and econometric problems[J]. Ecological Economics, 2007, 62(3-4):648-660.

QIAN Y Y, WEINGAST B R. China′s transition to markets: market-preserving federalism, chinese style[J]. The Journal of Policy Reform, 1996, 1(2):149-185.

SHEN C L, JIN J, ZOU H F. Fiscal decentralization in China: history, impact, challenges and next steps[J]. Annals of Economics and Finance, 2012, 13(1):1-51.

UCHIMURA H, JÜTTING J P. Fiscal decentralization, Chinese style: good for health outcomes? [J]. World Development, 2009, 37(12):1926-1934.

WAGNER M. The carbon Kuznets curve: a cloudy picture emitted by bad econometrics? [J]. Resource and Energy Economics, 2008, 30(3):388-408.

WORLD BANK. Fiscal decentralization and rural health care in China[Z]. Working Paper,mimeo, 2006.

WOODS N D. Interstate competition and environmental regulation: a test of the race-to-the-bottom thesis[J]. Social Science Quarterly, 2006, 87(1):174-189.

ZHANG X B. Fiscal decentralization and political centralization in china: implications for growth and inequality[J]. Journal of Comparative Economics, 2006, 34(4): 13-726.

ZHANG X B, KANBUR R. Spatial inequality in education and health care in China[J]. China Economic Review, 2005, 16(2):189-204.

第六章　财政分权对中国雾霾影响的研究

黄寿峰*

一　引　言

改革开放以来,中国经济取得了举世瞩目的成就,但与此同时,以“高污染、高排放、高能耗”为主要特点的粗放型发展方式也使中国付出了昂贵且惨重的资源和环境代价。根据亚洲开发银行与清华大学联合发布的2013年《中华人民共和国国家环境分析》报告,在中国500个最大的城市中,能够达到世界卫生组织推荐的空气质量标准的竟不到1%,而在10个世界上环境污染最严重的城市中,有7个来自中国,中国已经成为名副其实的世界上环境污染最为严重的国家之一。特别是近些年来,污染指数轻易爆表,雾霾污染肆虐中国的华北、东北等地,并有席卷全国之势。根据哥伦比亚大学社会经济数据与应用中心(Socioeconomic Data and Applications Center,SEDAC)测定的2010—2012年中国PM2.5的3年滚动平均值(three years rolling averages),在中国大陆31个省(区、市,下文简称省)份中,只有西藏达到了世界卫生组织(World Health Organ ization,WHO)关于PM2.5人口加权浓度值的建议水平($10\mu g/m^3$),而其余的绝大部分省份的PM2.5值远超这一建议水平,达至雾霾严重污染的程度。此外,从雾霾的区域分布来看,雾霾污染有愈演愈烈的态势。

日趋严峻的环境问题引起了社会各界的广泛关注,保护生态环境已成为刻不容缓的大事。中国政府也逐步加大了环境保护力度和环境执法强度,党的十八大更是把生态文明建设摆上了中国特色社会主义“五位一体”总体布局的战略位置。据不完全统计,2014年,中央领导同志关于环境保护工作的批示有897件,直接关系环保部重点工作的批示557件,政治局的七常委均曾做出相关批示。

保护生态环境、控制环境污染、提高环境质量已成为大众的共识。学术界对此也做了许多有益的探索和研究,但主要集中于验证Grossman和Krueger(1991;1995)的环境库兹涅茨曲线(林伯强和蒋竺均,2009;许广月和宋德勇,2010;胡宗义等,2013),或是分析产业结构(陈诗一,2010;肖挺和刘华,2014)、国际贸易(李小平和卢现祥,2010;徐圆和

* 黄寿峰,厦门大学经济学院财政系教授,博士生导师。

赵莲莲,2014)、外商直接投资(许和连和邓玉萍,2012;张宇和蒋殿春,2014)等对环境的影响。这些研究从经济角度出发对影响环境质量的因素进行了较深刻的分析,然而,经济对环境质量的影响不能独立于制度起作用。在中国,政治集权下的财政分权改革被认为是一个十分重要的制度因素(杨瑞龙等,2007)。蔡昉等(2008)就认为,中国目前的环境问题主要归结于现行的粗放型经济发展方式,而这种经济发展方式又源于“中国式分权”下的政府行为。在中国式财政分权制度下,地方政府一方面要发展地方经济,另一方面又要兼顾改善民生、保护环境,需要统筹经济发展和环境保护。而考究中国式财政分权在环境保护中的作用,揭示财政分权对环境污染的影响也就显得相当必要和关键。鉴于此,一些学者开始关注中国式分权对中国环境质量的影响(杨瑞龙等,2007;张克中等,2011;薛钢和潘孝珍,2012;俞雅乖,2013;黄国宾和周业安,2014;He,2015),他们的研究成果对理解地方政府在环境保护中的作用及其对环境污染的影响具有很强的启示和借鉴,但仍有不少改进的空间,主要表现为:(1)地理空间在环境问题中的重要性已被不少学者所证实(Anselin, 2001; Poon at al., 2006; Maddison, 2006; Hossein and Kaneko, 2013),地区之间“竞次”(race to the bottom)的破坏性规则竞争(destructive regulatory competition)在理论上业已被广泛阐述(Oates, 2001; Kunce and Shogren, 2005),遗憾的是,现有相关文献却甚少考虑这一空间相关关系;(2)由地区间环境竞争衍生出的环境“搭便车”现象(free riding)也已被许多研究所证实(Silva and Caplan, 1997; Helland and Whitford, 2003; Sigman, 2005; Gray and Shadbegian, 2004; Lipscomb and Mobarak, 2011),然而,现有研究对此大都停留在定性论述,而对中国是否存在环境“搭便车”现象更是缺乏严格的定量证据;(3)现在中国的环境面临越来越严峻的挑战,地方政府在环境治理中扮演的角色越来越重要,国家对环境的重视程度和投入也逐年增加,但环境质量依然没有得到较好改观。那么,我们不禁要问:是地方政府对本地的环境治理无能为力,还是地方政府为了自身利益,采取了策略性环境竞争?显然,弄清楚这些问题有助于中央政府对症下药,采取有针对性的政策,遗憾的是,现有文献也没有给出明晰的答案。

有鉴于此,本章首先以中国大陆地区的雾霾污染为研究对象,选择适当的空间计量模型,分析财政分权是如何影响雾霾污染的;接着进一步分析财政分权对扩散性相对较弱、外部性相对更小的局部性污染物——工业固体废弃物的影响,从而得出地方政府面对不同类型的污染物的不同反应,并说明雾霾污染在中国是否存在“搭便车”现象;而后,基于雾霾污染波动的视角,探讨地方政府是否能够在一定程度上掌控环境问题,以便深层次地揭示地方政府对待不同污染物可能采取的不同选择性行为,并从根本上阐述地方政府在雾霾污染上是无能为力还是有意不作为;最后,从财政分权衡量指标差异、地区雾霾污染严重差异、不同区域划分等角度进行稳健性检验。

二 相关文献综述

毋庸置疑,财政分权会显著影响地方政府行为,由于假设的条件和出发点不同,因此所得结论也各异。早期的理论研究主要支持越高的财政分权越有利于本地区环境质量的提高的观点。Tiebout(1956)通过用脚投票(voting by foot)理论分析了财政分权对地方政府的激励作用,结果表明,为吸引居民和资源流入本辖区,较高的财政分权可以激励地方政府采取特定的财政收支政策来满足居民的公共品需求和服务,而提供较高水平的环境质量就是其中一项重要内容(Stigler,1957)。Oates 和 Schwab(1988)也指出,如果不存在市场不完备或再分配公共政策,以福利最大化为目标的地方政府会向本地区居民提供社会最优水平的环境质量,即提高财政分权有助于提升环境质量。Wilson(1996)得到了与 Oates 和 Schwab(1988)基本相同的结论。Oates(2001)进一步指出,由于环境质量属于地方性公共品,而地方政府对当地信息了解得比联邦政府更充分(Oates,1972),因此由地方来制定环境标准会更有利于环境保护。Wellisch(1995)甚至还指出,在地区高度开放的情况下,由于当地居民只获取了企业的部分利润,却承担了企业的所有污染成本,因此地区竞争可能会出现对环境的过度保护。一些经验研究也支持财政分权有助于改善环境的结论,地区间竞争可能存在"争上游"(race to the top)和邻避效应(not in my backyard),更高的财政分权会带来更高标准的环境标准,致使财政分权有利于环境的改善(Levinson, 2003; Fredriksson and Millimet, 2002)。List 和 Gerking(2000)对里根时期环境政策的分权化影响分析表明,里根时期州政府间在环境质量方面没有出现"竞次"竞争。Millimet(2003)的研究也表明,里根时期的分权在 20 世纪 80 年代中期以前对环境没有明显影响,而在此之后,分权化的财政政策导致环境"争上游"现象。Potoski(2001)对美国各州在"美国清洁空气法案"颁布前后是否存在大气污染"竞次"竞争的研究也表明,各州之间不仅没有明显的"竞次"竞争行为,甚至会出现州设置的环境标准高于联邦政府的"争上游"现象。总之,在地方政府最大化本地居民福利的情形下,这部分文献基本都认为,财政分权能反映当地居民的各种需求,包括环境质量要求(Besley and Coate,2003; Faguet,2004)。

随着理论的发展,越来越多的学者对早期的分权理论提出了质疑。他们认为,地方政府也会有自己的利益考量,也可能做出与本辖区居民权益不一致的决策。Holmstrom 和 Milgrom(1991)指出,由于地方政府给本辖区内居民提供的服务是多种多样的,以 GDP 为主要考评机制会导致地方政府官员努力向经济增长倾斜,进而造成资源配置扭曲。Qian 和 Roland(1998)进一步指出,在多目标多任务的制度安排下,只有设计恰当的机制设计,才能保证以利益最大化为目标的地方政府决策与居民利益保持一致。Oates(2001)、Kunce 和 Shogren(2005)等也认为,在现实实践中,Oates 和 Schwab(1988)理论

前提中的完备市场或不存在再分配公共政策很难得到满足，因此围绕经济增长展开的破坏性竞争在所难免，而这毫无疑问会导致环境恶化。Cumberland(1981)、Mintz 和 Tulkens(1986)、Wildasin(1988)等认为，地方政府间的税收竞争会影响地方环境质量，地方政府为了吸引新的企业和创造更多的就业机会，会放松环境监管，进行环境"竞次"竞争。Ljungwall 和 Linde-Rahr(2005)通过对中国的研究，得出经济落后的地区为了吸引对外直接投资(foreign direct investment, FDI)，更容易牺牲环境。此外，Ulph(2000)、Fredriksson 等(2003)也认为，地方政府之间会通过降低环境标准的方式进行竞争，以达到吸引投资、增加就业、增加税收等目标。Kunce 和 Shogren(2007)认为，在劳动力可自由流动时，由于资本流出的经济损失大于改善本地区环境所带来的收益，因此为避免资本从本地区转移至环境规制宽松的地区，地方政府会趋向于实施较低水平的环境标准，导致地区间环境规制方面的"竞次"竞争。Ogawa 和 Wildasin(2009)指出，对清洁和污染行业的地区竞争能够导致行业的一个有效空间配置，由于污染的负外部性，环境分权不利于环境质量的提高。Silva 和 Caplan(1997)也认为，由于地区间环境效应溢出可能会使得污染水平随着分权程度的增强而提升，相较于中央政府来说，地方政府更倾向于接受一个更高的污染水平。

此外，地区之间可能存在的环境溢出效应也可能导致环境"搭便车"现象，即不考虑周边地区的福利水平，相较于中央政府，地方政府更可能在地理边界上选择更高污染水平的污染物(Silva and Caplan，1997)。Helland 和 Whitford(2003)、Gray 和 Shadbegian(2004)及 Sigman(2005)的研究都表明在美国存在这种环境"搭便车"现象，Lipscomb 和 Mobarak(2011)对巴西的研究及 Sigman(2014)对 47 个国家水污染的研究也支持存在环境"搭便车"现象。然而，也有一些学者不支持环境"搭便车"理论(Konisky and Woods，2010)。

财政分权对环境影响的研究，在中国尚处于起步阶段，研究主要围绕中国式财政分权是否加剧了环境污染展开。由于研究的方法、角度和样本不同，因此所得结论迥异。一部分学者支持财政分权会导致"竞次"的破坏性环境竞争，如杨瑞龙等(2007)指出，财政分权会显著提高中国的污染水平，对环境质量具有显著负面影响。张克中等(2011)发现财政分权与人均碳排放量呈正向关系。黄国宾和周业安(2014)的研究也表明，财政分权会显著提高中国的能源消耗和碳排放。俞雅乖(2013)的研究结果也支持财政分权会显著增加污染排放。然而，也有一些文献得出与上述研究不太一样的结论。李猛(2009)的研究表明，中国人均地方财政能力与环境污染程度之间存在显著的倒"U"形关系。而薛钢和潘孝珍(2012)在分析了财政分权对中国工业"三废"和二氧化硫排放的影响后指出，以支出法衡量的财政分权度与环境污染成反比，而以收入法表示的财政分权度对环境污染的影响不确定。He(2015)则使用多种不同的财政分权衡量指标分析了财政分权对工业"三废"的影响，得出中国式财政分权对环境污染没有显著影响。

三 模型设计

(一)基准模型和变量说明

通过对现有文献的梳理和回顾可知,财政分权有可能对环境污染及其波动产生影响。为此,综合现有相关研究,本章构建如下基本模型:

$$\text{envp}_{it}=\varphi+\beta_1\,\text{fd}_{it}+\Gamma C_{it}+\varepsilon_{it} \tag{6-1}$$

式中,φ 为常数项;envp、fd 分别代表环境污染(水平指标或波动指标)和财政分权;C 代表控制变量,主要包括各地区人均实际 GDP(pgdp)及其平方项($pgdp^2$)、能源效率(energy)、贸易开放度(topen)、产业结构(industry)、城市化水平(urban)及人口密度(pdensity);ε_{it} 为满足独立同分布且具有有限方差的随机扰动项。

本章研究对象涉及中国大陆除西藏以外的其他 30 个省(区、市),由于中国从 2012 年起,才有部分城市开始统计 PM2.5 相关数据,而哥伦比亚大学社会经济数据与应用中心测定的数据样本期为 2001—2010 年,因此本章样本期选定为 2001—2010 年。文中所有涉及价值形态的数据,均采用相应价格指数调整为以 2001 年为基期的不变价值;进出口总额以历年人民币对美元年均价折算成以人民币计价。在分析中,所有变量都取对数进入模型。

本章的被解释变量为环境污染指标(envp),本章主要选择雾霾作为环境污染指标,以空气中 PM2.5 的值作为其代理变量。哥伦比亚大学社会经济数据与应用中心利用卫星搭载设备对气溶胶光学厚度(aerosol optical depth)进行测定,得到了 2001—2010 年中国的 PM2.5 年均值(smog),并以其标准差(smogstd)作为雾霾的波动性指标。同时,为了验证雾霾污染"搭便车"现象,本章还选择了人均工业固体废弃物(pinsolid)作为环境污染的另一个衡量指标,工业固体废弃物来自历年《中国环境统计年鉴》,各地区人口数来自历年《中国人口统计年鉴》。

根据前文的模型设定,本章包含的解释变量主要有:

(1)财政分权指标(fd):现有研究多采用支出指标(expenditure index)和收入指标(income index),本章先使用支出指标衡量财政分权,而后通过收入指标进行稳健性检验。其中,支出指标和收入指标分别用地方财政人均支出(收入)占人均中央财政支出(收入)的比重衡量,相关数据来自历年《中国统计年鉴》。(2)人均实际 GDP(pgdp):现有大量研究假定存在环境库兹涅茨曲线(EKC)(Grossman and Krueger,1991;1995),认为人均 GDP 与环境污染之间存在倒"U"形关系。相关数据来源于 CEIC 数据库。(3)能源效率(energy):能源效率的提高对于环境质量的提高有着非常重要的意义,本章用实际 GDP 与能源使用量的比值衡量,相关数据来自 CEIC 数据库。(4)贸易开放度(topen):学者对贸易开放对环境的影响存在较大分歧,一些学者认为贸易开放可以通过技术溢出改善本地区环境;也有学者认为,贸易开放会使得污染转移至环境规制较弱的区域,引起当地环境污染。本章使用进出口总额占当地 GDP 比重衡量。相关数据来自历年《中国统计年鉴》。(5)产业结构(industry):产业结构合理与否对环境的冲击可能也很大,本章使用第二产业占 GDP 的比重衡量,相关数据来自 CEIC 数据库。(6)城市化水平(urban):城市化的推进往往伴随着高耗能产业的不断发展,但与此同时,城市化也可能促进公众网络和非政府组织对工业污染活动的抵制。本章使用非农业人口占总人口的比重表示城市化水平,相关数据来自历年《中国统计年鉴》和《中国人口和就业统计年鉴》。(7)人口密度(pdensity):人口密度越高,表明该地区人类社会活动越频繁,越有可能对环境造成不良影响。本章用各地区每平方千米上的人口数表示,相关数据来自 CEIC 数据库。

(二)空间计量模型

从图 6-1 可以看出,中国大陆地区的雾霾呈日趋严重的趋势。从滚动平均值来看,中国大陆地区只有西藏能够满足 WHO 的建议水平,剩下各地区都已超标,而且大多数省份都严重超标,且有愈演愈烈之势。此外,雾霾严重的地区具有鲜明的空间聚集特征,它们基本连成片区,集中于东部沿海及中部各省,并且基本上常年维持在较高的稳定水平。

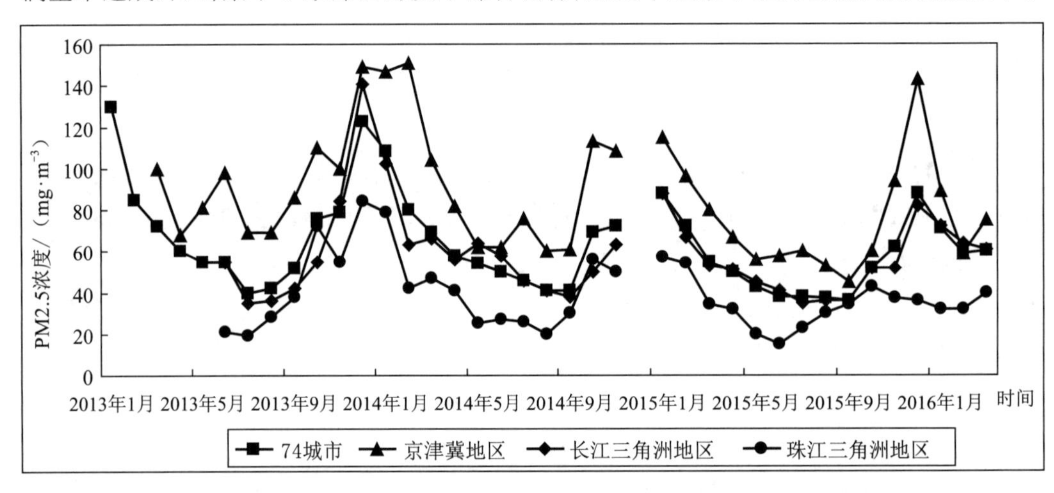

图 6-1 中国近年来各地区 PM2.5 浓度情况

数据来源:CEIC 数据库。

根据前文的分析和图 6-1,雾霾在中国省际呈明显的空间聚集现象,因此有必要进一步分析其空间相关关系。为此,本章将构造两种空间权重矩阵 W。第一个为空间距离权重矩阵(W_1):雾霾污染在地区间的相关性很显然与地区间的距离密切相关,距离越近,其受周边地区雾霾污染的影响可能也越大。本处以各省份中心之间地理距离的倒数作为权重,并进行相应的行标准化,各省的中心经纬度坐标取自中国国家基础地理信息系统。第二个为空间邻接矩阵(W_2):毗邻省份之间受彼此雾霾污染的影响也可能相对明显,其取值情况为,若两个省份相邻,则取值为 1;否则为 0,并进行行标准化。

为判断地区间雾霾污染的空间相关性,可通过测算 Moran's I 检验(Kanaroglou et al.,2013;Zhang et al.,2008),从表 6-1 的 PM2.5(对数值)的 Moran's I 统计量值来看,各年的 Moran's I 取值皆为正,并达到了 1%的显著性水平。这表明,中国大陆地区的雾霾污染存在明显的正向空间相关性①。

表 6-1　2001—2010 年中国 PM2.5 的 Moran's I 统计指标值

时间	Moran's I 指标	$E(I)$	$sd(I)$	Z	P 值
2001	0.115	−0.034	0.034	4.418	0.000
2002	0.123	−0.034	0.034	4.642	0.000
2003	0.117	−0.034	0.034	4.447	0.000
2004	0.133	−0.034	0.034	4.956	0.000
2005	0.115	−0.034	0.034	4.449	0.000
2006	0.105	−0.034	0.034	4.101	0.000
2007	0.123	−0.034	0.034	4.631	0.000
2008	0.116	−0.034	0.034	4.407	0.000
2009	0.123	−0.034	0.034	4.655	0.000
2010	0.115	−0.034	0.034	4.411	0.000

说明:本处使用的权重矩阵为 W_1,$E(I)$为 I 的期望值;sd(I)表示 I 值的方差;Z 为 I 的 Z 检验值;P 值为其伴随概率,由蒙特卡洛模拟 1000 次得到。

因此,在分析中国大陆地区财政分权对雾霾的影响时,考虑地理空间相关性就显得非常必要,现有的空间面板模型主要有空间滞后模型(spatial lag model,SLM)、空间误差模型(spatial error model,SEM)和空间杜宾模型(spatial durbin model,SDM),由于 SDM 实际上是 SEM 和 SLM 的综合(Elhorst,2010a),因此本处使用更为一般的 SDM 来刻画财政分权与环境污染之间可能存在的空间相关性,即

$$\mathrm{envp}_{it}=\rho W\cdot \mathrm{envp}_{it}+\varphi+\beta_1 \mathrm{fd}_{it}+\Gamma C_{it}+\lambda_1(W\cdot \mathrm{fd}_{it})+\Phi(W\cdot C_{it})+u_i+\alpha_t+\varepsilon_{it} \tag{6-2}$$

式中,W 为空间距离权重矩阵;μ_i 为空间固定效应;α_t 为时间固定效应;其他变量与式(6-1)相同。当然,在经验分析中,模型是否包含空间固定效应 μ_i、时间固定效应 α_t,完全根据 Elhorst(2010a,b)关于空间面板模型的确定方法,基于非空间面板模型(6-1)进行相关检验,以确定其空间面板模型的最佳形式②。

① 事实上,本章也使用空间邻接矩阵计算全局 Moran's I 统计量,结果与使用空间权重矩阵得到结果大体相同,限于篇幅,不再列示。

② 具体而言,首先基于非空间面板模型(1),构造 LR 检验统计量,判定模型中的固定效应类型;而后,对确定的模型进行回归,并通过 Hausman 检验进一步确定是采取随机效应还是固定效应,进一步通过 Wald Test 确认 SDM 能否简化为 SLM 或者 SEM。限于篇幅,具体过程不列示。

四 经验分析

(一)财政分权对中国雾霾污染的影响

基于模型(6-2),综合 Lee 和 Yu(2010)和 Elhorst(2010a,b)的建议,使用 2001—2010 年中国大陆地区除西藏以外的其他 30 个省(市、区,下文简称省)的面板数据,采用基于偏差修正的极大似然估计函数法估计,结果见表 6-2 中(1)。

在表 6-2(1)中,不管空间权重矩阵选用空间距离权重矩阵(W_1)还是空间邻接矩阵(W_2),W · smog 的系数估计值在 10%显著水平上均显著为正,而 fd 及 W · fd 系数估计值除了在 $W=W_1$ 且不含控制变量时不显著以外,其他情形均在 10%的水平上显著为正。这表明:雾霾污染具有较强的正向空间溢出效应,因此雾霾污染严重的区域往往是连成一片的,这与图 1 显示相吻合;财政分权对雾霾污染的影响也具有显著的空间相关关系,而且从 fd 及 W · fd 的估计结果粗略判断,财政分权不仅会加重本地区的雾霾污染,同时也会影响周边地区的雾霾污染。为了深入揭示各变量对雾霾的直接影响和间接作用,有必要进一步对所得结果进行详细的分析和分解。

表 6-2 财政分权对雾霾污染影响的空间面板回归结果

解释变量	(1)被解释变量为雾霾污染 envp=smog				(2)被解释变量为工业固体废弃物 envp=pinsolid			
	$W=W_1$		$W=W_2$		$W=W_1$		$W=W_2$	
$W\times$smog	0.839***	0.132*	0.222***	0.609**				
	(23.582)	(1.691)	(3.066)	(12.835)				
$W\times$pinsolid					0.582***	−0.119	0.382***	0.166***
					(6.608)	(−0.640)	(5.703)	(2.218)
fd	0.016	0.195***	0.079***	0.133***	0.347	0.423	0.465	0.375
	(0.910)	(6.785)	(2.930)	(4.243)	(1.219)	(1.475)	(1.611)	(1.426)
pgdp		−2.471***		−0.539		−3.913		7.941
		(−3.000)		(−0.653)		(−0.819)		(1.140)
$pgdp^2$		0.118***		0.015		0.082		−0.290
		(2.821)		(0.354)		(0.331)		(−0.820)
energy		0.048		0.034		0.041		−2.979***
		(0.571)		(0.461)		(0.037)		(−4.845)
topen		0.173***		0.073*		−0.494		−0.474
		(3.654)		(1.821)		(−1.086)		(−1.407)
industry		0.291*		0.425***		4.015**		−4.365***
		(1.788)		(2.861)		(2.3263)		(−3.488)

续表

解释变量	(1)被解释变量为雾霾污染 envp=smog				(2)被解释变量为工业固体废弃物 envp=pinsolid			
	$W=W_1$		$W=W_2$		$W=W_1$		$W=W_2$	
urban		−0.894***		−0.145		1.334*		0.355
		(−7.103)		(−1.293)		(1.910)		(0.377)
pdensity		0.184***		0.074***		−0.134		−1.682***
		(5.152)		(2.806)		(−0.276)		(−7.586)
$W\times$fd	−0.017	1.145***	0.297***	0.081*	−0.777***	−0.448	−0.436	−0.253
	(−0.852)	(4.081)	(6.087)	(1.634)	(−2.256)	(−1.064)	(−0.986)	(−0.501)
$W\times$pgdp		0.974		−1.248***		45.281**		1.333
		(0.229)		(−3.759)		(2.137)		(0.479)
$W\times$pgdp^2		0.111		0.089***		−2.525**		−0.336*
		(0.533)		(3.835)		(−2.203)		(−1.729)
$W\times$energy		−0.386		0.073		5.685		1.912*
		(−0.695)		(0.538)		(1.311)		(1.683)
$W\times$topen		0.137		−0.030		−1.743		0.402
		(0.354)		(−0.439)		(−1.244)		(0.707)
$W\times$industry		−1.057		−0.248		23.380**		7.317***
		(−1.056)		(−0.944)		(2.581)		(3.270)
$W\times$urban		−9.671***		−0.969***		−6.551		−3.252
		(−8.334)		(−3.947)		(−1.228)		(−1.590)
$W\times$pdensity		0.845***		0.010		1.539		1.481***
		(4.196)		(0.182)		(0.706)		(3.054)
空间固定	Y	N	Y	Y	Y	Y	Y	N
时间固定	N	Y	Y	Y	N	N	Y	Y

说明：除非特别说明，括号中的数值为对应变量的 t 统计量；*、**、*** 分别代表 10%、5%及 1%的显著性水平；Y 和 N 分别表示经检验，模型包含或不包含空间（时间）固定效应，下表同。

采取 LeSage 和 Pace(2009)及 Elhorst(2010a)的做法，在表 6-2 中(1)的基础上，本章对包含控制变量的回归结果进行分解，得到各解释变量的直接效应、间接效应和总效应[①]，见表 6-3。

① 下文的所有分解也都是针对包含控制变量的回归方程进行的，因此下文就不再赘述。

表 6-3　财政分权对雾霾污染影响的分解:直接、间接和总效应

解释变量	空间权重矩阵 $W=W_1$			空间权重矩阵 $W=W_2$		
	直接效应	间接效应	总效应	直接效应	间接效应	总效应
fd	0.205***	1.366***	1.572***	0.167***	0.372***	0.538***
	(6.946)	(3.473)	(3.887)	(4.836)	(2.775)	(3.579)
pgdp	−2.421**	0.728	−1.693	−0.835	−3.600***	−4.434**
	(−2.988)	(0.149)	(−0.355)	(−0.923)	(−2.950)	(−2.198)
$pgdp^2$	0.117***	0.148	0.265	0.034	0.2237***	0.258**
	(2.845)	(0.622)	(1.151)	(0.745)	(3.256)	(2.445)
energy	0.042	−0.448	−0.406	0.050	0.2160	0.266
	(0.487)	(−0.674)	(−0.588)	(0.609)	(0.695)	(0.747)
topen	0.175***	0.196	0.370	0.075*	0.0321	0.107
	(3.610)	(0.424)	(0.771)	(1.538)	(0.190)	(0.531)
industry	0.274	−1.223	−0.948	0.413**	−0.020	0.393
	(1.566)	(−1.032)	(−0.731)	(2.037)	(−0.027)	(0.431)
urban	−0.977***	−11.432***	−12.408***	−0.373***	−2.438***	−2.811***
	(−6.675)	(−5.350)	(−5.565)	(−3.151)	(−4.169)	(−4.397)
pdensity	0.190***	1.016***	1.206***	0.084**	0.123	0.208*
	(5.154)	(3.519)	(3.834)	(2.240)	(0.846)	(1.665)

从表 6-3 效应的分解可以看出:

(1)财政分权(fd)对雾霾污染的影响。从总效应看,不管空间权重矩阵是 W_1 还是 W_2,在 1%的显著水平上显著为正。这表明,财政分权的增强会显著增加雾霾污染,与张克中等(2011)、俞雅乖(2013)等人的结论是一致的。财政分权反映的是地方政府财政自主性的大小,因此财政分权度越高,地方政府财政自主性就越大,越可能出现地方政府不按照中央政府激励方向调整的行为。在样本期内,中国式财政分权体制决定了中央政府掌握着地方官员的晋升和惩罚(Blanchard and Shleifer,2001)。为了更好地评价和提拔地方官员,中央政府往往以经济增长作为衡量指标(Blanchard and Shleifer,2001;Li and Zhou,2005),因此地方官员为了实现政治晋升,倾向于把现有资源投入本地区的经济增长上,而非集中精力改善本地区的环境,出现雾霾污染加剧就不足为奇了。就财政分权对雾霾污染影响的具体表现而言:从直接效应看,在 1%显著水平上均显著为正,即本地区财政分权的增强将直接加剧当地的雾霾污染;进一步对比在两种空间权重矩阵下,财政分权在表 6-3 中的直接效应(0.205 和 0.167)和在表 6-2(1)中的系数估计值(分别为 0.195 和 0.133)可以发现,若不考虑空间相关性,而使用非空间面板模型,财政分权的直接效应将均被严重低估,由此计算得到这两种情形下的反馈效应分别为 −0.010 和 −0.034。从间接效应看,它在非空间面板模型中为 0,而在本处的 SDM 模型中,经过分解，在两种空间权重矩阵下都显著为正(分别为 1.366 和 0.372)，即财政分权对雾霾污染的影响在区域间均表现出显著的正向空间溢出效应。综合财政分权的直接效应和间接效应不难得到，本地区财政分权度的提高，不仅会恶化本地区的雾霾污染，还将加剧周边地区的雾霾污染。这证实了前文关于地区间雾霾污染存在空间相关性的判断，从而肯定了使用空间面板模型分析的必要性和有效性。

在模型(1)中进一步引入财政分权与人均实际 GDP 的交互项(fd · pgdp)，并依照前述方法，构造相应的 SDM 模型，得到了交互项的直接效应、间接效应和总效应，结果见表 6-4[①]。该交互项的总效应显著为正，这表明随着经济的发展和人均实际 GDP 的提高，财政分权对雾霾污染的影响进一步恶化。交互项的间接效应显著为正，这预示了各地方政府为了经济增长而展开激烈竞争，从而加剧了本地区的雾霾污染。下文财政分权对雾霾污染波动影响的考察进一步支持了该处的观点，详见下文。

表 6-4　财政分权与人均实际 GDP 交互项对雾霾污染影响：直接、间接和总效应

解释变量	空间权重矩阵 $W=W_1$			空间权重矩阵 $W=W_2$		
	直接效应	间接效应	总效应	直接效应	间接效应	总效应
fd · pgdp	0.025 (1.310)	0.231** (1.953)	0.256** (1.971)	0.015 (1.134)	0.042* (1.672)	0.058* (1.795)

(2)其他控制变量对雾霾污染的影响。在 $W=W_1$ 时，pgdp 及其平方项 $pgdp^2$ 的直接效应分别显著为负和正，而其间接效应及总效应均不显著；而当 $W=W_2$ 时，则变成间接效应和总效应均显著，直接效应不明显，但两种情形在样本期间内，均未发现雾霾污染与人均收入水平之间呈倒“U”形特征，这一结果与现有大多数相关研究相左，但与刘金全等(2009)、朱平辉等(2010)、李小胜等(2013)等结论基本相同[②]；能源使用效率(energy)的直接效应、间接效应和总效应在两种空间权重矩阵下均不显著，表明中国的能源使用效率还有待进一步提高；产业结构(industry)除在 $W=W_2$ 时的直接效应显著为正以外，其他均不显著，这预示着中国的产业结构还不甚合理，还需进一步优化；而从贸易开放度(topen)的直接效应来看，两种情形下，贸易开放度的提高都将显著加剧本地区的雾霾污染，支持“污染天堂假说”；城市化水平(urban)的直接效应、间接效应和总效应均显著为

① 本章只列示了最终的分解结果，中间结果略，备索。当然，财政分权对雾霾污染的影响是一个复杂的过程，包括自然因素与人为因素。本章在此不打算也不可能就此揭示财政分权影响雾霾污染的具体作用机制，仅想进一步说明本章观点。感谢审稿人的宝贵意见。

② 此处的结果与多数研究结果相左，未发现雾霾污染与收入水平的倒“U”形关系，可能的原因主要有：一是控制了空间变量，本章尝试了不考虑空间相关性的情况，结果支持雾霾污染与收入水平之间的倒“U”形关系，这也从一个侧面反映出考虑空间相关性的必要性；二是污染指标的选取，作者选取二氧化硫、构造污染综合指标作为污染指标，结果也支持污染与收入水平之间存在倒“U”形关系，正如张成等(2011)指出的那样，“环境污染与经济增长的关系具有多种表现形态，这主要取决于地区和污染指标的选取”。谢谢审稿人的宝贵意见。

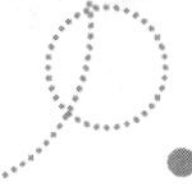

负，这表明提高城市化水平，有助于改善本地区及其他邻近地区的环境；人口密度(pdensity)的各种效应基本都显著为正，这表明人口密度越大，越容易加剧本地区及邻近地区的雾霾污染。

(二)中国是否存在雾霾污染“搭便车”现象

前文表明，中国式财政分权会加剧雾霾污染，而且还存在显著的地区相关性，更为重要的是，由环境竞争衍生的环境“搭便车”现象也已被不少研究所证实(Silva and Caplan，1997；Helland and Whitford，2003；Sigman，2005，2014；Gray and Shadbegian，2004；Lipscomb and Mobarak，2011)。相较于雾霾污染，本处选择一种扩散性相对较弱、外部性相对更小的局部性污染物——工业固体废弃物，它的污染作用范围可能主要限于本地区，对其他地区影响相对较弱。与 Sigman(2014)类似，本处先分析财政分权对工业固体废弃物的影响，而后结合表 6-3 财政分权对雾霾污染影响的分析，综合判断中国是否存在雾霾污染“搭便车”现象。

如表 6-2 中(2)所列，财政分权对工业固体废弃物的影响，不管是空间权重矩阵选择 W_1 还是 W_2，财政分权(fd)系数估计值均不显著，而 $W\times$fd 的系数只在 $W=W_1$ 且不加任何控制变量时显著，其他情形下皆不显著，此结果与前文财政分权对雾霾污染影响的结果差异明显。本章进一步将财政分权对工业固体废弃物的影响进行分解，结果见表 6-5。

从表 6-5 可以看出，不管空间权重矩阵选用 W_1 还是 W_2，财政分权(fd)的直接、间接和总效应均不显著。这表明，本地区财政分权度的提高不会对本地区和其他地区的工业固体废弃物产生明显影响。而前文的研究已显示，本地区财政分权度的提高会显著加剧本地区和周边地区的雾霾污染。综合财政分权对雾霾污染及工业固体废弃物影响的研究结果不难发现，它明显支持中国存在显著的雾霾污染“搭便车”现象。雾霾污染由于高扩散性和强外部性，其治理权责较难界定，在权责较难确定时，容易出现治理上的“搭便车”现象，出现地方政府不承担治理环境的成本，却享受治理环境的好处。从其实际表现来看，雾霾污染从一个地区很容易漂移至相邻地区，从而加剧其他地区的雾霾污染，属于一种典型的跨界污染物。前文的经验分析就表明，本地区雾霾污染会加剧相邻地区的雾霾污染(表 6-2(1)中 $W\times$smog 的系数皆显著为正)。与此同时，本地区财政分权会显著引致相邻地区的雾霾污染(表 6-3 中 fd 的间接效应显著为正)。而相比之下，工业固体废弃物的扩散性和外部性相对较弱，其影响主要限于本地区，治理权责比较清晰，属于一种较为典型的局部性污染物。综合这正反两方面可以判断，雾霾污染的“搭便车”现象在中国存在。另外，值得一提的是，表 6-2(2)中 $W\times$smog 的系数在所有情形下均显著为正，这表明本地区的雾霾污染具有很强的空间溢出效应。相较之下，控制其他因素以后，$W\times$pinsolid 的系数在 $W=W_1$ 时不显著，完全符合局部性污染物的特征。然而在 $W=W_2$ 时却显著为正，这似乎与局部性污染物的特征相左，但局部性污染物并不是说它不会扩散，只是相较于跨界污染物，其扩散性相对更小，主要局限于本地而已。对比控制其他影响因素情形下 $W\times$pinsolid 和 $W\times$smog 的系数值，会发现前者远小于后者，而且后者在两种空间权重矩阵下均显著为正。从中国的现实实践来看，围绕经济增长展开的“竞次”竞争在所难免，这毫无疑问会导致环境恶化(Oates,2002;Kunce and Shogren,2005)。此外，若当地政府不考虑周边地区的福利水平时，会尽可能地把工业固体废弃物选择在靠近边界的地方(Silva and Caplan, 1997)。这可以从 Cai 等(2016)对中国江河污染的研究中得到佐证，他们的研究表明，中国水污染的生产活动相对集中发生于一个省的最下游县市，具体而言，它在某省最下游县市发生的比率比在该省其他区域高约 30%。

表 6-5　财政分权对工业固体废弃物影响的分解：直接、间接和总效应

解释变量	空间权重矩阵 $W=W_1$			空间权重矩阵 $W=W_2$		
	直接效应	间接效应	总效应	直接效应	间接效应	总效应
fd	0.355	−0.230	0.125	0.428	−0.443	−0.015
	(1.418)	(−0.423)	(0.219)	(1.469)	(−1.077)	(−0.053)
pgdp	8.320	2.986	11.306	−3.892	41.190**	37.298*
	(1.219)	(0.994)	(1.509)	(−0.812)	(2.009)	(1.856)
$pgdp^2$	−0.318	−0.430**	−0.749*	0.079	−2.286**	−2.207**
	(−0.918)	(−2.047)	(−1.931)	(0.317)	(−2.058)	(−1.999)
energy	−2.901*	1.584	−1.317	0.023	5.286	5.308
	(−4.926)	(1.267)	(−0.976)	(0.020)	(1.272)	(1.196)
topen	−0.463	0.334	−0.129	−0.513	−1.488	−2.001
	(−1.363)	(0.511)	(−0.167)	(−1.077)	(−1.116)	(−1.492)
industry	−4.107***	7.440***	3.333	3.874**	20.742**	24.615**
	(−3.187)	(2.833)	(0.956)	(2.292)	(2.257)	(2.550)
urban	0.201	−3.578*	−3.377	1.393**	−5.867	−4.474
	(0.220)	(−1.599)	(−1.461)	(1.955)	(−1.210)	(−0.880)
pdensity	−1.623***	1.384**	−0.239	−0.141	1.351	1.210
	(−6.850)	(2.546)	(−0.342)	(−0.286)	(0.667)	(0.600)

(三)财政分权对雾霾污染波动的影响

前文已表明，财政分权会加剧本地区及周边地区的雾霾污染，并且业已从中国式财政分权具体特征的角度对其进行了解释。那么，这种解释合理吗？中国式财政分权会使得各地区出现“竞次”的恶性环境竞争吗？出现这种结果是地方政府无能为力、不能掌控环境问题，还是它们为了自身利益考虑，有意为之？Sigman(2014)认为，财政分权不仅会影响污染水平，还会影响污染波动，并且进一步指出，污染波动的大小可以在一定程度上反映政府掌控环境质量水平的能力。基于此逻辑，本处将从财政分权对雾霾污染波动影响的角度进一步阐述地方政府的环境行为。

表 6-6　财政分权影响雾霾污染波动的空间面板回归结果

解释变量	被解释变量:雾霾污染的波动(envp=smogstd)			
	空间权重矩阵 $W=W_1$		空间权重矩阵 $W=W_2$	
$W\times$smogstd	0.401***	0.998***	0.288***	0.278***
	(3.327)	(4.214)	(4.009)	(3.882)
fd	0.116***	0.201***	0.114***	0.101**
	(2.760)	(5.632)	(2.703)	(2.197)
pgdp		2.164**		−0.095
		(2.112)		(−0.115)
$pgdp^2$		−0.118**		0.020
		(−2.269)		(0.471)
energy		0.163		−0.110
		(1.562)		(−0.686)
topen		0.015		0.059
		(0.255)		(0.898)
industry		0.247		−0.178
		(1.207)		(−0.699)
urban		−1.278***		−0.064
		(−8.221)		(−0.638)
pdensity		0.335***		0.013
		(7.435)		(0.176)
$W\times$fd	−0.137***	−0.425*	−0.131***	−0.136***
	(−2.790)	(−1.624)	(−3.057)	(−2.789)
$W\times$pgdp		−5.847		0.027
		(−1.105)		(0.022)
$W\times pgdp^2$		0.580**		−0.034
		(2.244)		(−0.535)
$W\times$energy		−1.519**		0.582**
		(−2.204)		(1.966)
$W\times$topen		−0.965**		0.019
		(−1.990)		(0.183)
$W\times$industry		−3.602***		1.633***
		(−2.906)		(3.509)
$W\times$urban		−8.232***		0.031
		(−5.688)		(0.112)
$W\times$pdensity		1.086***		0.109
		(4.271)		(0.830)
空间固定效应	Y	N	Y	Y
时间固定效应	N	Y	Y	N

表 6-6 的结果表明,雾霾污染波动存在显著的正向空间相关关系($W\times$smogstd 系数在所有情形下都在 1%的水平上显著为正),fd 系数在 5%显著水平上均显著为正,而 $W\times$fd 系数在 10%显著水平上皆显著为负。从这一结果粗略判断:本地财政分权度的提高不仅会增强本地雾霾污染的波动性,而且会削弱邻近地区雾霾污染的波动。为了摒除"反馈效应"的影响,得到精确的结论,进一步对财政分权影响雾霾污染的波动性进行分解,结果见表 6-7。

表 6-7　财政分权对雾霾污染波动影响的分解:直接、间接和总效应

解释变量	空间权重矩阵 $W=W_1$			空间权重矩阵 $W=W_2$		
	直接效应	间接效应	总效应	直接效应	间接效应	总效应
fd	0.224***	−0.343*	−0.119	0.094**	−0.141***	−0.047
	(6.252)	(−1.875)	(−0.656)	(2.152)	(−2.799)	(−1.104)
pgdp	2.432**	−4.259	−1.827	−0.064	−0.102	−0.166
	(2.280)	(−1.419)	(−0.711)	(−0.084)	(−0.074)	(−0.121)
$pgdp^2$	−0.142**	0.372**	0.230*	0.017	−0.031	−0.014
	(−2.598)	(2.451)	(1.810)	(0.424)	(−0.431)	(−0.196)
energy	0.216**	−0.903**	−0.687*	−0.074	0.691*	0.617
	(2.141)	(−2.393)	(−1.820)	(−0.455)	(1.858)	(1.424)
topen	0.048	−0.515**	−0.467*	0.060	0.045	0.105
	(0.809)	(−2.034)	(−1.820)	(0.922)	(0.354)	(0.708)
industry	0.376**	−2.064***	−1.688**	−0.073	2.037***	1.964***
	(2.031)	(−3.093)	(−2.269)	(−0.284)	(3.440)	(2.797)
urban	−1.042***	−3.737***	−4.779***	−0.068	0.004	−0.064
	(−6.939)	(−4.407)	(−5.435)	(−0.642)	(0.011)	(−0.154)
pdensity	0.311***	0.412***	0.723***	0.021	0.144	0.164
	(7.547)	(2.993)	(4.644)	(0.270)	(0.863)	(0.843)

从表 6-7 中的分解结果来看:

(1)fd 的直接效应均显著为正,这表明本地区财政分权强度的提升会显著增加本地区雾霾污染的波动性。这一结论与 Oates(1972)、Sigman(2014)等的观点相同:财政分权使得地方政府能够更好地因地制宜调整环境政策,以便反映其异质性偏好。从这个意义上讲,中国的地方政府是有能力控制本地的雾霾污染的,能够通过调整环境政策显著影响本地雾霾波动性,可以选择反映自身偏好和利益的环境质量水平。

(2)fd 的间接效应均显著为负,这表明本地区财政分权的提高会明显削弱邻近区域的雾霾污染波动性,其可归因于地区之间的竞争行为。

(3)fd 的总效应均不显著。地方政府一方面能够有效地按照自己的意愿控制本地区的雾霾污染(fd 的直接效应均显著为正),另一方面为了自己的利益,与其他地区展开激烈的“政治锦标赛”,降低对本地区环境的控制能力(fd 的间接效应均显著为负),最终导致财政分权对雾霾污染波动性的影响不显著。这实质上就是地方政府之间“竞次”的破坏性环境竞争,也印证了中国存在“竞次”的破坏性环境竞争。

(四)稳健性检验

现有研究往往通过支出指标或收入指标衡量财政分权,上文已经采用财政分权的支出指标进行了相关分析,如果以其收入为指标进行分析,会得到相同的结果吗?从中国雾霾污染的实际情况来看,雾霾污染呈现高度的空间相关性(图 1),那么财政分权对雾霾污染的影响在高雾霾污染区域与其他雾霾污染相对较轻的区域表现会一样吗?此外,中国领土幅员辽阔,地域差异明显,那么考虑南北方地域差异后,上述结论还成立吗?沿海地区和内陆地区地理位置也差异明显,而且发展极不平衡,考虑这种地区差异后,还支持上述结论吗?

1.财政分权指标差异:收入法度量[①]

本处使用财政分权收入指标对雾霾污染、雾霾污染波动及“搭便车”现象进行稳健性检验,结果见表 6-8。

表 6-8 财政分权指标衡量差异的稳健性检验结果

被解释变量	空间权重矩阵 $W=W_1$			空间权重矩阵 $W=W_2$		
	直接效应	间接效应	总效应	直接效应	间接效应	总效应
smog	0.264***	2.233***	2.497***	0.194***	0.573***	0.767***
	(7.697)	(5.057)	(5.404)	(5.435)	(3.950)	(4.697)
pinsolid	−0.453*	0.042	−0.411	−0.393	−1.944	−2.337
	(−1.742)	(0.100)	(−0.909)	(−1.204)	(−0.625)	(−0.713)
smogstd	0.251***	−0.025	0.225	0.263***	−0.428***	−0.165
	(6.535)	(−0.117)	(1.020)	(5.507)	(−5.739)	(−1.338)

从财政分权(fd)对雾霾污染(smog)的分解结果看,不管空间权重矩阵是选用 W_1 还是 W_2,其直接、间接以及总效应都显著为正,即本地区财政分权度的提高,不仅会增加本地区的雾霾排放,还会加剧周边地区的雾霾污染,这一结果与前文的结果相同(表 6-3)。

再看财政分权(fd)对工业固体废弃物(pinsolid)的影响,它与表 6-5 中所得结论基本一致:本地区财政分权度的提高不会对工业固体废弃物产生明显影响,甚至有时会减少

① 篇幅所限,本处只列示了财政分权对雾霾污染、雾霾污染波动及工业固体废弃物影响的分解效应,具体的回归过程及其他控制变量的分解结果没有列出,可向笔者索取,下同。

本地区的工业固体废弃物排放(在 $W=W_1$ 情形下,fd 直接效应在 10%显著水平上显著为负)。综合财政分权对雾霾污染的影响,本处结果依然支持中国存在雾霾污染"搭便车"现象。

最后看财政分权(fd)对雾霾污染波动(smogstd)的影响,在两种空间矩阵下,直接效应均显著为正。这表明,本地区财政分权强度的提升会显著增加本地区雾霾污染的波动性,而间接效应均为负,且在 $W=W_2$ 时,还显著。综合这两种作用,最终使得财政分权对雾霾污染波动的总效应不显著(表 6-8 中,两种空间矩阵下,fd 系数估计值均不显著),这一结果与使用支出法度量财政分权时所得的结论也基本一致(表 6-7)。

2.雾霾严重程度的区域差异

根据哥伦比亚大学社会经济数据与应用中心统计的中国各区域 PM2.5 相关数据,本处将中国大陆划分为雾霾污染较轻区域(主要包括青海、内蒙古、黑龙江、云南、海南、新疆、甘肃、宁夏、四川、贵州、广西、广东、福建、浙江、辽宁、吉林 16 个省、自治区)及雾霾污染严重区域(主要包括北京、天津、河北、山西、山东、陕西、河南、湖北、湖南、重庆、江西、安徽、江苏、上海 14 个省、市)[①]。

基于表 6-9 的结果,可以发现:

表 6-9 雾霾污染严重程度差异的稳健性检验结果

	被解释变量	空间权重矩阵 $W=W_1$			空间权重矩阵 $W=W_2$		
		直接效应	间接效应	总效应	直接效应	间接效应	总效应
雾霾污染较轻区域	smog	−0.010	0.159*	0.149	−0.012	0.015	0.003
		(−0.457)	(1.736)	(1.498)	(−0.611)	(0.336)	(0.053)
	pinsolid	−0.587*	0.410	−0.177	−0.522**	0.040	−0.482
		(−1.908)	(0.266)	(−0.105)	(−1.944)	(0.102)	(−0.971)
	smogstd	0.151*	−0.317	−0.166	0.224***	−0.491***	−0.267
		(1.604)	(−0.478)	(−0.648)	(7.478)	(−9.626)	(−1.596)
雾霾污染严重区域	smog	0.181***	1.148***	1.329***	0.038*	1.104***	1.142***
		(4.654)	(2.872)	(2.812)	(1.791)	(2.680)	(2.646)
	pinsolid	−0.387	0.274	−0.113	−0.713	0.889	0.177
		(−0.920)	(0.520)	(−0.347)	(−1.516)	(1.407)	(0.320)
	smogstd	0.215***	−0.305***	−0.090	0.180***	−0.290***	−0.111
		(2.870)	(−5.038)	(−1.187)	(2.246)	(−2.903)	(−1.393)

① 如果某个省份 2010—2012 年的 PM2.5 三年滚动平均值小于 40,即把它归结到雾霾污染较轻区域;反之,则为雾霾污染严重区域。实际上,笔者还尝试将划分阈值设为 30,但结果大致相同,篇幅关系,不再列示。此外,若阈值设为 40,则两个子样本内样本个数大体相同,结果可能更稳定。

首先，财政分权对雾霾污染的影响在这两个区域存在较大的异质性，在雾霾污染较轻区域，其直接、间接($W=W_1$ 除外)以及总效应基本不显著，财政分权对雾霾污染没有显著影响；而在雾霾污染严重区域，在两个空间权重矩阵下，财政分权的直接、间接和总效应均显著为正，这一结果与前文表 6-3 的结果相似，财政分权会显著影响本地区及周边地区的雾霾污染。为什么会出现这种差异呢？这应该与两个区域的雾霾污染程度有密切关系，对于雾霾污染较轻区域，由于污染较轻，其负外部性较弱，对其治理所付出的代价也相对较小，地方也较容易进行治理；对于雾霾污染严重区域，其负外部性和地域相关性也较强，对其治理所需付出的代价也相对较大，地方政府可能越不愿意投入资源和精力进行治理。

其次，财政分权对工业固体废弃物的影响在两个区域大体表现相同，其总效应和间接效应均不显著，这与前文表 6-5 的结论也是相同的。稍有差异的仅在于其直接效应的表现，具体而言，在雾霾污染较轻区域，直接效应在 10%显著水平上显著为负；而在雾霾污染严重区域却表现为不显著。综合这两个区域内财政分权对雾霾污染及工业固体废弃物的影响，不难发现，雾霾污染“搭便车”现象在这两个区域内都存在。

最后，从财政分权对雾霾污染波动性的影响来看，在两个区域间表现基本相似：财政分权一方面会增加本地区的雾霾污染波动，但另一方面也会降低周边地区的雾霾污染的波动性，两者作用下，最终使得财政分权对雾霾污染波动性不起明显作用。即地方政府“竞次”的破坏性环境竞争在这两个区域普遍存在，这一结论与前文表 6-7 的结论基本相同。

3.雾霾污染的地域差异[①]

本处分别考虑南北方区域差异及沿海、内陆差异，结果见表 6-10。

从中国南北方区域划分来看，财政分权对雾霾污染的影响在这两个区域内存在明显差异，在南方地区，两种空间矩阵下的直接、间接以及总效应均不显著；而在北方地区，在两种空间权重矩阵下，上述三种效应均显著为正，这一结果与前文表 6-3 的结果相似。这表明，在中国，南北方差异会引起财政分权对雾霾污染的不同作用。这很可能与南北方的产业结构有关，中国的重工业相对集中于北方地区，而这些重工业污染较高，因此，其负外部性和地域相关性也较强，治理所需的代价越大，地方政府可能越不愿意投入资源和精力进行治理。财政分权对工业固体废弃物的影响在两个区域内大体表现相同，其总效应和间接效应均不显著，这与前文表 6-5 的结论也是相同的。从财政分权对雾霾污染波动性的影响来看，在两个区域间表现也基本相似：地方政府“竞次”的破坏性环境竞争

---

① 中国南方、北方冬天气温差异明显，北方往往通过供暖气方式过冬，而供暖过程容易产生雾霾。此外，沿海和内陆地区位置差异显著，而且发展也极不平衡。本处考虑这两种情形，谢谢审稿人宝贵意见。现在划分南北方有两种比较流行的说法，一种是以“秦岭—淮河”一线为南北方地区分界线，另一种是以长江为界，考虑到“秦岭—淮河”一线的地理意义及中国供暖的历史沿革，本处选择前一种作为南北方的划分标准，样本范围内的北方地区主要包括：山东、山西、陕西、河北、河南、甘肃、宁夏、青海、新疆、内蒙古、辽宁、吉林、黑龙江、北京和天津，其他省份为南方地区。样本范围内的沿海地区主要包括：辽宁、天津、河北、山东、江苏、上海、浙江、福建、广东、广西和海南，样本范围内的其他省份为内陆地区。

在这两个区域普遍存在。

从中国按沿海地区和内陆地区划分的结果来看，总体结果与前面结果基本相同，稍有差异的是，财政分权对雾霾污染的间接作用在这两个区域间表现出较大差异。具体而言，在沿海地区，两种空间矩阵下，间接效应均显著为正，而在内陆地区均不显著，进一步，在数值上，沿海地区也均比内陆地区要大。造成这种差异可能原因很多，其中一种可能的解释是，由于沿海地区经济发展水平相对较高，经济竞争相对更激烈，因此在沿海地区就越可能表现出财政分权对雾霾污染的间接效应更大更显著的特征。

表 6-10 雾霾污染地区差异的稳健性检验结果

	被解释变量	空间权重矩阵 $W=W_1$			空间权重矩阵 $W=W_2$		
		直接效应	间接效应	总效应	直接效应	间接效应	总效应
南方地区	smog	−0.013	0.144	0.132	−0.012	−0.081	−0.093
		(−0.520)	(1.194)	(1.028)	(−0.496)	(−1.017)	(−1.021)
	pinsolid	0.861*	0.864	1.725	0.663*	−0.025	0.638
		(1.795)	(0.318)	(0.591)	(1.691)	(−0.039)	(0.943)
	smogstd	0.131*	−0.193	−0.062	0.169**	−0.270*	−0.101
		(1.747)	(−0.522)	(−0.160)	(2.093)	(−1.886)	(−0.640)
北方地区	smog	0.060**	0.223**	0.283**	0.105***	0.112***	0.216***
		(2.493)	(1.942)	(2.366)	(3.526)	(2.974)	(3.429)
	pinsolid	−0.312	−1.036	−1.349	−0.345	−0.696	−1.041
		(−0.794)	(−0.552)	(−0.650)	(−1.007)	(−0.947)	(−1.239)
	smogstd	0.088*	0.145	0.234	0.026	−0.114*	−0.089
		(1.917)	(0.737)	(1.064)	(0.673)	(−1.801)	(−1.271)
沿海地区	smog	0.378***	0.384**	0.763*	0.047	0.254**	0.301**
		(5.225)	(1.978)	(1.826)	(0.939)	(2.362)	(2.010)
	pinsolid	0.636	−0.623	0.013	0.440	−0.064	0.377
		(0.935)	(−0.586)	(0.017)	(0.660)	(−0.079)	(0.339)
	smogstd	0.082	0.620	0.701	0.064	0.070	0.134
		(0.680)	(0.573)	(0.644)	(0.536)	(0.456)	(0.630)
内陆地区	smog	0.039*	0.081	0.120*	0.035*	0.076	0.112
		(1.629)	(1.113)	(1.658)	(1.716)	(0.881)	(1.133)
	pinsolid	0.337	0.353	0.690	−0.162	−0.504	−0.667
		(1.032)	(0.244)	(0.430)	(−0.512)	(−0.926)	(−1.125)
	smogstd	0.113**	0.048	0.161	0.288***	−0.425***	−0.136
		(2.746)	(0.232)	(0.704)	(7.600)	(−4.883)	(−1.326)

4.2010 年以后的表现①

前文通过 2001—2010 年间的相关数据进行分析。然而,雾霾真正在中国引起足够的关注和重视却是近几年的事。那么,近几年的数据能否支持上述结论呢?

从中国的雾霾实践来看,近几年严重雾霾事件频发,PM2.5 数据爆表现象频出,雾霾污染已经成为摆在国民面前的严峻问题。这个从图 6-1 也可以得到佐证。图 6-1 表明,近几年中国多数地区 PM2.5 浓度依旧相对较高,没有出现明显的下降趋势,而且波动相当显著。从 PM2.5 浓度的大小来看,三大经济区中的京津冀地区相对最高,长三角地区次之,珠三角最小;根据 CEIC 数据库的数据,中国的工业固体废弃物排放量已经由 2010 年的 498.2 万吨下降至 2014 年的 59.4 万吨,减排效果相当明显。此外,从中国环境治理实践来看,近几年,中国高度重视对生态环境的保护,中国政府也逐步加大了环境保护力度和环境执法强度,污染治理投资额从 2010 年的 7612.192 亿元激增至 2014 年的 9575.50 亿元。综合数据和现实实践,环境保护强度和污染治理投资力度的加强显著降低了工业固体废弃物的排放,但没能明显降低中国的雾霾污染及其波动(甚至有加剧的趋势)。这从一个侧面证实了中国存在"竞次"的破坏性环境竞争及"搭便车"现象。

前文的论述已表明,在中国高度集权的政治体制下,地方政府主要向中央负责,而中央政府往往以经济增长作为考核官员的衡量指标(Blanchard and Shleifer,2001;Li and Zhou,2005)。因此,为了政治晋升,地方政府会为了发展本地区经济而牺牲本地区环境,存在"竞次"的破坏性环境竞争的动机和行为,使得雾霾表现为显著的空间相关性。另外,也与政府环境治理的权责和范围不明晰有关,雾霾由于其流动性较高,比较容易扩散,治理起来难度较大,它涉及各地区之间的协调、综合治理。因此,在没有理顺地方政府环境治理权责和范围的情况下,当地政府即使想在治霾上有为,其结果也可能因为其他地区政府的无为而难有作为,或者说当地政府考虑到凡此种种,宁愿选择坐享其成,也不全力治霾,从而出现雾霾污染"搭便车"现象。

五　结论与建议

目前中国环境问题日益严峻,雾霾污染更是成为影响中国国计民生的切身重大问题。在此背景下,结合中国特殊的财政分权制度,本章以雾霾污染为研究对象,系统分析了财政分权对雾霾污染水平及波动的影响,分析了雾霾污染"搭便车"在中国的存在性,

---

① 中国在 2013 年 3 月以后才有部分城市公布 PM2.5 数据,直到 2015 年以后,才有比较完整的 PM2.5 城市数据,然而 2015 年许多前文涉及的相关变量的城市数据都尚无法获取。因此,本处没法做相关的经验检验,只能结合已有的数据做简单的描述分析。谢谢审稿人关于拓展数据方面的建议。

并进一步探讨了地方政府的行为。结果表明,财政分权不仅会显著增加本地区的雾霾污染排放,也会明显加剧周边地区的雾霾污染,然而,财政分权对工业固体废弃物却没有显著影响,中国存在雾霾污染"搭便车"现象。此外,财政分权度的提高能够增加本地区雾霾污染的波动性,它能够使当地政府增强对本地雾霾污染的控制。然而,由于存在地区竞争,它同时也会削弱周边地区的雾霾污染波动。综合来看,财政分权对雾霾污染的波动性没有显著影响,地方政府之间会实行"竞次"的破坏性环境竞争。

根据本章的研究,我们可以得到如下启示:

(1)政府当局应该明确环境治理的权责,明确当地政府环境治理的范围,进一步树立地方政府重视、保护生态环境的意识,并把其作为地方政府政绩考核的一项重要内容,使中国特色社会主义"五位一体"的生态文明总体布局得以真正落实。

(2)进一步提高能源的使用效率,以便从根源上减少污染的排放。为了达到这一目的,一方面应该大力鼓励企业进行创新,努力提高技术水平,从而减少能源的使用,另一方面应加强国际合作,大力引进先进的绿色环保技术。

(3)在推进工业化、城镇化的同时,努力协调发展与环境的关系,正确处理好经济发展同生态环境保护的关系,绝不以牺牲环境为代价去换取一时的经济增长,像保护眼睛一样去保护环境,像对待生命一样对待生态环境,把不损害生态环境作为发展的底线。

本章参考文献

ANSELIN L. Spatial effects in econometric practice in environmental and resource economics[J]. American Journal of Agricultural Economics, 2001, 83(3):705-710.

BESLEY T, COATE S. Centralized versus decentralized provision of local public goods: a political economy approach[J]. Journal of Public Economics, 2003, 87: 2611-2637.

BLANCHARD O, SHLEIFER A. Federalism with and without political centralization China versus Russia[J]. IMF Staff Papers, 2001,48(4):171-179.

CAI H, CHEN Y, GONG Q. Polluting thy neighbor: unintended consequences of China's pollution reduction mandates[J]. Journal of Environmental Economics and Management, 2016, 76:86-104.

CUMBERLAND J. Efficiency and equity in inter-regional environmental management [J]. Review of Regional Studies,1981,10(2):1-9.

ELHORST J. Spatial panel data models[M]//Handbook of applied spatial analysis.

Springer:Berlin Heidelberg NewYork, 2010a:377-407.

ELHORST J. Matlab software for spatial panels[R]. Presented at the Nth World Conference of the Spatial Econometrics Association(SEA), Chicago, 2010b.

FAGUET J. Does decentralization increase responsiveness to local needs? evidence from bolivia[J]. Journal of Public Economics, 2004,88(3):867-893.

FREDRIKSSON P, MILLIMET D. Is there a "California effect" in US environmental policymaking? [J]. Regional Science and Urban Economics, 2002,32(6):737-764.

FREDRIKSSON P, LIST J, MILLIMET D. Bureaucratic corruption environmental policy and inbound US FDI: theory and evidence[J]. Journal of Public Economics, 2003,87(7-3):1407-1430.

GRAY W, SHADBEGIAN R. Optimal pollution abatement: whose benefits matter, and how much? [J]. Journal of Environmental Economics and Management, 2004, 47:510-534.

GROSSMAN G, KRUEGER A. Environmental impacts of the North American free trade agreement[J]. NBER Working Paper, 1991, No. w3914.

GROSSMAN G, KRUEGER A. Economic growth and the environment[J]. Quarterly Journal of Economics, 1995,110:353-377.

HE Q. Fiscal decentralization and environmental pollution: evidence from Chinese Panel Data[J]. China Economic Review, 2015,36:86-100.

HELLAND E, WHITFORD A. Pollution incidence and political jurisdiction: evidence from the TRI[J]. Journal of Environmental Economics and Management, 2003,46: 403-424.

HOLMSTROM B, MILGROM P. Multi-task principal-agent analyses: incentive contracts, asset ownership and job design[J]. Journal of Law, Economics and Organization, 1991,7:24-52.

HOSSEIN H, KANEKO S. Can environmental quality spread through institutions[J]. Energy Policy, 2013,56(2):312-321.

KANAROGLOU P, ADAMS M, DE LUCA P, et al. Estimation of sulfur dioxide air pollution concentrations with a spatial auto-regressive model[J]. Atmospheric Environment, 2013,79:421-427.

KONISKY D, WOODS N. Exporting air pollution? [J]. Regulatory Enforcement and Environmental Political Research Quarterly, 2010, 63:771-782.

KUNCE M, SHOGREN J. On interjurisdictional competition and environmental federalism[J]. Journal of Environmental Economics and Management, 2005, 50: 212-224.

KUNCE M, SHOGREN J. Destructive interjurisdictional competition: firm, capital and labor mobility in a model of direct emission control[J]. Ecological Economics, 2007, 60(3):543-549.

LEE L, YU J. Estimation of spatial autoregressive panel data models with fixed effects [J]. Journal of Econometrics, 2010, 154:165-185.

LESAGE J, PACE R. Introduction to spatial econometrics[J]. Boca Raton, FL: CRC Press Taylor & Francis Group, 2009.

LEVINSON A. Environmental regulatory competition: a status report and some new evidence[J]. National Tax Journal, 2003, 56:91-106.

LI H, ZHOU L. Political turnover and economic performance: the incentive role of personnel control in China[J]. Journal of Public Economics, 2005, 89(9-10): 1743-1762.

LIPSCOMB M, MOBARAK A. Decentralization and pollution externalizations: evidence from the re-drawing of county boundaries in Brazil[Z]. Yale School of Management Working Paper, 2011.

LIST J, GERKING S. Regulatory federalism and environmental protection in the United States[J]. Journal of Regional Science, 2000, 40(3):453-471.

LJUNGWALL C, LINDE-RAHR M. Environmental policy and the location of foreign direct investment in China[Z]. China Center for Economic Research working paper series,2005, No. E2005009.

MADDISON D. Environmental Kuznets curves: a spatial econometric approach[J]. Journal of Environmental Economics and Management, 2006, 51:218-230.

MILLIMET D. Assessing the empirical impact of environmental federalism[J]. Journal of Regional Science, 2003, 43(4):711-733.

MINTZ J, TULKENS H. Commodity tax competition between member states of a federation: equilibrium and efficiency[J]. Journal of Public Economics,1986, 29(2): 133-172.

OATES W. Fiscal federalism[M]. New York: Harcourt, 1972.

OATES W. A reconsideration of environmental federalism[Z]. Discussion Papers dp-01-

54,Resources For the Future,2001.

OATES W, SCHWAB R. Economic competition among jurisdictions: efficiency enhancing or distortion inducing? [J]. Journal of Public Economics, 1988, 35(3): 333-354.

OGAWA H, WILDASIN D. Think locally, act locally: spillovers, spill-backs, and efficient decentralized policymaking[J]. American Economic Review, 2009, 99(4): 1206-1217.

POON J, CASAS I, HE C. The impact of energy, transport, and trade on air pollution in China[J]. Eurasian Geography and Economics, 2006, 47(5):568-584.

POTOSKI M. Clean air federalism: do states race to the bottom? [J]. Public Administration Review, 2001, 61(3):335-343.

QIAN Y, ROLANDG. Federalism and the soft constraint[J]. American Economic Review,1998, 88(5):1143-1162.

SIGMAN H. Trans-boundary spillovers and decentralization of environmental policies [J]. Journal of Environmental Economics and Management, 2005, 50:82-101.

SIGMAN H. Decentralization and environmental quality: an international analysis of water pollution levels and variation[J]. Land Economics, 2014, 90:114-130.

SILVA E, CAPLAN A. Trans-boundary pollution control in federal systems [J]. Journal of Environmental Economics and Management, 1997, 34:173-186.

STIGLER G. Perfect competition, historically contemplated[J]. Journal of Political Economy,1957, 65(1):1-17.

TIEBOUT C. A pure theory of local expenditures[J]. Journal of Political Economy, 1956,64(5):416-424.

ULPH A. Harmonization and optimal environmental policy in a federal system with asymmetric information[J]. Journal of Environmental Economics and Management, 2000,39(2):224-241.

WELLISCH D. Locational choices of firms and decentralized environmental policy with various instruments[J]. Journal of Urban Economics, 1995, 37(3):290-310.

WILDASIN D. Nash equilibrium in models of fiscal competition[J]. Journal of Public Economics,1988,35(2):229-240.

WILSON J. Capital mobility and environmental standards: is there a race to the bottom? [M]//BHAGWATI J, HUDEC R. Harmonization and fair trade.

Cambridge, MA: MIT Press, 1996:395-427.

ZHANG C, LUO L, XU W, LEDWITH V. Use of local moran's i and GIS to identify pollution hot spots of Pb in urban soils of Galway. Ireland[J]. Science of The Total Environment, 2008, 398(1):212-221.

蔡昉,都阳,王美艳.经济发展方式转变与节能减排内在动力[J].经济研究,2008(6):4-11.

陈诗一.节能减排与中国工业的双赢发展:2009—2049[J].经济研究,2010(3):129-143.

黄国宾,周业安.财政分权与节能减排——基于转移支付的视角[J].中国人民大学学报,2014(6):67-76.

胡宗义,刘亦文,唐李伟.低碳经济背景下碳排放的库兹涅茨曲线研究[J].统计研究,2013(2):73-79.

李猛.财政分权与环境污染——对环境库兹涅茨假说的修正[J].经济评论,2009(5):54-59.

李小平,卢现祥.国际贸易污染产业转移和中国工业 CO_2 的排放[J].经济研究,2013(5):96-114.

李小胜,宋马林,安庆贤.中国经济增长对环境污染影响的异质性研究[J].南开经济研究,2013(5):96-114.

林伯强,蒋竺均.中国二氧化碳的环境库兹涅茨曲线预测及影响因素分析[J].管理世界,2009(4):27-36.

刘金全,郑挺国,宋涛.中国环境污染与经济增长之间的相关性研究——基于线性和非线性计量模型的实证分析[J].中国软科学,2009(2):98-106.

肖挺,刘华.产业结构调整与节能减排问题的实证研究[J].经济学家,2014(9):58-68.

许广月,宋德勇.中国碳排放环境库兹涅茨曲线的实证研究——基于省域面板数据[J].中国工业经济,2010(5):37-47.

许和连,邓玉萍.外商直接投资导致了中国的环境污染吗?基于中国省际面板数据的空间计量研究[J].管理世界,2012(2):30-43.

徐圆,赵莲莲.国际贸易经济增长与环境质量之间的系统关联——基于开放宏观的视角对中国的经验分析[J].经济学家,2014(8):24-32.

薛钢,潘孝珍.财政分权对中国环境污染影响程度的实证分析[J].中国人口·资源与环境,2012(1):77-83.

杨瑞龙,章泉,周业安.财政分权、公众偏好和环境污染——来自中国省级面板数据的证据[J].中国人民大学经济研究所宏观经济报告,2007.

俞雅乖.我国财政分权与环境质量的关系及其地区特性分析[J].经济学家,2013(9):

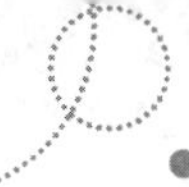

60-67.

张成，朱乾龙，于同中.环境污染和经济增长的关系[J].统计研究，2011(1)：59-67.

张克中，王娟，崔小勇.财政分权与环境污染：碳排放的视角[J].中国工业经济，2011(10)：65-75.

张宇，蒋殿春.FDI、政府监管与中国水污染——基于产业结构与技术进步分解指标的实证检验[J].经济学季刊，2014(2)：491-514.

朱平辉，袁加军，曾五一.中国工业环境库兹涅茨曲线分析——基于空间面板模型的经验研究[J].中国工业经济，2010(6)：65-76.

第七章　税收分成调整、财政压力与工业污染

席鹏辉　梁若冰　谢贞发*

一　引　言

中国环境质量的恶化受到社会各界关注。尽管近年来中央和地方政府及各职能部门出台了很多环境治理办法,但似乎收效甚微,环境污染仍然没有得到有效遏制,极端环境污染问题仍相继出现①,严重地影响了社会生活和公众健康。那么为什么环境污染治理如此困难?

环境治理决策的关键在于梳清和认识环境污染快速增长的根源。很多研究从中国经济快速发展的角度来探讨污染增长问题,而对于仍处在计划经济向市场经济转轨期的中国,政府力量在促进经济增长的活动中发挥着至关重要作用,因此对中国经济增长模式的理解也集中于此。大量文献表明财政激励是中国经济和污染高增长的重要源泉(Zhang and Zou,1998;张晏和龚六堂,2005;Weingast,2009;Xu,2011)。陶然等(2009,2010)认为中国经济高增长的动力来自财政激励,地方政府在当前阶段将提供低价土地、补贴性基础设施甚至放松环境保护标准等方式尽可能促进本地经济,从而形成一种高污染、高能耗的发展模式。张克中等(2011)认为财政分权激励给予地方政府经济上较大自主权,对地方经济的增长贡献大。财政分权激励对地区工业污染的促进作用也得到了较多文献的支持(俞雅乖,2013;刘建民等,2015)。相关研究成果主要表现出两个特征:一是研究发现地方政府通过降低环境规制能够促进本地区经济增长,但这种粗放式的经济发展模式带来了环境污染;二是目前财政激励的相关文献相对集中于财政分权视角,基本认为财政分权对地方政府形成的高收益激励是环境污染高增长的根源。

不足的是,现有研究仍然缺乏直接的微观经验证据以支持财政激励与环境污染关系的结论,这使相关机制途径仍处于"黑箱"状态。同时,从财政分权视角探讨财政激励的

* 席鹏辉,厦门大学经济学院财政系博士,供职于中国社会科学院财经战略研究院;梁若冰,厦门大学经济学院财政系教授;谢贞发,厦门大学经济学院财政系教授。

① 如2015年入秋以来的沈阳、北京空气质量指数持续爆表事件。

污染效应，似乎与中国财政实践不符。尽管财政分权吸引了大量研究关注，但中国 1994 年之后的财政体制改革是明显的财权上移过程（袁飞等，2008；陶然等，2009），从财权上移角度来解释中国的经济问题应该更为合适，这甚至被方红生和张军（2013，2014）总结为“新财政集权”理论。

简单回顾 1994 年以来最重要的三大财政体制改革：第一，1994 年分税制财政体制改革显著地提高了中央财政收入占全国财政收入的比重，降低了地方财政收入占比，地方政府面临的财政分权激励显著降低；第二，2002 年所得税共享改革使企业所得税和个人所得税由按属地原则征收和划分收入归属变更为中央与地方共享税种，并在 2003 年进一步提高了中央分享比重，大大提高了中央对所得税税收的集中程度；第三，2016 年 5 月 1 日“营改增”全面铺开，增值税央地分配比例从原来的 75∶25 调整为 50∶50，尽管增值税分成比例对地方政府有所提高，但随着中国产业结构的升级和第三产业相关税额的扩大，地方增值税的分成扩大实质上是以原有地方税收的营业税分成大幅度下降为代价的，中央财政在“营改增”后能够吸收较大规模的营业税税收收入[①]。可以认为，将 1994 年以来中国财政体制改革历程归结为财权上移过程更符合中国财政实践，因而从财政收入上移角度分析中国经济及污染增长问题更具有现实意义。

与财政体制改革趋势相近的是，作为第一大税种的增值税，其分成改革实践也体现了以税收上移为主的基本特征。1994 年分税制改革后增值税成为共享税种，其中中央分享 75%，地方分享 25%，自此各省以下财政体制对增值税的 25%部分在省及以下各层级政府之间进行划分。2002 年所得税分享改革进一步提高了中央财政收入占比，地方财政收入规模降低。各省政府为应对这一改革带来的收入冲击，纷纷改革了省以下财政体制，通过提高省级政府增值税分成比例以缓解省级财政压力。

基于这些改革实践，本章着重从地市增值税税权上移角度解释中国环境污染问题，认为增值税税权上收直接地增加了地市财政压力，在财政收入稳增长目标下，地市财政压力转化为财政激励，将对地方政府行为产生重要影响。这一由财政压力形成的激励效应可能是中国工业污染增长的重要原因。本章研究结果表明，地市增值税分成的降低大大提高了地方环境污染水平，财政压力具有明显的污染效应。机制分析显示，地方政府不是通过扩大已有企业的产值规模，而是通过引入新增工业企业以扩大税基，在这个过程中地市政府也主动降低环境规制来吸引污染密集型企业进入，形成“污染天堂”（pollution haven）以发展工业规模。同时，国有企业在地方政府发展工业经济过程中发挥了更重要的作用。另外，在环境规制较强的两控区城市，分成变化的污染效应要弱于环境规制较弱地区。

本章的贡献主要包括以下几点：首先，根据中国各省财政体制中关于税收分成的划

---

① 可以预期随着第三产业的发展，地方政府的营业税税收损失将逐步增大。

分办法确定地市税收分成指标，不仅清晰直接地提供了财政压力变化对地方政府行为影响的证据，也较好地缓解了传统财政分权变量构建中的以结果为导向的内生性问题。其次，本章发现为应对税收分成的降低，地方政府不仅致力于发展工业经济，且愿意降低环境规制，这一结果为财政压力下的中国环境污染继续恶化问题提供了充足的微观证据，建立了财政激励与中国式环境污染的联系。再次，本章发现地方政府主要是利用国有企业调节工业经济的发展，我们认为这种政府主导的“第三财政”（张馨，2012）行为是政府为组织收入而直接干预市场的表现，而非“财政集权”的“援助之手”效应（方红生和张军，2013，2014）。最后，本章的研究结论为未来中国环境治理提供了一定的指导，短期内应重点解决地方财政压力难题，否则环境治理政策的实施将受制于地方政府财政收入稳增长目标。

本章后面内容安排如下：第二部分为文献背景与理论假说，第三部分为研究策略及数据说明，第四部分为基本结果及稳健性检验，第五部分为机制分析，第六部分为结论、启示及政策建议。

二　文献背景与理论假说

本级政府在税收收益中的分成降低显著地减少了政府可支配财政收入，当地方事权没有随之变动或财政支出保持稳定趋势甚至刚性增长，以及转移支付未随之增加时，会给地方政府带来财政压力。在财政收入稳增长目标下，这一财政压力势必改变地方政府行为。从已有研究文献来看，政府可加大征管力度或扩大税源。汤玉刚和苑程浩（2010）发现中央与地方的纵向竞争主导税收增长时，地方政府将提高共享税税收征管效率和实际均衡税率。Chen（2017）发现地方财政压力的增大使地方加强税收征管，导致地区制造业税收负担显著增加。马光荣和李力行（2012）的间接证据也表明，县级政府会将自身规模扩大后的财政压力施加到企业身上，从而提高企业面临的实际税负水平。

除加强税收征管外，政府也有其他方式增加财政收入。一方面，地方政府可以发展其他相对高税收收益的财源。陈抗等（2002）发现地方政府会扩大预算外和制度外收入来应对；陈志勇和陈莉莉（2011）认为当税收收入调整有利于中央时，地方政府将通过房地产业扩大地方主体税种营业税的税收规模；Kung 等（2013）发现在 1994 年分税制对不同税种重新分配后，地方政府开始着重培养对自身财政收入有利的营业税收入来源，其重点为推进城镇化，以促进房地产等行业发展；Han 和 Kung（2015）发现地方企业所得税分享比例降低使政府的发展重心转变为与土地有关的房地产业和建筑业，这是由于该行业带来的土地出让等财政收入无须与上级政府共享，可以弥补财权上收带来的收入损失。

另一方面，财政压力也可能使地方政府继续做大税基“蛋糕”，完成财政收入目标。

其基本逻辑在于，尽管财权上移降低了地方财政收益，但当地方政府难以依赖其他财政收入增长时，做大税基成为必然选择。方红生和张军(2014)的研究认为，财政集权程度的提高促使地方政府更倾向于培育预算内收入来最大化财政收入，因此将财政集权引致的地方政府扩大预算内收入的行为称为"援助之手"。

这对于增值税而言更是如此。第一，对于绝大部分地市来说，第二产业尤其是工业仍然是其税收收入的主要税基。第二，工业企业不仅能够带来持续的增值税收入，对第三产业和营业税也具有较强的"溢出"效应(陶然等，2009)。第三，相比服务业，工业对经济发展水平的要求较低，地方政府能够通过低价出让工业用地、发展基础设施、金融资本支持等各种方式促进工业发展，即地方政府拥有充足的条件应对增值税的税权上收。可以看出，地方政府拥有足够的动机和条件促进工业增长以应对增值税分成的减少，这种由增值税分成减少所引起的工业规模扩张，最终将反映在地方环境质量和工业污染水平上来。因此，本章提出的第一个假说是：

假说 1　地市增值税分成的减少将提高地方工业污染水平。

税收分成变化对污染形成路径的影响来自于工业发展。主要存在以下两类工业规模扩张路径：第一，地方通过如税收优惠(付文林和耿强，2011)、提高基础设施水平(张军等，2007)、低价出让工业用地(曹广忠等，2007)等各类招商引资优惠条件，吸引新增工业企业进入本地；第二，地方政府通过财政补贴等手段支持本地已有工业企业规模的扩大。本章认为第一种路径的可能性更大，这主要因为：首先，地方政府在引进新增工业企业时往往已经利用了各类优惠措施，留给地方政府干预现有企业收入利润的政策空间可能不大；其次，已有企业生产活动行为很难再受到地方政府的直接干预，尤其在生产要素等投入相对稳定的情况下，已有企业较难按照地方政府意愿盲目扩大产值和规模；最后，新增工业企业在带来税收的同时，也能够带来大量的新增就业机会，地方政府更有动机从事招商引资。因此，在工业发展路径方面，本章提出第二个基本假说：

假说 2　环境污染水平的提高是由于地方政府大力引进新增工业企业，而非依赖已有工业企业规模扩大。

在具体实践中，由于工业企业选址更倾向于选择环境管制较松的地区(Dean et al.，2009)，因此地方政府为了扩大税基，可能通过降低环境规制使本地形成"污染避难所"。尤其是随着各地区环境规制的多样化，各地区工业经济受到了环境规制的显著影响(孙学敏和王杰，2014)，地方政府也有了更大环境规制"操作"空间。李胜兰等(2014)发现地方政府在环境规制的制定和实施过程中表现出"触底竞争"特征，愿意以生态环境为代价换取短期利益。此外，在财政压力下，地方政府调控工具有限，而放松环境管制是其中财政成本相对较低的手段之一。因此理论上，工业发展对工业污染的影响机制包括两方面：一方面，不断扩大的工业规模必然带来相应数量的工业污染产物，这直接提高了当地污染水平，另一方面，在繁荣本地工业企业过程中，通过降低环境规制以引进污染密集型企业，使相同的工业产值中附加了更多的污染物。两者分别从总量和强度上影响着一个地区的污染水平。因此，本章提出第三个理论假说：

假说 3　地方政府可以通过降低环境规制以尽可能地扩大本地税基，这进一步恶化了环境质量。

在以政府为主导的工业发展模式中，新增企业的企业性质是体现政府应对行为的另一重要内容，也是未来环境治理政策的重要着力点。侯青川等(2015)认为，地方政府更容易在资源配置中向国有企业倾斜以实现经济增长，因此相对于非国有企业，在国民经济中扮演重要角色的国有企业实现规模增长更具有可行性。地方政府优先发展国有企业，不仅可以直接提高地方经济和税收规模，且企业利润也能够直接形成政府部门收益。这一现象在地方政府存在财政收入下降预期时更是如此。曹春方等(2014)发现地方财政压力越大，国有企业过度投资越严重，这是由于国有企业的发展不仅能够增加税基和补贴公共开支，还会积极参与地方公共品提供，进一步减少政府相关财政支出。这一结论得到了赵文哲和杨继东(2015)的支持，他们发现地方政府的财政缺口增加时，会以比较低廉的价格向国有企业增加出让土地，这是由于国有企业在稳定地区经济增长和财政收入方面具有重要作用，且相对紧密的政治关系也使国有企业愿意配合地方政府的经济决策。同时，地方政府在引入外资过程中需要大量的税收优惠，使得外商投资在短时间内难以形成一定规模的财政收入。因此，本章的第四个假说是：

假说 4　地方政府更倾向于通过支持国有企业发展来促进本地区的工业增长。

三　研究策略及数据说明

(一)基本回归策略

根据以上假说，本章主要工作是估计增值税分成减少对地方工业污染的影响，这类似于政策冲击分析。因此，被解释变量为污染水平，而核心解释变量应选择增值税分成变化程度，以检验由分成变化引起的财力冲击对工业污染的直接影响。这里的分成变化程度应反映出这种财力冲击强度。因此，最终回归估计式可写成如下固定效应面板模型：

$$y_{it}=\theta_1 \times dvat_{it}+X_{it}\beta+\delta_i+\mu_t+\varepsilon_{it} \tag{7-1}$$

式中，y_{it} 为 i 地区在 t 年度的污染水平，为简便和不失代表性，本章选择了工业废水排放水平衡量地市工业污染，这是因为水是工业生产过程中必不可少的要素投入，废水排放量能够基本反映地区工业污染水平。我们选择了人均工业废水排放量的对数值(ln*water*)为被解释变量。*vat* 为地市政府的增值税分成比例，*dvat* 为增值税分成变化程度，$dvat_{it}=\dfrac{vat_{it-1}-vat_{it}}{vat_{it-1}}$，当增值税分成比例未发生变化时，$dvat=0$；当增值税分成减

少时，$dvat>0$，且分成减少程度越高，$dvat$ 越大；当增值税分成增加时，有 $dvat<0$。X 为控制变量集：第一，加入当期、滞后 1 期和滞后 2 期营业税分成变化程度 $dbust$、$L.dbust$、$L2.dbust$ 控制营业税税收分成变化对工业污染的可能影响[①]；第二，加入人均实际 GDP 对数值($\ln pgdp$)、第二产业产值比重($srate$)、第三产业产值比重($trate$)、人口密度对数值($\ln den$)、城市化率($rcity$＝非农业人口/总人口)及其平方项($rcity^2$)以控制住经济发展水平和人口规模的影响；第三，加入财政自给率($finance$＝一般预算收入/一般预算支出)表示地方财政能力水平，控制住地区基本财力状况对产业结构及污染的可能影响；第四，加入受教育水平(edu＝高等学校在校生数/人口数×100%)及其平方项(edu^2)以及科学技术支出对数值($\ln sciexp$)控制地区科学技术水平对污染排放的影响程度。δ_i 为地市固定效应，μ_t 为年份固定效应，ε_{it} 为误差项。

根据假说 1，增值税分成的降低使地方政府投入更多努力以发展工业经济，地区的污染水平将有所提高，因此预期 $\theta_1>0$。考虑地方政府应对财政体制变化、工业发展规模扩大以及污染出现均存在一定的时滞性，因此本章也观察了滞后 1 期($L.dvat$)、滞后 2 期($L2.dvat$)以及各期混合回归时增值税税收分成变化对工业废水排放的影响。

(二)数据说明

本章的关键解释变量为地市增值税分成变化，且使用了营业税分成变化变量作为控制变量。由于 2012 年中国开始试点营业税改增值税改革，为减少这一改革及其预期对各地工业发展的影响，我们搜集了各省市 1994—2011 年省财政体制中关于省与地市的增值税和营业税的划分办法，其数据来源于《中国省以下财政体制 2006》、各省年鉴或财政年鉴中关于财政体制改革的介绍与文件资料以及网络搜索，同时也向个别省份财政厅依申请公开相关财政体制改革文件。不同资料来源共同辅证，确保数据的完整和准确。本章税收分成指标与吕冰洋等(2016)计算的基本一致，但本章认为以财政体制政策文件得到的税收分成指标能够相对更为干净地排除非财政体制变迁导致的分成变化。

在使用税收分成数据时，需要说明以下几点：第一，本章去除了 4 个直辖市和 5 个计划单列市的样本数据，这是因为直辖市和计划单列市行政级别高于一般地级市，直接与中央政府进行税收划分，不与省级财政进行税收分享；第二，我们无法搜集到青海省以及西藏自治区 1994 年的财政体制改革资料，无法确定在 2003 年青海省和 2004 年西藏增值税分成变化状况，因此两样本进行缺省处理；第三，由于 1994 年后各地能够自主选择符合当地情况的财政制度(杨志勇，2008)，因此在 1994—2011 年，有些省没有改革省与地市的税收分成办法，有些省在不同年份不同程度地改变了税收划分办法，这确保了本章回归中的关键变量存在足够差异；第四，绝大部分省体制改革主要是提高省级财政税收分享比例，降低地市财政的税收分成比例，因此本章分析了地市税收分成降低也即税权

---

① 由于营业税分成改革往往伴随增值税分成改革，极可能对地方政府行为产生影响从而影响到工业污染水平，故加入该变量进行控制。

上收引起的污染效应，分析中去除了税收分成增加的样本，这包括 2002 年福建省以及 2007 年吉林省样本。

被解释变量地市工业废水排放和经济人口类控制变量数据均来自 CEIC 数据库。由于污染类数据始于 2003 年，因此最终回归样本确定为 2003—2011 年各地级市面板数据。另外，省级财政减少地级增值税分成比例时，可能相应增加转移支付规模，这会减弱增值税分成降低与财政压力的关联度。为此，本章也考察了税收分成变化与地市转移支付之间的关联，该数据来源于各年《中国地市县财政统计资料》。由于该数据截止于 2007 年，因此地市转移支付变量为 2003—2007 年地市样本数据。

最后，在污染形成路径分析中，本章根据 2003—2009 年中国工业企业数据库中微观企业数据，对地市层面的新增工业企业、新增污染密集型工业企业、增值税税收、新增国有企业及外企数量等进行了汇总，最终匹配获得本章的最终样本数据。各变量的描述性统计见表 7-1。

表 7-1　主要变量的描述性统计

变量名	均值	标准差	最小值	最大值
人均工业废水排放的对数值(ln*water*)	0.244	0.952	−3.469	3.345
增值税税收分成变化(*dvat*)	0.009	0.055	0	0.7
营业税税收分成变化(*dbust*)	0.011	0.056	0	0.4
增值税税收分成(*vat*)	0.198	0.050	0.063	0.25
营业税税收分成(*bust*)	0.807	0.183	0.25	1
人均实际 GDP 的对数值(ln*pgdp*)	0.367	0.717	−1.666	3.093
第二产业比重(*srate*)	48.573	11.631	8.991	90.971
第三产业比重(*trate*)	35.428	7.874	8.528	70.684
人口密度的对数值(ln*den*)	−1.238	0.921	−5.360	1.207
城市化率(*rcity*)	0.340	0.173	0.068	1.000
财政自给率(*finance*)	0.479	0.223	0.046	1.256
受教育水平(*edu*)	1.283	1.803	0.008	12.545
科学技术支出对数值(ln*sciexp*)	3.645	1.738	−1.079	9.977
转移支付总量对数值(ln*tran*)	11.874	0.750	8.970	14.825
财政收入对数值(ln*rev*)	8.022	1.205	4.807	12.745
人均生活垃圾清运量对数值(ln*waste*)	−2.156	0.513	−3.124	−0.642
新增企业数量(*num*)	33.563	53.670	1	870
新增污染密集型企业数量(*pnum*)	8.270	12.133	0	115
工业企业增值税规模对数值(ln*vatax*)	10.526	3.140	3.296	19.795
新增国有企业数量(*nsoe*)	6.740	9.746	0	111
新增外企数量(*nforeign*)	3.750	10.530	0	189

四　基本结果及稳健性检验

本部分报告了根据模型(7-1)得到的回归结果。在基准模型回归中,考虑到税收分成变化对地市污染效应产生会有一定的时间滞后性,我们分别考虑了当期、滞后 1 期和滞后 2 期效应。在回归结果之后,本章也进行了相关稳健性检验。

(一)基准回归结果

利用工业废水排放量作为被解释变量得到的回归结果见表 7-2,其中(1)至(4)列被解释变量为人均工业废水排放量对数值,(5)至(8)列被解释变量为每单位工业产值的工业废水排放量对数值,对应各列分别为当期、滞后 1 期、滞后 2 期和混合各期税收分成变化的污染效应。

从表 7-2(1)至(4)列可看出,对应于滞后 2 期的增值税分成效应,滞后 2 期的增值税分成降低显著提高了人均工业废水排放,这表明当地市增值税分成降低时,地市工业污染将显著提升。从表 7-2(5)至(8)列可看出,滞后 2 期的增值税分成减少显著提高了单位工业产值的废水排放量,这说明地方政府为发展工业扩大税基,可能选择一些污染密集型的企业进入,使相同的工业产值中附加了更多的工业污染,这将在第五部分进一步讨论。

此外,从控制变量的回归系数可以看出:第一,滞后 2 期的营业税税收分成降低减少了地方工业污染水平,这意味着当营业税税收分成降低时,地方政府为稳定地方营业税收而可能侧重于发展第三产业,如房地产、建筑行业等,经济结构向第三产业偏重使地方工业污染水平有所降低,这一结果与增值税分成变化逻辑相同,即税收分成的降低均使地方政府扩大其对应税基;第二,人均 GDP 显著促进了人均工业废水排放,而降低了每单位工业废水排放,这表明经济发展较发达的地区,其污染程度更重,但经济发展的污染代价较低;第三,人口密度和财政自给率对地区污染的影响不显著,且地区受教育程度显著降低了地方的人均污染水平,但无法显著影响每单位工业产值的污染状况,而科学技术支出的作用不明显;第四,城市化率对工业污染的影响呈现出“U”形曲线,一定区间内城市化率越高时,工业污染越重,当超过一定阈值后,城市化率越高,工业污染水平越低;第五,第二、三产业比重越大,地方的工业污染水平越高,但第二产业比重对单位产值的工业污染具有负向作用,即当第二产业形成一定规模后,其资源利用率更高,使单位产值污染减少,这与人均 GDP 的效应相类似。

根据表 7-2 可以认为,在当前的经济状况和财政体制背景下,地市政府为应对增值税分成降低将大力发展增值税对应税基,扩大工业规模,这不仅显著提高了人均污染水平,也显著增加了单位工业产值的污染量。这一结论验证了假说 1 的成立,也证实了财政压力的激励效应,即财政压力将改变地方政府的行为,并最终反映在经济发展规模和模式上①。

---

① 我们也观察了各期税收分成变化对人均工业废水增加值和人均每单位工业产值废水增加值的影响,结果与表 7-2 一致,出于篇幅考虑未报告。

表 7-2　税收分成变化对工业废水排放的回归结果

	ln*water* (1)	ln*water* (2)	ln*water* (3)	ln*water* (4)	ln*pwater* (5)	ln*pwater* (6)	ln*pwater* (7)	ln*pwater* (8)
dvat	0.257			0.323	0.232			0.283
	(0.224)			(0.245)	(0.267)			(0.290)
L.dvat		−0.034		0.077		−0.031		0.058
		(0.187)		(0.203)		(0.207)		(0.229)
L2.dvat			0.455***	0.488***			0.352**	0.379**
			(0.124)	(0.136)			(0.141)	(0.157)
dbust	−0.229	−0.029	−0.025	−0.276	−0.438*	−0.257	−0.254	−0.474*
	(0.233)	(0.149)	(0.149)	(0.244)	(0.262)	(0.164)	(0.164)	(0.275)
L.dbust	−0.139	−0.115	−0.140	−0.199	−0.266*	−0.244	−0.268*	−0.311
	(0.126)	(0.191)	(0.125)	(0.199)	(0.139)	(0.206)	(0.138)	(0.218)
L2.dbust	0.018	0.018	−0.369**	−0.395**	−0.019	−0.019	−0.318*	−0.340*
	(0.129)	(0.129)	(0.169)	(0.174)	(0.141)	(0.141)	(0.187)	(0.194)
lnpgdp	0.354***	0.361***	0.355***	0.345***	−0.360**	−0.354**	−0.359**	−0.367***
	(0.127)	(0.127)	(0.127)	(0.127)	(0.139)	(0.140)	(0.140)	(0.139)
ln*den*	−0.126	−0.123	−0.114	−0.118	0.295	0.298	0.305	0.301
	(0.277)	(0.277)	(0.277)	(0.278)	(0.288)	(0.288)	(0.287)	(0.288)
finance	−0.072	−0.085	−0.079	−0.061	−0.194	−0.206	−0.200	−0.185
	(0.134)	(0.133)	(0.134)	(0.135)	(0.136)	(0.136)	(0.137)	(0.136)
edu	−0.132**	−0.134**	−0.134**	−0.131**	−0.079	−0.081	−0.080	−0.078
	(0.067)	(0.067)	(0.067)	(0.067)	(0.066)	(0.066)	(0.066)	(0.066)
edu^2	0.007	0.007	0.007	0.007	0.007	0.007	0.007	0.006
	(0.005)	(0.005)	(0.005)	(0.005)	(0.005)	(0.005)	(0.005)	(0.005)
rcity	1.993**	2.044**	2.016**	1.946**	1.232	1.277	1.255	1.195
	(0.858)	(0.860)	(0.852)	(0.844)	(0.871)	(0.878)	(0.867)	(0.865)
$rcity^2$	−1.740**	−1.779**	−1.760**	−1.707**	−1.091	−1.126	−1.110	−1.065
	(0.817)	(0.816)	(0.812)	(0.812)	(0.794)	(0.797)	(0.791)	(0.792)
srate	0.011**	0.011**	0.011**	0.011**	−0.018***	−0.018***	−0.018***	−0.018***
	(0.004)	(0.004)	(0.004)	(0.004)	(0.004)	(0.004)	(0.004)	(0.004)
trate	0.012**	0.012**	0.011**	0.011**	0.006	0.006	0.006	0.006
	(0.006)	(0.006)	(0.006)	(0.006)	(0.006)	(0.006)	(0.006)	(0.006)
ln*sciexp*	0.010	0.011	0.010	0.009	0.021	0.021	0.021	0.020
	(0.027)	(0.027)	(0.027)	(0.027)	(0.026)	(0.026)	(0.026)	(0.026)

续表

	ln*water* (1)	ln*water* (2)	ln*water* (3)	ln*water* (4)	ln*pwater* (5)	ln*pwater* (6)	ln*pwater* (7)	ln*pwater* (8)
时间固定效应	是	是	是	是	是	是	是	是
地区固定效应	是	是	是	是	是	是	是	是
R^2	0.069	0.069	0.072	0.072	0.790	0.790	0.790	0.791
样本数	2068	2068	2068	2068	2062	2062	2062	2062

说明：括号内为地市的聚类稳健标准误，*、**及***分别表示t统计量在10%、5%及1%的水平上显著。下表同。

(二)稳健性检验

为减轻本章分析过程中的内生性干扰，本部分从以下几点进行稳健性检验，这主要包括各省税收分成的外生性决定、与经济发展的关联度、税收分成变化变量的设定、转移支付等方面。

1.税收分成变化的内生决定

考虑到地市政府在税收划分办法确定过程中可能具有与省级政府讨价还价的能力，这将使得地区污染水平与税收分成之间存在内生性可能。为了观察增值税分成变化是否受到其他经济或污染因素的反向决定，本章采用模型(7-2)进行回归：

$$dvat_{it}=\gamma_1\times y_{it-1}+X\beta+\delta_i+\mu_t+\varepsilon_{it} \tag{7-2}$$

式中，y_{it-1}为上一年度工业污染水平，当地市上年度的污染程度能够影响本年度$dvat$时，那么γ_1将显著异于0；X为模型(1)中的控制变量集；δ_i为地市固定效应；μ_t为年份固定效应；ε_{it}为误差项。利用(7-2)式的回归结果见表7-3(1)和(2)列。此外，省级政府也有可能基于各地市工业产值或经济发展水平来调整增值税税收分成，因此我们分别利用上年度的人均工业产值对数值(*L*.ln*ind*)以及人均经济发展水平对数值(*L*.ln*pgdp*)作为关键变量，对增值税分成变化回归，结果见表7-3(3)和(4)列。从表7-3(1)、(3)和(4)列可看出，上一年度地区污染水平并没有显著影响本年度的增值税分成变化，表7-3第(2)列滞后1期单位工业产值污染量对增值税分成变化的影响在5%水平上显著为负，表明增值税分成减少的污染效应可能被低估了，反而加强了本章的结论。实际上，这也符合财政改革实践，一个省份的财政体制改革，更多的是受到各级政府尤其是省级政府的财力影响，而不易受到地市一级的工业污染水平或工业规模等因素影响，这可以减弱增值税分成变化内生决定的干扰。

2.安慰剂效应

本章探讨了增值税分成减少对工业污染的实证效应，其中的一个担忧在于增值税分成和工业污染均受到经济发展的影响，尽管我们在分析过程中控制了经济发展变量，但仍然无法彻底解决这方面的困扰。为此，本章选择了省级层面的人均生活垃圾清运量作为被解释变量(ln*waste*)进行安慰剂效应检验，其逻辑在于：垃圾清运量反映了一个地区的生活污染水平，该变量与经济发展密切相关，但与地方工业发展没有直接联系，当本章的工业污染效应来自于经济自身发展而非增值税分成变化时，可以观察到增值税分成变化对生活污染的正向作用。使用模型(1)的回归结果见表 7-3(5)列，可以看出增值税分成减少并没有显著提高生活污染水平，说明税权上收带来的污染效应不是来自非工业发展的其他经济因素。

3.测量误差

本章设定的 *dvat* 变量为税收分成降低变化率，为了验证结论对不同 *dvat* 设定方式的稳健度，我们构建 *dvat* 虚拟变量：当地方在 t 年度的增值税分成相对于 $t-1$ 年度减少时，有 $dvat=1$；当税收分成没有变化时，则 $dvat=0$。利用模型(7-1)采用这一变量的回归结果见表 7-3(6)列。可以看出，增值税分成的减少仍显著提高了地方污染水平。

同时，由于工业污染中不仅包括水污染，还包含粉尘、工业二氧化硫污染等，为了观察其他工业污染物的影响，本章采用了取对数的人均工业二氧化硫排放量(ln*so*)和人均工业粉尘排放量(ln*smoke*)为被解释变量，回归结果见表 7-3(7)和(8)列。可以看出，工业二氧化硫的滞后 2 期系数 t 值大于 1，存在一定的显著性；而工业粉尘排放当期系数显著为正。这表明，增值税分成的减少整体上对工业污染的排放具有一定的促进作用[①]。

表 7-3 税收分成变化的内生性与安慰剂效应检验

	dvat (1)	*dvat* (2)	*dvat* (3)	*dvat* (4)	ln*waste* (5)	ln*water* (6)	ln*so* (7)	ln*smoke* (8)
L.ln*water*	−0.007 (0.004)							
L.ln*pwater*		−0.008** (0.004)						
L.ln*ind*			0.006 (0.004)					
L.ln*pgdp*				0.016 (0.011)				
dvat					−0.384 (0.290)	0.113 (0.084)		1.202** (0.548)
L.*dvat*					−0.554** (0.207)	0.150** (0.072)		

① 根据环境污染实践，由于“水在工业上主要用于洗涤产品、冷却设备、产生蒸汽、输送废物、稀释生产原料等方面，几乎没有一种工业能够离开水”，而大气污染与“工业生产过程排放的污染物的组成与工业的生产性质密切相关”(陈庆峰和付英，2015)，因此本章选择以工业水污染排放作为主要的观察对象。

续表

	dvat	*dvat*	*dvat*	*dvat*	ln*waste*	ln*water*	ln*so*	ln*smoke*
	(1)	(2)	(3)	(4)	(5)	(6)	(7)	(8)
L2.dvat					−0.582*	0.267***	0.163	
					(0.287)	(0.053)	(0.116)	
R^2	0.046	0.043	0.037	0.043	0.391	0.082	0.119	0.605
样本数	1921	1936	1929	1934	314	2108	2064	2020

说明：为简便，(7)和(8)列均只报告了基本显著的结果；各表均加入了控制变量、时间和地区固定效应。

4.转移支付因素

财政压力是增值税分成污染效应的关键路径。然而，省级政府减少地市增值税分成比例时，可能加大对地市政府的转移支付规模，这将大大减缓地市政府的财政压力，导致增值税分成减少与财政压力的“脱节”。为建立增值税分成减少与财政压力之间的直接关联，此处进行了四方面的努力：第一，观察税收分成变化对地市转移支付的影响。为此，我们以地市转移支付总量对数值(ln*tran*)为被解释变量进行回归。同时，为了观察税收分成减少对转移支付结构的影响，我们以一般性转移支付(*gtp*)、专项转移支付(*spe*)和税收返还收入(*ret*)这三类转移支付对数值作为被解释变量，观察税收分成的具体效应。回归结果见表 7-4(1)至(4)列。第二，在模型(1)中加入这几类控制变量进行回归，判断转移支付变量是否会影响本章的结论，回归结果见表 7-4(5)列。第三，观察转移支付与各期税收分成变化的交叉项(ln*tran* · *dvat*)，这不仅能够控制转移支付的影响，减弱了税收分成对转移支付的影响，且能够根据交叉项判断增值税分成调整的效应，回归结果见表 7-4(6)列。第四，为进一步建立增值税分成减少与财政压力的关联，观察分成变化对财政自给率(*finance*)及财政收入对数值(ln*rev*)的影响，从当期系数判断分成骤降对财政压力的影响，结果见表 7-4(7)和(8)列。

表 7-4　增值税分成变化与转移支付、财政压力的关系

	ln*tran*	ln*gtp*	ln*spe*	ln*ret*	ln*water*	ln*water*	*finance*	ln*rev*
	(1)	(2)	(3)	(4)	(5)	(6)	(7)	(8)
dvat	0.205	−2.820***	1.848***	0.233***	0.105		−28.170***	−0.404***
	(0.147)	(0.750)	(0.653)	(0.059)	(0.208)		(6.621)	(0.133)
L.dvat	0.091	−2.316***	0.696	0.346***	−0.120		/	/
	(0.125)	(0.704)	(0.631)	(0.071)	(0.201)			
L2.dvat	−0.057	−1.053	−0.103	0.035	0.241**		/	/
	(0.084)	(0.923)	(0.622)	(0.049)	(0.094)			

续表

	ln*tran*	ln*gtp*	ln*spe*	ln*ret*	ln*water*	ln*water*	*finance*	ln*rev*
	(1)	(2)	(3)	(4)	(5)	(6)	(7)	(8)
ln*tran* · *dvat*						0.010		
						(0.018)		
ln*tran* · *L.dvat*						−0.011		
						(0.017)		
ln*tran* · *L2.dvat*						0.021***		
						(0.008)		
控制变量	是	是	是	是	是	是	是	是
时间固定效应	是	是	是	是	是	是	是	是
地区固定效应	是	是	是	是	是	是	是	是
R^2	0.837	0.615	0.324	0.309	0.070	0.070	0.170	0.952
样本数	1162	1162	1162	1164	1159	1159	2081	2081

说明：第(5)列为加入了转移支付规模总量作为控制变量的回归结果；我们分别加入了一般性转移支付、专项转移支付和税收返还变量作为控制变量，其结果一致，为简便未列出。

从表 7-4 可知，在增值税分成减少之后地市政府确实接收到更多的专项转移支付和税收返还收入，但一般性转移支付明显下降，导致最终地市转移支付总量并没有发生明显的变化。究其原因，本章认为在财权向上级政府靠拢的改革环境下，省级政府尽管给予地市政府一定的税收返还和专项补助，但缩减了一般性转移支付以稳定省级财政，导致最终地市的转移支付总量没有发生明显变化。同时，在控制住各类转移支付变量的回归结果中，滞后 2 期的增值税分成变化系数仍然显著为正。此外，利用交叉项回归结果表明，当转移支付规模一定时，增值税分成减少越多，其滞后 2 期的污染效应越强，这与基准回归结果保持一致。结合表 7-4(1)至(6)列可以看出，即使考虑转移支付的存在，增值税分成变化仍然具有明显的污染效应。最后，我们发现增值税分成的骤降明显地减少了地方财政收入和财政自给率，说明增值税分成变化所引起的财政压力效应确实存在，且不受转移支付的影响。

五　机制分析

第四部分回归结果表明，地方政府为确保足够的增值税收入增长不得不发展工业以致污染水平的提升。然而，增值税分成减少的污染效应是否确实来自工业企业规模的发展，这一途径的成立需要直接微观证据支持。在此，我们进一步分析税收分成变化对工

业污染形成的机制途径，以探析地方政府应对财政压力的具体行为策略。这主要包括发展模式、污染形成模式和企业形式三个角度。

（一）污染形成——工业发展：已有企业还是招商引资

前文分析指出，地方工业规模的扩大包括政府采取多种方式积极地促进本地企业规模扩大及加大本地招商引资力度，促进新企业的落成两个路径。为验证以上两个路径，本部分利用中国工业企业数据库在地市层面汇总匹配，以考察地市增值税分成变化的工业规模效应。

具体来看，一方面，利用人均非新增①企业产值对数值（ln*nvpd*）为被解释变量，观察增值税分成变化对已有企业工业规模影响。当政府支持已有企业发展时，最直接的反应是在这些企业的产值上。另一方面，考察增值税分成变化对地市新增企业数量（ln*num*）的影响。当政府积极招商引资时，我们可以观察到本地新企业数量的增多。表 7-5 报告了工业规模发展的回归结果。

根据表 7-5 可以发现，增值税分成减少对非新增工业企业产值的影响不明显，却显著提高了地方新增工业企业数量。这为地区工业污染水平的提高提供了直接微观证据，即地区工业污染增加来自新企业的进入，而非已有企业规模的扩大。这验证了假说 2 的成立。

表 7-5　增值税分成减少的工业规模效应

	ln*nvpd*	ln*nvpd*	ln*nvpd*	ln*nvpd*	ln*num*	ln*num*	ln*num*	ln*num*
	(1)	(2)	(3)	(4)	(5)	(6)	(7)	(8)
dvat	0.180			0.239	−0.799			−0.456
	(0.291)			(0.308)	(0.662)			(0.683)
L.dvat		0.226		0.237		1.147**		1.277**
		(0.276)		(0.279)		(0.462)		(0.502)
L2.dvat			0.142	0.180			0.559	0.815**
			(0.189)	(0.202)			(0.339)	(0.370)
控制变量	是	是	是	是	是	是	是	是
时间固定效应	是	是	是	是	是	是	是	是
地区固定效应	是	是	是	是	是	是	是	是
R^2	0.688	0.688	0.688	0.688	0.183	0.186	0.183	0.188
样本数	1424	1424	1424	1424	1543	1543	1543	1543

① 非新增企业为工业企业数据库中注册年份不是当年的企业，而下文中新增企业是注册年份为当年的企业。

(二)污染方式——招商引资过程:降低环境规制还是其他

在工业发展过程中,除了规模扩大带来的直接污染效应,不同的发展方式也可能造成不同程度影响。这主要指的是地方可能通过软化环境规制降低污染企业进入门槛,该类方式可能进一步恶化地方环境质量。为此,此处主要验证税收分成变化对新增污染类企业数量的影响,以观察在招商引资过程中,新增污染密集型企业数量($\ln pnum$)是否有所提高。为确定企业是否为污染类企业,本章借鉴陆旸(2009)对污染密集型行业的总结和划分,主要包括了工业化学、纸和纸浆、非金属矿物、钢和铁以及非铁金属这五大行业,对应于中国工业企业数据库中的行业分别为化学原料及化学制品制造业、造纸及纸制品、非金属矿物制造业、黑色金属冶炼及压延加工业以及有色金属冶炼及压延加工业这五大行业。这一划分类型与黄珺和周春娜(2012)相似且更精炼,也与环保部《关于当前经济形势下做好环境影响评价审批工作的通知》中污染较重行业基本一致。进一步地,为观察降低环境规制是否为地方政府招商引资的主要方式,本章还考察了分成变化对新增企业中污染类企业占比($prate$)的影响。回归结果如表 7-6 所示。

表 7-6 增值税税收分成减少对污染企业的实证效应

	$\ln pnum$ (1)	$\ln pnum$ (2)	$\ln pnum$ (3)	$\ln pnum$ (4)	$prate$ (5)	$prate$ (6)	$prate$ (7)	$prate$ (8)
$dvat$	−0.956 (0.972)			−0.438 (1.012)	7.224 (21.427)			6.44 (20.73)
$L.dvat$		1.712*** (0.400)		1.844*** (0.451)		8.678 (12.601)		5.42 (12.12)
$L2.dvat$			0.424 (0.413)	0.788* (0.465)			−20.279* (11.964)	−18.93 (12.24)
控制变量	是	是	是	是	是	是	是	是
时间固定效应	是	是	是	是	是	是	是	是
地区固定效应	是	是	是	是	是	是	是	是
R^2	0.110	0.119	0.110	0.121	0.037	0.037	0.039	0.039
样本数	1405	1405	1405	1405	1543	1543	1543	1543

表 7-6(1)至(4)列的数据显示,增值税分成减少显著地提高污染密集型企业数量,这表明地方政府确实通过降低环境规制来扩大当地的增值税税基。工业污染的加剧不仅与工业企业规模扩大有关,还与污染密集型企业的进入有关,后者加剧了工业企业的污染程度,这验证了假说 3 的成立。而表 7-6(5)至(8)列的结果表明,降低环境规制只是其中一个而非主要手段,地方政府并没有唯一地依赖这一办法扩大税基。

(三)污染效益——税收效果

以上分析结果表明,财政压力显著提高了地方工业规模和污染水平。一个有待验证的问题是,工业规模的扩大能否促进增值税收入的显著提升?这是地方政府行为动机的根本目的,也是本章逻辑成立的基础条件。为此,我们利用工业企业数据库中各企业增值税地市汇总数据,观察了地市增值税分成变化对工业企业增值税税收规模($\ln vatax$)的影响,结果见表 7-7。

表 7-7 工业发展形成的增值税效益

	工业企业		污染密集型		非污染密集型	
	$\ln vatax$(1)	$\ln vatax$(2)	$\ln vatax$(3)	$\ln vatax$(4)	$\ln vatax$(5)	$\ln vatax$(6)
$dvat$		−1.274		0.730		−0.805
		(1.373)		(2.100)		(1.386)
$L.dvat$		−0.252		0.646		−0.167
		(0.596)		(0.455)		(0.591)
$L2.dvat$	1.118***	1.105***	0.475	0.509	1.020***	1.012**
	(0.378)	(0.387)	(0.302)	(0.309)	(0.389)	(0.398)
控制变量	是	是	是	是	是	是
时间固定效应	是	是	是	是	是	是
地区固定效应	是	是	是	是	是	是
R^2	0.938	0.938	0.652	0.652	0.931	0.931
样本数	1650	1650	1210	1210	1650	1650

说明:为简便,单独回归时当期和滞后 1 期的增值税分成效应均不显著,故没有列出。(1)、(2)列被解释变量为根据所有工业企业样本汇总的增值税收入总量的对数值,(3)、(4)列被解释变量为根据污染密集型工业企业样本汇总的增值税收入总量的对数值,(5)、(6)列被解释变量为根据非污染密集型工业企业样本汇总的增值税收入总量的对数值。

从表 7-7 可以看出,与工业污染水平和新增工业企业增加对应,滞后 2 期增值税分成变化显著地提高了工业企业的增值税规模。当进一步观察污染密集型企业和非污染密集型企业的税收效益时,可以发现非污染密集型工业企业的税收收益有显著的提高,而污染密集型企业的税收收益也有所提高,但显著水平不高,这仍与表 7-6(5)至(8)列的结果相一致。总体上,工业企业增值税规模在增值税分成变化的滞后 2 期有了显著提高,这与新增工业企业数量的具体效应一致,证实了工业规模对地区增值税收益的直接作用,也是地方政府通过降低环境规制等方式积极招商引资的根本目的,即缓解地市增值税分成减少所带来的财政压力，而工业污染是这一过程的衍生品。

（四）工业实现路径：国有企业还是外企

探究工业企业形式路径是未来政策建议的着力点。本章按照工业企业引进性质将新增工业企业分为两大类：一类是地方政府积极发展国有企业，这是当前地方政府一种重要的经济发展模式；另一类是大力引进外资，这是改革开放以来地方政府发展经济的一条重要战略。为了验证地方工业发展的实现路径，本章在对新增工业企业和新增污染密集型企业的回归中分别加入新增国有企业数量和新增外企数量作为控制变量，观察加入控制变量后增值税分成变化对新增企业的影响，以判定企业发展的主要形式。结果见表 7-8（一）和（二）栏。

根据表 7-8（一）栏，可以发现在控制新增国有企业数量后，增值税分成变化对地方新增工业企业数量的滞后 2 期影响不再显著，且回归系数大小与表 7-5（5）至（8）列的结果相比显著降低。同时，根据第（一）栏第（5）至（8）列可以看出，滞后 1 期回归系数与表 7-6（1）至（4）列结果相比降低 40％左右，这表明地方政府对工业企业的支持主要通过国有企业的发展来实现，且其中较大一部分的新增污染工业企业属于国有企业。而从表 7-8 第（二）栏可以看出，在控制新增外企数量后，增值税分成减少对新增工业企业数量的影响仍然显著，且系数大小与表 7-5（5）至（8）列结果相差不大，这表明地方政府在面对增值税分成降低时，吸引外资企业投资并不是地方工业发展的主要路径。表 7-8 结果验证了假说 4 的成立，地方政府在面对增值税分成降低时，往往愿意通过国有企业，而非吸引外商投资来发展本地工业企业，这是地方政府面对税收减少风险时所选择的应对策略和直接的发展模式。

这一结论也可以从历年环保部印发的《国家重点监控企业名单》[①]中看出，国有企业在其中占相当大比重。本章认为，这不仅在于地方政府依靠国有企业来发展地区经济和税收，也在于国有企业能够积极配合地方政府的经济决策，这是因为国有企业相对更容易获得政府的支持，其在经济发展中具有较大的优势，包括工业用地、金融信贷等企业成长过程中极为稀缺的要素禀赋（方军雄，2007；赵文哲和杨继东，2015），相对安全的企业发展环境为国有企业税收及利润的实现提供了支撑。地方政府和国有企业的共同发展意愿，使得地方政府在应对突发财政压力时，更倾向于通过支持国有企业发展解决困难[②]。

---

① 2016 年名单来源：http://wanbentai.mep.gov.cn/gkml/hbb/bgt/201602/t20160204_329897.htm.

② 我们还利用了民营企业数量的对数值作为控制变量检验税收分成变化效应，该结果与外企结果相似，增值税分成变化效应并无明显变化。

表 7-8　工业实现路径:国有企业 vs. 外企

	lnnum	lnnum	lnnum	lnnum	lnpnum	lnpnum	lnpnum	lnpnum
	(1)	(2)	(3)	(4)	(5)	(6)	(7)	(8)
	(一)控制新增国有企业数量后的增值税分成变化效应							
dvat	−1.147**			−1.016*	−1.337			−1.045
	(0.570)			(0.590)	(0.903)			(0.937)
L.dvat		0.579		0.549		1.175***		1.158***
		(0.359)		(0.390)		(0.343)		(0.391)
L2.dvat			0.079	0.164			0.007	0.213
			(0.284)	(0.307)			(0.388)	(0.437)
	(二)控制新增外企数量后的增值税分成变化效应							
dvat	−0.997			−0.692	−1.070			−0.573
	(0.627)			(0.647)	(0.946)			(0.986)
L.dvat		0.997**		1.106**		1.645***		1.764***
		(0.445)		(0.486)		(0.400)		(0.451)
L2.dvat			0.568*	0.780**			0.420	0.762*
			(0.299)	(0.338)			(0.392)	(0.446)
	(三)国有企业与增值税分成变化的交叉项效应							
nsoerate×*dvat*	−0.002			−0.002	−0.003			−0.003
	(0.007)			(0.007)	(0.008)			(0.008)
nsoerate×*L.dvat*		−0.003		−0.002		−0.000		−0.000
		(0.005)		(0.005)		(0.005)		(0.005)
nsoerate×*L2.dvat*			−0.005	−0.005			−0.001	−0.001
			(0.003)	(0.003)			(0.003)	(0.003)

说明:各列均加入了控制变量、时间和地区固定效应;第(三)栏被解释变量为人均工业水污染排放量对数值,(1)至(4)列为新增工业企业中国有企业占比与各期税收分成交叉项(*nsoerate*・*dvat*)的结果,(5)至(8)列为新增污染密集型企业中国有企业占比与各期分成交叉项的结果,且各列仍包括增值税分成变化的当期、滞后1期和滞后2期各变量,其结果与表7-2一致,为简便未列出。

需要指出的是,相对其他企业,一般认为国有企业具有更大的社会责任(黄速建和余菁,2006),公众对国有企业环境规制的监督约束也可能更为严格,这类企业也更容易加强工业污染治理的投入力度和重视程度,使得新增的国有企业最终并未带来污染效应①。为此,我们在模型(1)中加入新增企业中的国有企业占比与税收分成的交叉项,以检验国

① 感谢匿名审稿人的建议。

有企业占比高的地区其污染效应是否更弱,交叉项显著为负意味着国有企业确实面临着更大的监督约束和环境规制。结果见表7-8第(三)栏。可以发现交叉项系数均不显著,这意味着国有企业并不具有更强的环境规制约束。实际上,有些地区的国有企业其行政级别要高于地方政府,地方政府难以约束到这类企业的环境治理行为,容易形成更强的污染水平[①]。

(五)形成路径的制约因素:中央环境规制

以上结果表明,通过降低环境规制等方式的招商引资活动显著提高了地区工业污染水平。但若工业污染水平被环境规制明确限制时,其应对分成降低的工业增长路径也会受到制约。为了考察这一因素的影响,本章选择最具典型性的中央环境规制——两控区[②]政策进行探讨。此时根据地市是否属于两控区进行分样本回归,结果见表7-9。

表7-9 是否两控区的分样本回归结果

	ln*water*	ln*water*	ln*num*	ln*num*	ln*pnum*	ln*pnum*
	(1)	(2)	(3)	(4)	(5)	(6)
dvat	0.122	0.679*	−1.488*	0.361	0.399	−1.136
	(0.359)	(0.385)	(0.860)	(0.993)	(1.215)	(1.512)
L.dvat	−0.143	0.485*	0.670	1.725**	1.156**	2.093***
	(0.295)	(0.284)	(0.672)	(0.789)	(0.552)	(0.725)
L2.dvat	0.394**	0.637***	0.492	1.155*	0.176	1.322**
	(0.155)	(0.228)	(0.471)	(0.594)	(0.728)	(0.525)
控制变量	是	是	是	是	是	是
时间固定效应	是	是	是	是	是	是
地区固定效应	是	是	是	是	是	是
R^2	0.034	0.127	0.153	0.235	0.100	0.180
样本数	1062	1006	811	732	765	640

说明:(1)、(3)、(5)列为两控区城市回归结果,(2)、(4)、(6)列为非两控区城市回归结果。

从表7-9(1)至(6)列数据可以看出,两控区城市在应对财政压力时,其工业规模发展效应更弱,这不仅表现在其新增企业数量明显少于非两控区城市,且其污染密集型企业数量的引入要远远低于非两控区。两控区工业发展路径的被限也使得最终税收分成的

① 比如山西某污染事件,具体见:http://news.sina.com.cn/o/2013−01−10/015925997567.shtml.

② 选择中央环境规制的原因在于这类规制存在着明确的数字目标任务,地方政府在决策过程中必须予以考虑。两控区指的是酸雨控制区和二氧化硫污染控制区,其划分依据来源于环保部1998年1月印发的《酸雨控制区和二氧化硫污染控制区划分方案》,其明确设定了两控区环境治理目标以及相关配套手段。

污染效应要明显弱于非两控区。这说明中央两控区政策有效地发挥着功效，也间接证明了本章税收分成的污染效应确实来自于工业规模的扩大，一旦这种工业发展条件被束缚，那么其污染效应将变得更弱。

六　结论、启示及政策建议

根据中国各省财政体制变革实践，在建立起增值税分成下降和地市财政压力的直接关联后，本章研究了增值税分成下降带来的财政压力对地方工业污染水平变化的影响。研究结果表明，地市增值税分成的减少显著促进了地方工业发展，进而带来了环境污染。在对工业发展路径分析中，本章发现地方政府更愿意通过招商引资增加新增企业而非扩大已有企业产值规模；污染水平的上升不仅来自于直接的工业规模扩大，也与地方降低环境规制吸引污染密集型企业进入有关；在发展模式和实现路径上，地方政府更倾向于依赖国有企业而非外资企业发展当地工业规模。这也得到了两控区和非两控区的分样本证据支持，当中央环境规制限制工业污染水平时，税收分成变化则表现出更弱的工业发展和污染效应。

本章的研究结论表明，目前地方政府行为仍极大地受财政压力所影响。快速增长的中国式环境污染正是在这一压力型财政激励下形成并加剧的：当财政收入存在下降预期时，地方政府将尽可能地确保税基的扩大，在这一过程中容易以牺牲环境质量为代价。这对当前及未来中国财政制度改革具有一定的启示：以“减税”为主基调的税收改革有利于经济的长远稳定发展，但在短期内可能增加地方财政压力，这容易刺激地方政府以经济为核心导向的发展意愿，而忽视如环境质量等其他公共产品的供给，形成资源的错配。中央政府需要及时关注地方政府的财政压力及其对地方政府行为和市场经济的深远影响，确保中国财税体制改革和市场化经济体制改革的顺利推进。

中国未来环境治理可以主要从以下两方面着手：一方面，重点从降低地方政府财政压力着手，如上级政府可以适当提高下级政府在共享税收中的分成比例，使基层政府更多地享受经济发展带来的税收增长。尤其应注意培养稳定的地方主体税种，降低地方财政压力预期，减少不利于环境质量的发展动机。除了增加收入，事权的合理划分也能够较大程度地减轻地方政府的支出压力，这种事权划分的主体不仅包括中央与地方，更应包括市场与政府。另一方面，应加大对地方政府行为模式的监督和管理，减弱其应对财政压力时选择的“非公共化”的行为活动，如可以适当通过政治晋升手段激励地方政府发展绿色 GDP 等，也应积极鼓励社会公众对政府活动的监督和约束，推动有利于市场经济健康发展的现代财政制度的建立。

本章参考文献

曹春方，马连福，沈小秀.财政压力、晋升压力、官员任期与地方国有企业过度投资[J].经济学(季刊)，2014，13(4)：1415-1436.

曹广忠，袁飞，陶然.土地财政、产业结构演变与税收超常规增长——中国“税收增长之谜”的一个分析视角[J].中国工业经济，2007(12)：13-21.

陈抗，ARYE L H，顾清扬.财政集权与地方政府行为变化——从援助之手到攫取之手[J].经济学(季刊)，2002，2(1)：111-130.

陈志勇，陈莉莉.财税体制变迁、“土地财政”与经济增长[J].财贸经济，2011(12)：24-36.

陈庆峰，付英.环境污染与健康[M].北京：化学工业出版社，2015.

方红生，张军.攫取之手、援助之手与中国税收超 GDP 增长[J].经济研究，2013(3)：108-121.

方红生，张军.财政集权的激励效应再评估：攫取之手还是援助之手？[J].管理世界，2014(2)：21-31.

方军雄.所有制、制度环境与信贷资金配置[J].经济研究，2007(12)：82-92.

付文林，耿强.税收竞争、经济集聚与地区投资行为[J].经济学(季刊)，2011，10(4)：1329-1348.

黄珺，周春娜.股权结构、管理层行为对环境信息披露影响的实证研究——来自沪市重污染行业的经验证据[J].中国软科学，2012(1)：133-143.

侯青川，靳庆鲁，陈明端.经济发展、政府偏袒与公司发展——基于政府代理问题与公司代理问题的分析[J].经济研究，2015(1)：142-154.

黄速建，余菁.国有企业的性质、目标与社会责任[J].中国工业经济，2006(2)：70-78.

李胜兰，初善冰，申晨.地方政府竞争、环境规制与区域生态效率[J].世界经济，2014(4)：90-112.

刘建民，王蓓，陈霞.财政分权对环境污染的非线性效应研究——基于中国 272 个地级市面板数据的 PSTR 模型分析[J].经济学动态，2015(3)：82-89.

吕冰洋，马光荣，毛捷.分税与税率：从政府到企业[J].经济研究，2016(7)：13-28.

马光荣，李力行.政府规模、地方治理与企业逃税[J].世界经济，2012(6)：96-114.

孙学敏，王杰.环境规制对中国有企业业规模分布的影响[J].中国工业经济，2014(12)：44-56.

陆旸.环境规制影响了污染密集型商品的贸易比较优势吗？[J].经济研究，2009(4)：30-42.

汤玉刚，苑程浩.不完全税权、政府竞争与税收增长[J].经济学(季刊)，2010，10(1)：33-50.

陶然，陆曦，苏福兵，等.地区竞争格局演变下的中国转轨：财政激励和发展模式反思[J].经济研究，2009(7)：22-34.

陶然，苏福兵，陆曦，等.经济增长能够带来晋升吗？——对晋升锦标竞赛理论的逻辑挑战与省级实证重估[J].管理世界，2010(12)：13-26.

杨志勇.中国 30 年财政改革之谜与未来改革之难[J].财贸经济，2008(12)：45-48，142.

俞雅乖.我国财政分权与环境质量的关系及其地区特性分析[J].经济学家，2013(9)：60-67.

袁飞，陶然，徐志刚，等.财政集权过程中的转移支付和财政供养人口规模膨胀[J].经济研究，2008(5)：72-81.

赵文哲，杨继东.地方政府财政缺口与土地出让方式——基于地方政府与国有企业互利行为的解释[J].管理世界，2015(4)：11-24.

张克中，王娟，崔小勇.财政分权与环境污染：碳排放的视角[J].中国工业经济，2011(10)：65-75.

张军，高远，傅勇，等.中国为什么拥有了良好的基础设施？[J].经济研究，2007(3)：4-19.

张馨.论第三财政[J].财政研究，2012(8)：2-6.

张晏，龚六堂.分税制改革、财政分权与中国经济增长[J].经济学(季刊)，2005，5(1)：75-108.

CHEN X S. Effect of fiscal squeeze on tax enforcement: evidence from a natural experiment in China[J]. Journal of Public Economics, 2017, 147(1):62-76.

DEAN J M, LOVELY M E, WANG H. Are foreign investors attracted to weak environmental regulations? evaluating the evidence from China[J]. Journal of Development Economics, 2009, 90(1):1-13.

HAN L, KUNG J K. Fiscal incentives and policy choices of local governments: evidence from China[J]. Journal of Development Economics, 2015, 116(C):89-104.

KUNG J K, XU C, ZHOU F. From industrialization to urbanization: the social consequences of changing fiscal incentives on local governments′ behavio[M]// JOSEPH E S. Institutional design for China's evolving market economy. New York: Oxford University Press, 2013.

WEINGAST B R. Second generation fiscal federalism: the implications of fiscal incentives[J]. Journal of Urban Economics, 2009, 65(3):279-293.

XU C G. The fundamental institutions of China's reforms and development[J]. Journal of Economic Literature, 2011, 49(4):1076-1151.

ZHANG T, ZOU H. Fiscal decentralization, public spending and economic growth in China[J]. Journal of Public Economics, 1998, 67(2):221-240.

第三部分

碳排放与碳排放交易制度

第八章　对中国碳排放环境库兹涅茨曲线的再检验

王艺明　胡久凯*

一　引　言

经济增长与环境质量的关系问题一直受到学界的广泛关注。20世纪90年代以来的实证研究中，学者们发现人均收入与环境恶化程度之间随时间变化的关系遵循“倒U形”的特征，被称为“环境库兹涅茨曲线”(environmental Kuznets curve，EKC)。该曲线假说的含义是，伴随着一国或地区经济的增长(主要以人均收入为指标)，在初期主要污染物排放量会逐渐增加，环境质量出现恶化，而过了一定阶段后，如果经济持续增长，那么，在经济增长水平越过了某个发展阶段后，主要污染物排放量便会到达顶峰，并随后出现下降。对于二氧化碳排放而言，该假说被称为二氧化碳环境库兹涅茨曲线(CO_2 environmental Kuznets curve，CKC)。

环境库兹涅茨曲线的重要性其实并不仅仅在于找出了经济增长与环境质量间的经验性变化关系，更为重要的是，它还揭示出了经济发展与环境质量关系背后的重要规律。西方发达国家在实现环境保护的过程中，经济增长与环境质量之间存在较为通畅的传导关系。即在环境与经济构成的两部门框架中，可以自由地实现从成本到产出的动态均衡，最终使得这两个部门实现一体化，正是因为有着这样的传递和均衡关系，才足以让经济增长对环境质量发挥众多的正面效应，并促使环境质量的改善，这是环境库兹涅茨曲线所揭示的主要规律。因此，检验中国的二氧化碳排放是否服从环境库兹涅茨曲线就有重要意义，所得到的研究结论将为我国政府科学制定减排政策，“打好节能减排和环境治理攻坚战”提供理论基础。

现有基于省级和行业面板数据的研究都忽视了横截面单位之间存在的相关性以及回归系数的异质性，本章应用Pesaran(2006)提出的CCE(common correlated effects)方法，对我国经济发展与碳排放之间的关系进行检验。本章研究发现各省的人均GDP与

* 王艺明，厦门大学王亚南经济研究院副院长、教授、博导，经济学院财政系副主任。胡久凯，厦门大学经济学院财政系博士，现为湖北经济学院教师。

人均碳排放之间存在协整关系,碳排放轨迹表现为单调递增的线性形态,也即对碳排放而言,环境库兹涅茨假说不成立,在目前经济发展阶段并不存在随着经济增长而降低碳排放的机制。另外,不同区域之间表现出显著的差异性特征,东部地区单位经济增长率带来的碳排放增长率较低,而中西部地区较高。

二 文献综述

经济增长与环境质量的关系问题一直是备受学界关注的热点问题。在 20 世纪 90 年代的实证研究中,Panayotou(1993)、Grossman 和 Krueger(1995)等发现人均收入与环境恶化程度之间随时间变化的关系遵循"倒 U 形"的特征,被称为环境库兹涅茨曲线。随着研究的深入,学者们进一步发现 EKC 在不同污染物之间存在显著差异,并将 EKC 按照污染物的种类进行命名,其中包括了二氧化碳环境库兹涅茨曲线。二氧化碳是一种不具有直接危害性、影响范围具有全球性、末端治理难度大的排放物,由于其特殊性,国际上对 CKC 的研究结果普遍存在很大的争议。Nicholas 和 Ilhan(2015)等许多研究认为存在"倒 U 形"的 CKC;Azomahou 等(2006)、Wagner(2008)等得出了单调上升形态的 CKC;还有研究结论发现 CKC 呈现"N 形"等其他形态。

在针对中国问题的研究中,学者们普遍认为人均 GDP 是影响我国二氧化碳排放的最大驱动因素,但关于中国 CKC 形态的研究结果也同样呈现出多样化的特征。较有代表性的一类研究发现中国的 CKC 形态为"倒 U 形"以及"N 形"、"倒 N 形"等复杂的形态:赵忠秀等(2013)在全国层面对我国的环境库兹涅茨曲线及其拐点进行了研究,发现了"倒 U 形"的 CKC 形态;杜立民(2010)构建了我国 1995—2007 年 29 个省的面板数据,研究发现经济发展水平和人均二氧化碳排放量之间存在"倒 U 形"关系;许广月和宋德勇(2010)通过对 1990—2007 年中国省域面板数据的研究,发现中国以及东、中部地区存在"倒 U 形"CKC 形态,而西部地区不存在 CKC 形态;张为付和周长富(2011)采用可行广义最小二乘方法对我国 31 个省、市 1997—2008 年的面板数据进行分析,发现在我国,东部和中部均存在碳排放库兹涅茨曲线,但是西部地区碳排放强度和实际人均收入水平呈"正 U 形"关系;郑丽琳和朱启贵(2012)基于 1995—2009 年中国省际碳排放面板数据,利用面板协整和误差修正模型对碳排放库兹涅茨曲线的存在性进行实证研究,发现碳排放与经济增长间存在长期稳定的"倒 U 形"关系;何小钢和张耀辉(2012)通过对 2000—2009 年中国 36 个工业行业的研究,发现我国工业 CKC 呈"N 形"走势;顾宁和姜萍萍(2013)构建了我国 1995—2009 年 30 个省份的面板数据,发现我国二氧化碳库兹涅茨曲线形态为"N 形";刘华军和闫庆悦(2011)采用 1995—2007 年省级面板数据研究了人均 GDP 与人均二氧化碳排放的关系,发现了"倒 N 形"的 CKC 形态。

近几年来也有部分研究对二氧化碳环境库兹涅茨假说在中国是否成立提出质疑。

林伯强和蒋竺均(2009)采用马尔科夫概率分析法和 LMDI 分解法预测出人均二氧化碳排放量、人均收入以及中国的 CKC,其实证预测表明中国的 CKC 直到 2040 年还没有出现拐点,并指出只有人均收入作为解释变量的环境库兹涅茨曲线只能用来描述过去的排放情况,不能用来预测将来的拐点;杨子晖(2011)采用"有向无环图"方法研究了我国经济增长、能源消费与二氧化碳排放的动态关系,认为现阶段中国存在着"经济增长→能源消费→二氧化碳排放"的关系链,在"粗放型"经济增长方式下,随着经济的发展,二氧化碳排放也将显著增加;胡宗义等(2013)建立了基于我国二氧化碳数据的非参数模型,发现我国经济增长与环境质量之间存在显著的正向的线性关系;邓晓兰等(2014)采用半参数广义可加模型对 1995—2010 年中国省域面板数据进行研究,得出伴随着经济发展,碳排放轨迹表现为单调递增形态,而非传统的"倒 U 形"。

综上所述,目前学界关于我国二氧化碳环境库兹涅茨曲线形态的研究仍存在较大的争议,如前文所述,现有基于面板数据模型的研究都忽视了横截面单位之间存在的相关性以及回归系数的异质性,本研究旨在将共同影响因子和异质性引入面板数据模型中,以期得到更为稳健的结果。

三　实证模型与估计方法

(一)实证模型

本章在已有研究基础上,首先检验碳排放与经济发展是否服从"倒 U 形"的曲线关系,建立如下存在横截面相关的异质面板数据模型:

$$\ln c_{it}=\alpha_i+\beta_{i1}\ln y_{it}+\beta_2(\ln y_{it})^2+\xi_i Control_{it}+u_{it},i=1,\cdots,N;t=1,\cdots,T \quad (8\text{-}1)$$

式中,ln 指取对数;下标 i 表示省(市);c_{it} 表示人均二氧化碳排放量;y_{it} 表示人均 GDP;$Control_{it}$ 表示其他控制变量;α_i 表示个体效应;u_{it} 是模型的误差项,且假定存在横截面相关。假设误差项服从如下多因子结构:

$$u_{it}=\gamma_{i1}f_{1t}+\gamma_{i2}f_{2t}+\cdots+\gamma_{im}f_{mt}=\gamma'_i f_t+\varepsilon_{it} \quad (8\text{-}2)$$

式中,$f_t=(f_{1t},f_{2t},\cdots,f_{mt})'$ 是由 m 个不可观测的共同因子构成的向量,反映了人均 GDP 之外的因素对人均二氧化碳排放量的影响,如能源利用效率与能源消费结构等,这些共同因子可以是平稳的或非平稳的,存在序列自相关或者与被解释变量、解释变量相关;$\gamma'_i=(\gamma_{i1},\gamma_{i2},\cdots,\gamma_{im})'$ 是相对应的因子载荷。(8-2)式中误差项的多因子结构的设定可以很好地刻画横截面个体之间的相关性。各个截面个体会同时受到一些共同因素的影响,从而导致个体之间的相关关系。将(8-2)式的误差项设定形式引入(8-1)式就考虑到了这种受共同因子 f_t 影响而导致的横截面相关问题(传统的具有个体效应和时间效应的面板模型是该设定下的特例)。传统的固定效应模型在(8-1)式中加入个体固定效应的设定方法有很多局限性,如随着样本量 N 的增加会导致伴随参数(incidental

parameter)问题,随着时间 T 的增加个体效应不随时间变化而变化可能不符合实际。本章通过对变量和回归模型的残差进行横截面相关检验、单位根检验,CCE 方法下的回归系数估计、协整检验等步骤建立一套严谨的分析框架来考察我国二氧化碳环境库兹涅茨曲线的形态。在得到的二次方项系数 β_{12} 不显著的前提下,本章进一步采用类似方法将 $\ln c_{it}$ 对 $\ln y_{it}$ 进行回归,考察碳排放与经济发展是否服从单调上升或下降的线性关系。

为了保证估计结果的稳健性,我们还引入了如下的控制变量:

(1)贸易总额(trade)。学者们对贸易与碳排放之间的关系仍存在争议:一部分学者认为贸易跟 FDI 一样可以促进国内相关企业改进技术,从而降低单位产值的二氧化碳排放;另一部分学者认为我国作为出口导向型经济大国和“世界加工厂”,向欧美日等国出口了大量能源密集型产品,消耗了大量的能源并排放出大量的二氧化碳。

(2)能源强度(inten)。能源强度是指生产单位 GDP 的能源消耗量,等于第 t 年的能源消费量除以第 t 年的 GDP(本章以 1996 年不变价为基期)。能源强度与技术进步联系密切,可以作为技术水平的衡量指标。已有研究普遍认为能源强度与二氧化碳排放之间存在显著的正相关关系。

(3)煤炭消费占比(cr)。煤炭消费占比是指煤炭消费量占总的能源消费量的比重,预期煤炭消费占比下降中国的二氧化碳排放量会减少,但是已有多数研究认为降低煤炭消费占比对减排的影响较小或者没有显著的影响。

(二)模型估计与检验方法

1.横截面相关检验

本章采用 Pesaran(2004)提出的 CD 统计量来检验变量和回归模型的残差是否存在横截面相关,变量的 CD 检验结果被用作选择单位根检验方法的依据,回归模型的残差 CD 检验结果是模型选择的重要标准。具体来说,CD 统计量计算方法如下:

$$\mathrm{CD}=\sqrt{\frac{2T}{N(N-1)}}\left(\sum_{i=1}^{N-1}\sum_{j=i+1}^{N}\hat{\rho}_{ij}\right)\rightarrow N(0,1) \tag{8-3}$$

式中,$\hat{\rho}_{ij}$ 是残差序列的两两相关系数,在不存在横截面相关的原假设下,CD 趋近于标准正态分布。

2.存在横截面相关时的面板单位根检验

传统的面板单位根检验方法不适用于数据存在横截面相关的情形,本章采用 Pesaran(2007)提出的在横截面相关情形下依然有效的 CIPS 检验方法对变量及回归模型的残差进行单位根检验。具体计算方法如下:

$$\Delta w_{it}=\alpha_{i0}+\alpha_{i1}t+\alpha_{i2}w_{i,t-1}+\alpha_{i3}\bar{w}_{t-1}+\sum_{j=0}^{p}d_{ij}\Delta\bar{w}_{t-j}+\sum_{j=1}^{p}\delta_{ij}\Delta w_{i,t-j}+v_{it} \tag{8-4}$$

式中,$\bar{w}_t$ 是变量 w_{it} 第 t 期均值。根据上式的回归结果,CIPS 统计量定义为

$$\mathrm{CIPS}=\frac{1}{N}\sum_{i=1}^{n}\tilde{t}_i \tag{8-5}$$

式中，$\tilde{t}_i$ 是对(8-4)式进行 OLS 估计得到的 α_{i2} 的 t 统计量。CIPS 检验的原假设是被检验变量存在单位根。

3.估计方法

在考察面板数据中外生变量对被解释变量的平均影响时，传统面板回归分析方法通常假设斜率系数是同质的并且误差项不存在横截面相关。例如，固定效应和随机效应模型，假设各个横截面的斜率系数相同而且截距项是固定的或随机的(fixed-effect or random-effect)。斜率系数同质性的假设在许多应用中并不合理，当解释变量不是严格外生的或者系数的差异不是随机时，估计结果可能会出现异质性偏误(heterogeneity bias)。为此，Pesaran 和 Smith(1995)提出了一种将数据进行分组并分别进行回归，再通过求各组系数的平均数来进行参数估计的 MG(mean-group)方法，但是 MG 方法依然不能解决回归误差项可能存在的横截面相关问题，当存在严重的横截面相关问题时，传统回归方法得到的系数估计值将会是有偏且不一致的，并且传统的面板单位根检验方法也不再适用。

Pesaran(2006)提出了一种考虑了横截面相关性的 CCE 方法，该方法假设误差项服从多因子结构，并使用解释变量和被解释变量的横截面均值作为不可观测因子的代理变量，进一步证明了该方法具有较好的大样本性质和小样本性质。CCE 方法包含了不考虑各个横截面的斜率系数异质性(CCEP)和考虑异质性(CCEMG)两个版本，参考 Pesaran(2006)和王艺明等(2014a)。具体估计方法如下：

定义 $k\times1$(k 为解释变量个数)的解释变量向量 $x_{it}=[\ln y_{it},(\ln y_{it})^2,\cdots]'$ 的数据生成过程为：$x_{it}=a_i+\Gamma'_i f_t+v_{it}$，其中 a_i 是一个 $k\times1$ 的个体效应向量，Γ_i 是 $m\times k$ 的因子载荷矩阵，v_{it} 是 x_{it} 的特定成分，其分布在横截面上相互独立，且独立于共同效应，并假设为协方差平稳过程。将(8-2)式和 $x_{it}=a_i+\Gamma'_i f_t+v_{it}$ 一起代入(8-1)式，得

$$z_{it}=\begin{pmatrix}\ln c_{it}\\ x_{it}\end{pmatrix}=d_i+C'_i f_t+\upsilon_{it} \tag{8-6}$$

式中，$\upsilon_{it}=\begin{pmatrix}\varepsilon_{it}+\beta'_i v_{it}\\ v_{it}\end{pmatrix}$，$d_i=\begin{pmatrix}1 & \beta'_i\\ 0 & I_k\end{pmatrix}\begin{pmatrix}\alpha_i\\ a_i\end{pmatrix}$，$C_i=(\gamma_i\quad \Gamma_i)\begin{pmatrix}1 & 0\\ \beta_i & I_k\end{pmatrix}$。

I_k 是一个 k 阶单位矩阵，C_i 的秩由不可观测的因子载荷矩阵($\gamma_i\quad\Gamma_i$)决定。假设 ε_{it} 和 v_{it} 服从线性平稳过程，根据 Pesaran(2006)的研究，CCEMG 估计方法为

$$\hat{b}_i=(X'_i\overline{M}X_i)X'_i\overline{M}\ln c_i \tag{8-7}$$

$$\hat{b}_{\mathrm{CCEMG}}=N^{-1}\sum_{i=1}^{n}\hat{b}_i \tag{8-8}$$

$$\mathrm{V\hat{A}R}(\hat{b}_{\mathrm{CCEMG}})=N^{-1}(N-1)^{-1}\sum_{i=1}^{n}(\hat{b}_i-\hat{b}_{\mathrm{CCEMG}})(\hat{b}_i-\hat{b}_{\mathrm{CCEMG}})' \tag{8-9}$$

式中，$N=29$，$T=17$，$X_i=(x_{i1},x_{i2},\cdots,x_{it})'$，$\ln c_i=(\ln c_{i1},\ln c_{i2},\cdots,\ln c_{iT})'$，

$\overline{M}=I_T-\overline{H}(\overline{H}'\overline{H})^{-1}$，$\overline{H}=(\tau_t,\overline{Z})$，$\tau_t$ 是一个 $T\times1$ 的单位向量，$\overline{Z}$ 是 $\overline{Z}_t$ 的 $T\times$

$(k+1)$矩阵，$\bar{Z}_t = N^{-1}\sum_{i=1}^{n} z_{ij}$。$\hat{VAR}(\hat{b}_{CCEMG})$为$\hat{b}_{CCEMG}$的方差的估计量。

CCEP 估计方法为

$$\hat{b}_{CCEP} = (\sum_{i=1}^{n} X'_i M X_i)^{-1} \sum_{i=1}^{n} X'_i \bar{M} \ln c_i \tag{8-10}$$

$$\hat{VAR}(\hat{b}_{CCEP}) = N^{-1} \hat{\Psi} *^{-1} \hat{R}^* \hat{\Psi}^{*-1} \tag{8-11}$$

式中，

$\hat{\Psi}^* = N^{-1}\sum_{i=1}^{n} X'_i \bar{M} X_i / T$，$\hat{R}^* = \frac{1}{N-1}\sum_{i=1}^{n}\left(\frac{X'_i \bar{M} X_i}{T}\right)(\hat{b}_i - \hat{b}_{CCEMG})(\hat{b}_i - \hat{b}_{CCEMG})'$
$\left(\frac{X'_i \bar{M} X_i}{T}\right)$。

上述两个估计量的拟合优度$\bar{R}^2_{CCEMG}$和$\bar{R}^2_{CCEP}$为

$$\bar{R}^2_{CCEMG} = 1 - \bar{\sigma}^2 / \hat{\sigma}^2 \tag{8-12}$$

$$\bar{R}^2_{CCEP} = 1 - \hat{\sigma}^2_{CCEP} / \hat{\sigma}^2 \tag{8-13}$$

式中，

$\bar{\sigma}^2 = N^{-1}\sum_{i=1}^{n} \bar{\sigma}_i^2$，$\hat{\sigma}^2 = (\ln c_i - x_i \hat{b}_i)' \bar{M} (\ln c_i - x_i \hat{b}_i) / (T - 2k - 2)$；

$\hat{\sigma}^2 = N^{-1}(N-1)^{-1}\sum_{i=1}^{n}\sum_{t=1}^{T}(\ln c_{it} - \overline{\ln c_{it}})^2$，$\ln c_{it} = N^{-1}\sum_{t=1}^{T} \ln c_{it}$；

$\hat{\sigma}^2_{CCEP} = \sum_{i=1}^{n}(\ln c_i - x_i \hat{b}_{CCEP})' \bar{M} (\ln c_i - x_i \hat{b}_{CCEP}) / [N(T-k-2)-k]$。

四　实证分析

（一）样本数据

本章选取了中国 29 个省市 1997—2013 年的年度数据作为研究对象，西藏地区因数据缺失不纳入研究范围，重庆被并入四川。人均 GDP 数据采用的是各省 1996 年不变价的实际人均 GDP。人均二氧化碳排放量中碳排放总量的计算参考王艺明等(2014b)中使用的方法，根据各省市的煤炭、焦炭、原油、汽油、煤油、柴油、燃料油、天然气这 8 种能源的消费量及各种能源的碳排放系数测算碳排放量。具体公式如下：

$$CO_2 = \sum_{j=1}^{8} CO_{2,j} = \sum_j E_j \times NCV_j \times CEF_j \times COF_j \times (44/12) \tag{8-14}$$

式中，CO_2代表估算的碳排放总量，E_j表示第 j 种能源消耗量，需要换算为统一热量单位标准煤；NCV_j表示第 j 种能源的平均低位发热量；CEF_j表示第 j 种能源碳排放系数；COF_j为碳氧化因子；44/12 为二氧化碳分子和碳分子质量比率。

本章 GDP 和人口数据来源于历年《中国统计年鉴》，碳排放计算的相关数据及其他各变量的数据来源于历年《中国统计年鉴》、《中国能源统计年鉴》、《新中国 60 年统计资料汇编》和 CEIC 中国经济数据库。

表 8-1 给出了各个变量的描述性统计量等信息，最后一列汇报了各变量横截面相关检验的 CD 统计量，结果显示各变量的 CD 统计量均是高度显著的，表明各个变量均存在

横截面相关问题，所以后续分析时必须考虑变量的横截面相关特性。

表 8-1　变量的描述性统计量与横截面相关性检验

变量	单位	均值	标准差	最小值	最大值	$\bar{\rho}$	CD
c_{it}	吨/人	7.0631	5.1363	0.8944	32.7053	0.833	69.24***
y_{it}	元	16350.23	12389.34	2157.33	69833.54	0.993	82.54***
$\ln c_{it}$	\	1.7301	0.6762	−0.1116	3.4875	0.848	70.47***
$\ln y_{it}$	\	9.4487	0.7133	7.6766	11.1539	0.996	82.77***
$(\ln y_{it})^2$	\	89.7856	13.5506	58.9306	124.4088	0.996	82.75***

注：*、**和***分别表示在 10%、5%和 1%水平上显著。下表同。

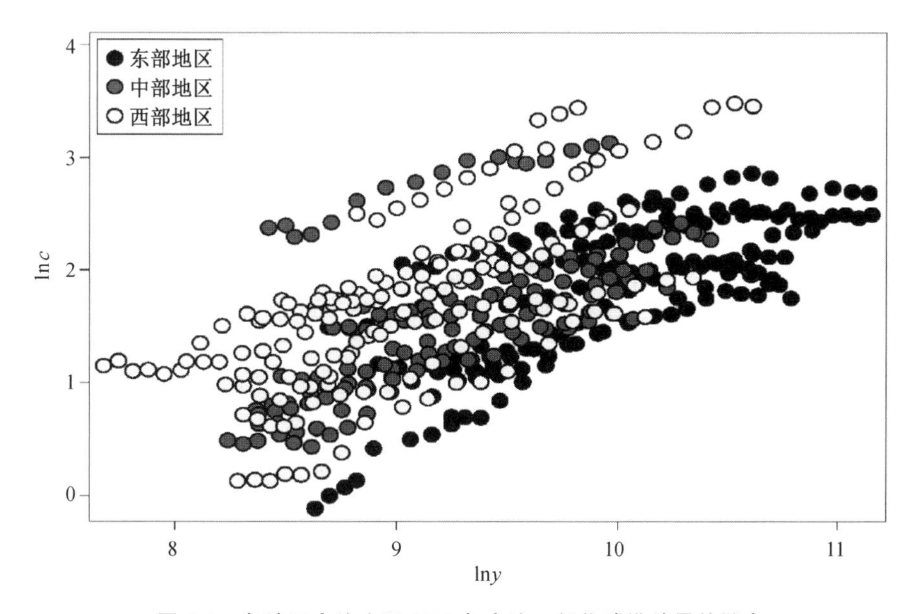

图 8-1　各地区人均实际 GDP 与人均二氧化碳排放量的散点

为研究我国经济发展对碳排放量影响可能存在的区域差异性特征，我们把样本范围内的 29 个省市进一步划分为东部、中部和西部 3 个地区，东部地区包括北京、天津、河北、辽宁、上海、江苏、浙江、福建、山东、广东和海南；中部地区包括山西、吉林、黑龙江、安徽、江西、河南、湖北和湖南；西部地区包括内蒙古、广西、四川、贵州、云南、陕西、甘肃、青海、宁夏和新疆。图 8-1 描绘了各地区人均实际 GDP 与人均二氧化碳排放量的散点图，通过观察可以发现，总体上来说各省市人均实际 GDP 与人均二氧化碳排放量的对数值之间存在着单调上升的线性关系；若不考虑个别异常省市，东部地区散点的斜率较小，中部和西部地区斜率较大。因此，在建立面板数据模型时，必须考虑不同横截面单位之间的异质性。

(二)各变量的面板单位根检验

表 8-1 的 CD 检验结果表明各变量的 CD 统计量均是高度显著的，存在横截面相关问题，因此本章采用 Pesaran(2007)提出的在横截面相关情形下依然有效的 CIPS 检验方法对变量进行单位根检验，结果见表 8-2。可以看出，除了西部地区的煤炭消费占比变量，各变量原始值都不能拒绝单位根的原假设，一阶差分后的各变量均显著拒绝了单位根的原假设。表 8-2 的结果说明，在考虑横截面相关性以后，各变量均存在 1 个单位根。

表 8-2　全国和各地区变量的单位根检验

CIPS 检验		全国	东部	中部	西部
原始值	$\ln c_{it}$	−2.490	−2.672*	−2.607	−2.438
	$\ln y_{it}$	−2.255	−2.131	−2.201	−1.912
	$(\ln y_{it})^2$	−2.212	−2.718*	−2.144	−1.847
	$\ln trade_{it}$	−1.937	−1.532	−2.244	−2.544
	$\ln inten_{it}$	−2.183*	−2.456	−2.271*	−1.911
	cr_{it}	−1.512	−1.426	−1.733	−2.418**
原始值	$\Delta.\ln c_{it}$	−3.633***	−3.456***	−3.744***	−3.867***
	$\Delta.\ln y_{it}$	−2.602***	−2.229***	−2.789***	−2.745***
	$\Delta.(\ln y_{it})^2$	−2.531***	−2.469***	−2.598***	−2.674***
	$\Delta.\ln trade_{it}$	−3.291***	−2.570***	−3.676***	−4.265***
	$\Delta.\ln inten_{it}$	−3.884***	−3.394***	−3.115***	−4.633***
	$\Delta.cr_{it}$	−3.873***	−2.830***	−4.632***	−4.205***

注：由于时间长度的限制，设定最大滞后阶数 3，具体滞后阶数由 wald 检验以及 portmanteau 检验确定，并根据数据特征决定各变量具体值的检验形式。

(三)实证结果与分析

1.含二次项的回归结果

本章首先采用 CCEP 与 CCEMG 方法对(8-1)式进行估计，以检验碳排放与经济发展是否服从“倒 U 形”的曲线关系，并分别计算了 FE(fixed effect)、MG(mean group)估计的结果以便与 CCE 方法进行对比[①]，最终采用何种回归估计方法由回归模型的残差的 CD 检验与 CIPS 检验等指标共同决定。

---

① 笔者也进行了随机效应 RE 回归，发现 FE 与 RE 模型的回归结果在系数值和显著性上都很接近，且在本章的各种模型设定下，大部分模型的豪斯曼检验结果都建议采用 FE 模型，因此文中没有汇报 RE 模型回归结果。

表 8-3 中回归模型(1)报告了固定效应 FE 的估计结果,$\ln y_{it}$ 的系数显著为正,$(\ln y_{it})^2$ 的系数显著为负,说明碳排放与经济发展服从“倒 U 形”的曲线关系,这与现有文献中大部分使用面板数据模型所得到的研究结论基本一致。但是,回归模型(1)所得到的残差的 CD 统计量均是高度显著的,表明残差存在横截面相关性,这意味着其中存在共同影响因子,如果共同影响因子与解释变量(人均 GDP 及其二次项)相关,则表 8-3 中得到的系数估计值是有偏和不一致的。CIPS 检验表明回归模型(1)所得到的残差不是平稳的。注意到表 8-2 中的面板单位根检验结果,各个变量都具有 1 个单位根,因此采用 FE 方法所进行的回归可能是伪回归。综上所述,应用传统面板回归方法得出的碳排放与经济发展服从“倒 U 形”曲线关系的结论不可靠。回归模型(2)报告了 MG 估计的结果,该估计方法考虑了各横截面单位斜率系数之间的异质性,但未考虑横截面相关性。模型(2)残差的 CD 统计量也是高度显著的,表明残差存在横截面相关性。

表 8-3　含二次项的回归结果:全国样本

估计方法	(1) FE	(2) MG	(3) CCEP	(4) CCEMG	(5) FE	(6) MG	(7) CCEP	(8) CCEMG
$\ln y_{it}$	2.9301***	3.0459***	6.1343	4.9783	1.1789***	1.7419***	3.8131*	1.9406
	(0.2827)	(0.8058)	(4.7755)	(6.8776)	(0.1282)	(0.5094)	(2.1021)	(5.0877)
$(\ln y_{it})^2$	−0.1139***	−0.1192***	−0.2488	−0.1581	−0.0096	−0.045*	−0.1448	−0.0404
	(0.0150)	(0.0428)	(0.2464)	(0.3521)	(0.0068)	(0.0273)	(0.1111)	(0.2683)
$\ln trade_{it}$					0.0239*	0.0419**	0.0804	0.0866***
					(0.0125)	(0.0173)	(0.0551)	(0.0288)
$\ln inten_{it}$					1.0446***	0.8115***	0.8884***	1.0227***
					(0.0297)	(0.0483)	(0.1062)	(0.1813)
cr_{it}					0.0094***	0.0100***	0.0102***	0.0094***
					(0.0004)	(0.0006)	(0.0010)	(0.0009)
常数项	−15.7249***	−16.3347	0.0009	−3.4833	−12.3610***	−14.118***	−0.0014	−0.4045
	(1.3324)	(3.8253)	(3.8264)	(9.5729)	(0.5797)	(2.4041)	(8.4222)	(4.2382)
R^2	0.8636	0.9569	0.9820	0.9870	0.9754	0.9932	0.9950	0.9971
$\bar{\rho}$	0.189	0.549	0.004	0.004	0.073	0.036	0.008	−0.002
CD 统计量	15.69***	45.58***	0.37	0.29	6.05***	2.99***	0.65	−0.17
CIPS 检验	−0.952	−3.090***	−3.297***	−3.917***	−1.569	−3.327***	−3.694***	−4.567***
样本数	493	493	493	493	493	493	493	493

注:*、**和***分别表示在 10%、5%和 1%水平上显著。括号中的值为估计量的标准差,FE 方法下未考虑稳健标准误。表 8-5 和表 8-6 同。

回归模型(3)和(4)报告了未考虑横截面异质性的 CCEP 和考虑了横截面异质性的 CCEMG 估计的结果,而两者均考虑了横截面相关性,可以发现应用 CCE 方法进行估计得到的残差的 CD 统计量较小,而 CIPS 检验的统计量较大,说明残差不存在横截面相关性且是平稳的,然而 $\ln y_{it}$和$(\ln y_{it})^2$的系数均不显著。

加入控制变量后,模型(5)至(8)的实证结果与没有考虑控制变量的模型(1)至(4)的结果基本一致,FE 回归得到的$(\ln y_{it})^2$的系数不再显著,CCE 方法下的回归模型(7)至(8)的残差不存在横截面相关且是平稳的,但 $\ln y_{it}$和$(\ln y_{it})^2$的系数均不显著。各控制变量对碳排放均有显著正向的影响。

我们进一步对全国以及各地区的样本数据,在加入与不加入控制变量、考虑与不考虑稳健标准误的情形下,分别采用 FE、RE、MG、CCE 方法进行估计作为稳健性检验。结果见表 8-4。表 8-4 表明,不论是否加入控制变量,全国以及各地区基于 CCE 方法得到的 $\ln y_{it}$和$(\ln y_{it})^2$的系数均不显著。虽然在没有加入控制变量时 FE、RE 模型得到的 $\ln y_{it}$的系数显著为正,$(\ln y_{it})^2$的系数显著为负,在加入其他控制变量并且考虑稳健标准误的情形下,不论是国家层面还是地区层面,人均 GDP 的二次项的系数都不再显著,MG 方法也得出了类似结论。此外,FE、RE 与 MG 方法得到的残差的 CD 统计量普遍是高度显著的,表明残差存在横截面相关性。

综上所述,如果采用传统面板回归方法,所得到的结果支持环境库兹涅茨假说,但该结果是不稳健的:第一,回归残差存在横截面相关,意味着存在共同影响因子,如果共同影响因子与解释变量(人均 GDP 及其二次项)相关,则回归系数估计是有偏和不一致的;第二,回归残差是不平稳的,意味着所进行的回归可能是伪回归;第三,在加入其他控制变量并且考虑稳健标准误的情形下,不论是国家层面还是地区层面,人均 GDP 的二次项的系数都不再显著。而 CCE 方法下 $\ln y_{it}$和$(\ln y_{it})^2$的系数均不显著。根据上述分析,可以认为我国二氧化碳排放与人均收入之间不存在“倒 U 形”关系,环境库兹涅茨假说不成立。

2.不含二次项的全国样本回归结果

由于考虑了经济发展指标的二次项之后 CCE 估计得到的回归系数并不显著,本章进一步将 $\ln c_{it}$对 $\ln y_{it}$进行回归,考察碳排放与经济发展是否服从单调上升或下降的线性关系。

表 8-5 的回归模型(1)至(2)中 $\ln y_{it}$的估计系数显著为正,表明碳排放与经济发展服从单调上升的线性关系,但(1)中 FE 方法得到的残差的 CD 检验表明残差存在横截面相关性,CIPS 检验表明残差不是平稳的,说明应用 FE 方法所得到的回归可能是伪回归。回归模型(2)的结果表明 MG 估计得到的残差的 CD 统计量是高度显著的,存在横截面相关性问题。

表 8-5 的回归模型(3)至(4)中,未考虑横截面异质性的 CCEP 和考虑了横截面异质性的 CCEMG 估计的残差的 CD 统计量较小,CIPS 检验的统计量较大,说明残差不存在横截面相关并且是平稳的,因此 $\ln c_{it}$ 与 $\ln y_{it}$ 之间存在协整关系。回归系数表明,不考虑异质性时,随着人均 GDP 上升 1%,人均碳排放会上升 1.09%;考虑异质性后,人均 GDP 上升 1%,人均碳排放会上升 1.04%。

加入控制变量后,表 8-5 的回归模型(5)至(8)中,CCE 方法得到的 CD 统计量相比传统的 FE、MG 方法有大幅下降,并且 CIPS 检验表明残差是平稳的,表明 $\ln c_{it}$ 与 $\ln y_{it}$ 之间存在协整关系,而且人均 GDP 的系数与没有考虑控制变量时十分接近,可以得出人均 GDP 上升 1%,人均碳排放上升 0.92%至 1.12%。人均 GDP 是影响我国二氧化碳排放的最大驱动因素,各控制变量对人均碳排放的影响在统计上均是显著的。而且值得关注的是,能源强度对碳排放有着与人均 GDP 相仿的影响力度,降低单位 GDP 能耗能有效减少我国的二氧化碳排放。

3.不含二次项的各地区样本回归结果

考虑到我国经济发展对二氧化碳排放量影响可能存在的区域差异性特征,本章进一步采用与全国样本的情形相类似方法分别对东部、中部和西部地区的样本数据进行回归,结果见表 8-6。

从各地区回归模型残差的 CIPS 检验来看,采用 CCE 方法得到的回归模型的残差是平稳的,因此 $\ln c_{it}$ 与 $\ln y_{it}$ 之间存在协整关系。从 CD 统计量来看,与传统方法相比,采用 CCE 方法后得到的 CD 统计量都较小,虽然部分基于 CCE 方法的回归模型的 CD 统计量显示存在横截面相关性,但相关性不大,横截面相关系数 ρ 在 0.1 或 −0.1 附近。横截面相关性没有完全去除的原因在于,分地区以后每个回归的样本数较小。如果假定东部各省市的斜率系数之间不存在异质性,而中部和西部的各省市的斜率系数之间存在异质性,对东部地区以及中、西部地区分别采用 CCEP 和 CCEMG 方法进行参数估计,则得到的回归模型的残差不存在显著的横截面相关性。事实上,CCEP 方法与 CCEMG 方法得到的人均 GDP 的系数估计值之间的差异都不超过 0.35,因此采用何种估计方法并不会显著影响本章结论。值得注意的是,考虑控制变量后中部地区的人均 GDP 变量的系数显著下降,这一方面是新增加的控制变量对碳排放有一定的解释力度,另一方面是在 CCE 方法下增加控制变量后模型中考虑了更多的共同因子,说明我国的产业政策、碳减排政策等共同因素对减少中部地区的二氧化碳排放量起到了积极作用。

表 8-4　含二次项的回归结果：基于不同模型设定和估计方法

估计方法		(1)	(2)	(3)	(4)	(5)	(6)	(7)	(8)	(9)	(10)	(11)	(12)
		FE	FE	FE	RE	RE	RE	MG	MG	CCEP	CCEP	CCEMG	CCEMG
全国	$\ln y_{it}$	2.9301***	2.9301***	1.1789***	2.9232***	2.9232***	1.2080***	3.0459***	1.7419***	6.1343	3.8131*	4.9783	1.9406
	$(\ln y_{it})^2$	−0.1139***	−0.1339**	−0.0096	−0.1137***	−0.1137**	−0.0113	−0.1192***	−0.0450*	−0.2488	−0.1448	−0.1581	−0.0404
	CD 统计量	15.69***	15.69***	6.05***	15.61***	15.61***	6.27***	45.58***	2.99***	0.37	0.65	0.29	−0.17
东部	$\ln y_{it}$	8.6715***	8.6715***	3.8100**	8.6480***	8.6480***	3.8942**	5.0384***	2.1227	14.6386*	−5.3580	18.9420	−3.6953
	$(\ln y_{it})^2$	−0.4000***	−0.4000***	−0.1400	−0.3988***	−0.3988***	−0.1401	−0.2208***	−0.0684	−0.6622	0.2996	−0.8988	0.2137
	CD 统计量	6.15***	6.15***	8.83***	6.12***	6.12***	6.98***	4.58***	5.21***	2.11**	−0.15	4.58***	4.74***
中部	$\ln y_{it}$	3.0629***	3.0629***	1.3117***	3.0690***	3.0690***	1.3428***	2.2646**	0.9407***	21.0098	6.5464	−2.4495	−0.6129
	$(\ln y_{it})^2$	−0.1290***	−0.1290**	−0.0208	−0.1293***	−0.1293***	−0.0212	−0.0881	−0.0005	−1.0386	−0.2982	0.2129	0.1023
	CD 统计量	8.04***	8.04***	1.22	8.05***	8.05***	1.27	11.63***	1.08	−3.09***	−2.65***	−2.21**	1.15
西部	$\ln y_{it}$	0.3725	0.3725	1.4083***	0.3617	0.3617	1.4068***	1.4793	1.9639***	0.2943	0.5466	−3.3202	1.7631
	$(\ln y_{it})^2$	0.0290	0.0290	−0.0220	0.0295	0.0295	−0.0220*	−0.0324	−0.0549***	0.0458	0.0232	0.2430	−0.0291
	CD 统计量	6.73***	6.73***	0.3	6.74***	6.74***	0.25	17.96***	−1.11	−1.59	−2.62***	−0.73	−1.71*
控制变量		无	无	有	无	无	有	无	有	无	有	无	有
稳健标准误		否	是	是	否	是	是	\	\	是	是	\	\

表 8-5 不含二次项的回归结果:全国样本

估计方法	(1)	(2)	(3)	(4)	(5)	(6)	(7)	(8)
	FE	MG	CCEP	CCEMG	FE	MG	CCEP	CCEMG
$\ln y_{it}$	0.7787*** (0.0154)	0.7559*** (0.0607)	1.0923*** (0.2646)	1.0406*** (0.5279)	1.0007*** (0.0225)	0.9044*** (0.0363)	0.9231*** (0.0778)	1.1193*** (0.1744)
$\ln trade_{it}$					0.0243* (0.0125)	0.0484*** (0.0122)	0.0872* (0.0520)	0.0833*** (0.0213)
$\ln inten_{it}$					1.0555*** (0.0287)	0.8949*** (0.0696)	0.8596*** (0.0846)	1.0167*** (0.1622)
cr_{it}					0.0095*** (0.0004)	0.0097*** (0.0006)	0.0098*** (0.0007)	0.0099*** (0.0007)
常数项	−5.6279*** (0.1459)	−5.3332*** (0.5958)	0.0000 (0.7287)	0.6127 (0.9267)	−11.5756*** (0.1630)	−10.4555*** (0.4722)	0.0003 (7.0312)	−4.4627 (6.0218)
R^2	0.8464	0.9485	0.9759	0.9797	0.9753	0.9920	0.9951	0.9971
$\bar{\rho}$	0.211	0.474	−0.006	−0.0004	0.075	0.037	0.011	0.026
CD 统计量	17.55***	39.37***	−0.51	−0.03	6.20***	3.09***	0.91	2.14**
CIPS 检验	−0.912	−2.817***	−2.788***	−3.374***	−1.590	−3.268***	−3.777***	−4.335***
样本数	493	493	493	493	493	493	493	493

注:考虑到平均值容易受极端值的影响,CCEMG 方法汇报的系数为各截面系数的中位数。① 以下各表同。

① 未考虑控制变量时,CCEMG 方法得到的各截面系数的平均值和中位数之间有一定差异,考虑到 CCEP 与 CCEMG 两种方法估计结果的拟合优度非常接近,各横截面系数估计量的平均值容易受极端值的影响,而中位数与 CCEP 估计结果较为接近,本章采用该中位数值作为估计结果;考虑控制变量后,CCEMG 方法得到的各截面系数的平均值和中位数之间差异很小,全国和各地区样本的回归中均不超过 0.2。

总体来看，基于对横截面相关性和异质性进行调整的 CCE 估计方法的结果表明，各省的人均 GDP 与人均碳排放之间存在协整关系，碳排放轨迹表现为单调递增的线性形态。在考虑了各种控制变量和共同冲击对碳排放的影响之后，东部地区随着人均 GDP 上升 1%，人均碳排放上升 0.5%至 0.6%；中、西部地区随着人均 GDP 上升 1%，人均碳排放上升 1%至 1.13%。

五　结论与政策建议

现有基于省级或行业面板数据的研究文献大多认为我国经济发展水平和人均碳排放量之间存在“倒 U 形”的曲线关系，即服从环境库兹涅茨曲线。本章的实证研究表明，传统面板回归结果存在残差横截面相关且不平稳的问题，所得到的系数估计值不稳健。本章应用 Pesaran(2006)提出的，对横截面相关性和异质性进行调整的 CCE 估计方法，研究发现各省的人均 GDP 与人均碳排放之间存在协整关系，碳排放轨迹表现为单调递增的线性形态。从全国层面看，随着人均 GDP 上升 1%，人均碳排放将会上升 0.92%至 1.12%。同时，经济发展与碳排放之间存在明显区域差异性，东部地区随着人均 GDP 的上升，人均碳排放增加的比较缓慢，人均 GDP 每上升 1%，人均碳排放上升 0.5%至 0.6%；中、西部地区的 CKC 曲线较为陡峭，中、西部地区人均 GDP 上升 1%，人均碳排放上升 1%至 1.13%。

本章的研究发现意味着对于碳排放而言，环境库兹涅茨假说不成立，在目前经济发展阶段，并不存在随着经济增长而降低碳排放的经济运行机制，无法判断将来是否存在某个拐点，在经济增长水平越过这个拐点，碳排放会到达顶峰，并随后出现下降。基于以上结论，本章为我国加速发展低碳经济提出以下政策建议：

(1)在统筹制定全国性减排策略时，要充分考虑不同省市和区域的经济发展与碳排放的差异性关系，根据不同区域人均 GDP 与人均碳排放的不同关系，制定不同的协调经济发展与二氧化碳排放的政策措施。同时应该给予地方政府机关充分的自由裁量权，根据当地的实际情况制定符合当地经济发展的相关政策。

(2)东部地区技术水平、能源利用效率较高，随着人均 GDP 的上升，人均碳排放增加的十分缓慢，在低能耗、低排放、低污染的经济发展模式下可以实现经济增长与碳排放的“双赢”。中、西部地区过去的经济增长呈现出显著的“粗放型”“高能耗”的特征，在“粗放型”的增长方式下，随着经济的发展，二氧化碳排放显著增加，因此迫切需要加快产业结构调整，转变经济增长方式。

(3)政府可以尝试通过资源税等手段改善我国当前的能源消费结构，加大关于提高能源利用效率和清洁能源领域的科研投入力度，采用税收和津贴等方式鼓励清洁能源的使用，通过降低单位 GDP 能耗，有效减少我国的二氧化碳排放。

表 8-6　不含二次项的回归结果:各地区样本

估计方法		(1)	(2)	(3)	(4)	(5)	(6)	(7)	(8)
		FE	MG	CCEP	CCEMG	FE	MG	CCEP	CCEMG
东部	$\ln y_{it}$	0.7420*** (0.0322)	0.6801*** (0.1370)	0.7121*** (0.1651)	0.6293*** (0.3745)	1.0517*** (0.0616)	0.8541*** (0.0922)	0.5222*** (0.1994)	0.6391*** (0.2171)
	$\bar{\rho}$	0.119	0.559	0.082	0.131	0.148	0.142	−0.029	0.112
	CD 统计量	3.63***	17.09***	2.52**	4.00***	4.52***	4.35***	−0.88	3.43***
	CIPS 检验	−0.596	−0.2740***	−2.356**	−2.729***	−1.775	−3.155***	−3.411***	−4.627***
中部	$\ln y_{it}$	0.6658*** (0.0173)	0.6620*** (0.0426)	1.8396*** (0.3769)	2.1807** (0.7520)	0.9145*** (0.0237)	0.9347*** (0.0216)	1.1192*** (0.1485)	1.1256*** (0.2299)
	$\bar{\rho}$	0.119	0.559	0.082	0.131	0.148	0.142	−0.029	0.112
	CD 统计量	3.63***	17.09***	2.52**	4.00***	4.52***	4.35***	−0.88	3.43***
	CIPS 检验	−0.596	−2.740***	−2.356**	−2.729***	−1.775	−3.155***	−3.411***	−4.627***
西部	$\ln y_{it}$	0.9015*** (0.0220)	0.9143*** (0.0700)	1.0523** (0.4375)	1.3123* (0.8690)	0.9969*** (0.0167)	0.9355*** (0.0264)	1.0070*** (0.1444)	1.0882*** (0.4077)
	$\bar{\rho}$	0.231	0.500	−0.088	−0.062	0.023	−0.026	−0.096	−0.068
	CD 统计量	6.39***	13.83***	2.44**	−1.71*	0.64	−0.72	−2.64***	−1.88*
	CIPS 检验	−0.981	−2.985***	−2.719***	−3.275***	−1.765	−2.891***	−3.965***	−4.593***
控制变量		无	无	无	无	有	有	有	有

本章参考文献

邓晓兰,鄢哲明,武永义.碳排放与经济发展服从倒U型曲线关系吗——环境库兹涅茨曲线作文说的立新解读[J].财贸经济,2014(2):19-29.

杜立民.我国二氧化碳排放的影响因素:基于省级面板数据的研究[J].南方经济,2010(11):20-34.

顾宁,姜萍萍.中国碳排放的环境库兹涅茨效应识别与低碳政策选择[J].经济管理,2013(6):153-163.

何小钢,张耀辉.中国工业碳排放影响因素与CKC重组效应——基于STIRPAT模型的分行业动态面板数据实征研究[J].中国工业经济,2012(1):26-35.

胡宗义,刘亦文,唐李伟.低碳经济背景下碳排放的库兹涅茨曲线研究[J].统计研究,2013(2):73-79.

林伯强,蒋竺均.中国二氧化碳的环境库兹涅茨曲线预测及影响因素分析[J].管理世界,2009(4):27-36.

刘华军,闫庆悦.贸易开放、FDI与中国 CO_2 排放[J].数量经济技术经济研究,2011(3):22-36.

王艺明,蔡昌达,梁晓岚."自上而下"的机构改革与我国地方政府规模的决定[J].财贸经济,2014a(1):30-43.

王艺明,张佩,蔡昌达.低碳经济下中国碳排放强度收敛性的实证检验[J].厦门大学学报,2014b(2):120-128.

许广月,宋德勇.中国碳排放环境库兹涅茨曲线的实证研究[J].中国工业经济,2010(5):37-47.

杨子晖.经济增长、能源消费与二氧化碳排放的动态关系研究[J].世界经济,2011(6):100-128.

张为付,周长富.我国碳排放轨迹呈现库兹涅茨倒U型吗?——基于不同区域经济发展与碳排放关系分析[J].经济管理,2011(6):23-32.

赵忠秀,王苒,HINRICH V,等.基于经典环境库兹涅茨模型的中国碳排放拐点预测[J].财贸经济,2013(10):81-88,48.

郑丽琳,朱启贵.中国碳排放库兹涅茨曲线存在性研究[J].统计研究,2012(5):58-65.

AZOMAHOU T, LAISNEY F, VAN P N. Economic development and CO_2 emissions: a nonparametric panel approach[J]. Journal of Public Economics, 2006,90(6-7): 1347-1363.

GROSSMAN G M, KRUEGER A B. Economic growth and the environment[J]. Quarterly Journal of Economics, 1995,110(2):353-377.

NICHOLAS A, ILHAN O. Testing environmental kuznets curve hypothesis in asian countries[J]. Ecological Indicators, 2015,52:16-22.

PANAYOTOU T. Empirical tests and policy analysis of environmental degradation at different stages of economic development[Z]. International Labor Organization, No. 292778,1993.

PESARAN M H. General diagnostic tests for cross section dependence in panels[Z]. CESifoWorking Papers,No.1233,2004.

PESARAN M H. Estimation and inference in large heterogeneous panels with a multifactor error structure[J]. Econometrica, 2006,74:967-1012.

PESARAN M H. A simple panel unit root test in the presence of cross-sectional dependence[J]. Journal of Applied Econometrics, 2007,22:265-312.

PESARAN M H, SMITH R. Estimating long-run relationships from dynamic heterogeneous panels[J]. Journal of Econometrics, 1995,68:79-113.

WAGNER M. The carbon Kuznets curve:a cloudy picture emitted by bad econometrics? [J]. Resource and Energy Economics, 2008,30(3):388-408.

第九章　碳排放交易制度与企业研发创新

——基于三重差分模型的实证研究

刘晔　张训常*

一　引　言

近年来,环境问题一直是世界各国关注和讨论的重点问题之一,其不仅影响着人民的生活质量,而且关系到全球经济和人类社会的可持续发展(Chay and Greenstone,1999;杨继生等,2013;祁毓和卢洪友,2015)。在诸多环境问题中,温室气体特别是二氧化碳(CO_2)的排放所引起的全球气候变暖问题更得到各国政府的广泛关注,如何有效降低CO_2排放自然成了当今世界各国环境政策的重点。其中,碳排放交易(简称"碳交易")制度被认为是减少CO_2排放、缓解气候变暖的重要工具之一。自联合国出台《联合国气候变化框架公约》及《京都议定书》以来,碳交易制度就陆续在世界许多国家开始实施。

纵观中国近十几年的环境政策,仍以行政命令式的减排手段为主,辅之以排污收费制度(李伟伟,2014),虽然在2002年中国开始试点实施了污染排放权交易制度,将市场机制引入污染减排政策中,但其效果并没有得到较好体现(Wang et al.,2004;涂正革和谌仁俊,2015)。同时,在过去十几年中,与针对工业"三废"污染物的环境政策相比,直接针对CO_2减排的环境政策较少,这对于中国实现2020年单位GDP二氧化碳排放比2005年下降40%～45%的约束性"自主减排目标"来说,是严重的政策不足。为了减少CO_2排放,国家发展改革委于2011年批准北京、天津、上海、重庆、湖北、广东和深圳7省市开展碳交易试点工作,并计划在2017年启动全国碳排放权交易市场,届时中国将取代欧盟成为全球最大的碳市场,这也将弥补几十年来中国CO_2减排政策的缺乏。早期Coase(1960)、Croker(1966)、Dales(1968)等经济学家就曾经指出由市场来配置污染排放权,引入排污权交易机制是解决环境外部性的有效方案,因此碳排放交易试点的实施将对我国发展低碳经济具有重要作用。但是,随着中国经济步入新常态,在经济增速放缓并面临增长约束的情况下,仅仅关注碳排放交易政策的减排效应是远远不够的,有必要考虑引

* 刘晔,厦门大学经济学院财政系教授;张训常,厦门大学经济学院博士研究生。

入碳排放交易这一市场手段后对中国经济发展动力的影响,从而分析碳交易制度对发展低碳经济是否具有可持续性;而技术创新作为引领经济发展的第一动力,就更加值得受到关注。基于以上分析,本章旨在回答:2011 年开始试点的中国碳交易制度对企业研发创新行为有何影响?是否能够验证环境政策的"波特假说"?对于该问题的实证研究不仅能够弥补现有文献的研究空白,而且有助于为中国启动全国性碳排放权交易市场提供重要启示。

环境政策与企业创新之间的关系一直是学术界研究的热点问题。对于该问题的研究,Porter(1991)较早提出了环境波特假说,他认为严格的环境规制强度能够促进企业开展更多的创新活动以提高企业的生产率与竞争力,从而能够同时实现环境政策的环境红利和经济红利。环境波特假说的提出,吸引了众多学者对此进行研究。从国内来看,关于中国环境规制政策是否存在波特假说的研究,学术界也已取得了丰富的成果。其中一些研究发现,适当提高我国环境规制强度能够促进企业技术进步,产业技术创新,从而验证了波特假说在中国的存在性(黄德春和刘志彪,2006;张成等,2011;赵红,2008;王杰和刘斌,2014)。不过,这些文献都集中于对中国环境规制强度的讨论,并且大多数指标的构建都采用工业"三废"污染的相关数据而不是碳排放的数据。陈诗一(2010)和林伯强等(2010)学者针对 CO_2 减排控制政策的效应进行了分析,进一步丰富了关于中国命令型环境政策的相关研究。随着市场机制逐渐引入中国环境政策当中,基于市场手段的减排政策的经验研究越来越重要,而这方面的研究却显得有些不足。排污权交易制度是中国过去十几年最主要的引入市场手段控制污染排放的环境政策,涂正革和谌仁俊(2015)的研究却发现中国过去实施的 SO_2 排放权交易试点政策不仅没能实现减排效应,而且也未产生波特效应。这其中很大的原因在于 SO_2 排放权交易并不活跃,业界对此关注度也不高。与 SO_2 排放权交易试点政策不同的是,对于刚从 2011 年开始实施的碳交易试点政策,不仅在试点实施以后,碳交易额逐年增长,也充分实现了 CO_2 的减排效果,人们对该政策的关注度也越来越高。虽然 Cheng 等(2015)、Tang 等(2015)等学者通过理论模型和一般均衡模型(CGE)对中国部分省市的碳交易制度的经济效应进行了模拟分析,但是迄今为止直接针对中国碳交易制度的实证研究还相对较少,这主要是碳排放试点政策实施的时间较短。对文献的查找可以发现,沈洪涛等(2017)的研究与本章有类似之处,他们同样基于我国碳交易试点这一"准自然实验",并采用上市公司数据实证检验了碳交易对企业碳减排效果及减排机制的影响,然而他们的研究发现碳交易政策能够使企业减少产量从而实现减排,而并不会导致企业增加减排技术的投入。与该研究不同的是,本章从企业研发投资行为这一角度出发分析碳交易政策的实施是否会对企业的研发行为产生影响,并从现金流与创新预期收益的视角对其作用机制进行了说明。

与现有文献相比,本章主要贡献体现在:第一,本章以中国开展的碳交易试点政策为准自然实验,考察了碳交易制度对中国有企业业研发投入的影响,从而弥补了这一领域

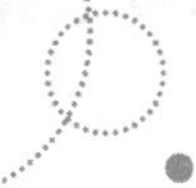

实证研究的空缺。第二,在方法上,我们通过构建三重差分模型对本章的主要问题进行了实证分析,并且通过一系列的稳健性检验提升了研究结论的可信度。第三,在结论上,本章不仅发现碳交易试点政策整体上能够有效促进企业开展研发创新活动,而该政策对创新行为的正向作用主要来源于规模较大的企业,进而本章对其影响机制也进行了相应的讨论。

二 制度背景与理论假说

(一)制度背景

为了遏制全球气候变暖,联合国早在 20 世纪末就出台了《联合国气候变化框架公约》及《京都议定书》两大公约,并催生了清洁发展机制(clean developmout mechanism, CDM)、联合履行(joint implementatiom, JI)机制和国际排放贸易(emissions trading, ET)机制这 3 种以二氧化碳排放权为主的碳交易市场机制。中国作为《联合国气候变化框架公约》及《京都议定书》的缔约方,于 2004 年 6 月颁布了《CDM 项目运行管理暂行办法》,并于 2005 年 10 月对该办法进行修订,颁布了《CDM 项目运行管理办法》,正式通过 CDM 这一渠道将碳交易的理念和实践引入中国。截至 2016 年 8 月 23 日,国家发展改革委批准的全部 CDM 项目 5074 项,预计年产生 CO_2减排量 78205.23 万吨。[①] 可以看出,CDM 项目在我国发展迅速,规模不断扩大,中国已然成为 CDM 项目的头号供应方,占据了主导地位。但是,CDM 项目在我国还存在许多问题,比如 CDM 排放权交易标准不统一,缺乏合理的激励机制,并且发达国家控制了 CDM 市场的诸多方面,导致中国在 CDM 交易中处于明显的弱势(李钊,2016)。

中国作为二氧化碳排放大国,碳交易市场潜力巨大,同时由于面临着较高的减排目标,仅仅依靠 CDM 项目来实现 CO_2减排不仅使中国在碳交易市场上受制于发达国家,而且损失了碳交易隐藏的巨大收益。为了减少 CO_2 排放,引入市场机制的作用,2011 年 10 月,国家发展改革委印发《关于开展碳排放权交易试点工作的通知》,正式批准北京、天津、上海、重庆、湖北、广东和深圳开展碳交易试点工作,并于 2013 年先后在这 7 省市试行碳排放权交易。2013 年 6 月 18 日,深圳碳排放权交易市场在全国 7 家试点省市中率先启动交易。随着各个试点省市先后启动碳排放权交易市场,交易额和交易量也逐渐增加,截至 2016 年 9 月,北京、上海、天津、重庆、湖北、广东、深圳 7 个碳交易市场配额现货累计成交量达到 1.2 亿吨 CO_2,成交金额累计超过 32 亿元。同时,根据数据显示,7 个碳交易试点碳交易总量已占当地碳排放总量的 40%以上,高耗能产业基本都被涵盖其中,

---

① 数据来源中国清洁发展机制网:http://cdm.ccchina.gov.cn/NewItemTable2.aspx。

各地实施交易后，碳排放降幅比同类非试点地区明显增加。① 另外，碳交易试点的实施，致使许多企业通过节能改造，将节约下来的排放量卖出以获得减排收益，通过"卖碳"为企业带来了额外的利益，其中成功的案例不乏大唐发电、湖北能源等一些上市企业。随着业界对碳排放权交易实施的关注度越来越高，呼吁建立全国统一碳市场的呼声也越来越高。在这样的背景下，国家"十三五"规划提出 2017 年将启动全国碳排放权交易市场，这将令中国取代欧盟成为全球最大的碳交易市场。

（二）理论假说

所谓碳交易，指的是把 CO_2 排放权进行商品化，从而控制 CO_2 排放的市场机制。具体而言，政府为了控制 CO_2 排放的总量，通过向企业发放碳排放配额，规定企业的 CO_2 排放上限，如果企业实际排放量超出配额，需要在碳市场上购买配额；而如果企业实际排放量小于配额，则可以通过卖出配额获得收益。因此，碳交易作为一种配额交易机制，实际上就是政府通过数量干预，在规定配额的情况下，由市场交易来决定碳排放权配额的分配。

从理论上讲，碳交易制度对企业创新行为的影响主要可以从政策实施前和实施后企业面临的约束进行分析。在碳交易试点实施之前，中国政府对 CO_2 排放量的控制措施较少，对于高碳企业而言，面临着较为宽松的碳减排约束。而如果实施碳排放交易制度，由于政府的目的在于通过数量干预以及引入市场手段来控制 CO_2 的排放量，因此这些企业将面临更为严格的减排约束政策。在没有规定企业 CO_2 排放限额的情况下，企业并没有动力去采取任何的 CO_2 减排措施，假设此时企业处于最优的产量水平下，其 CO_2 排放总量为 T_E，而如果向企业发放 E 单位的碳排放配额，企业将面临 T_E-E 的减排约束，这将给企业带来额外的减排成本。虽然企业可以在市场上通过购买配额来缓解减排约束，假设碳交易价格为 P，这时也将给企业带来 $(T_E-E)\times P$ 的成本增加。此外，企业也可以加大研发投资活动以实现低碳技术改造，优化产品开发等技术革新，不仅可以降低边际减排成本，而且能够免于长期购买碳排放配额的成本支出。因此，对于企业而言，在实施碳交易试点以后，通过增加研发投资活动能够得到更大的预期收益，这将促进企业进行更多的研发创新。基于此，本章提出如下假说 1：

假说 1：碳交易制度能够促使企业更愿意进行研发投资，所以碳交易试点政策能够提高受影响企业（处理组）的研发投资强度。

与传统命令型的环境规制不同，在碳交易机制下，企业减排的方式可以根据自身成本进行选择。如图 9-1 所示，假设政府规定企业的碳排放配额为 E，此时，企业面临的边际减排成本 M_C，市场上碳交易价格为 P，在图 9-1(a)中，由于企业的边际减排成本超过

① 资料来源：http://news.163.com/16/0516/00/BN58VIEM00014AED.html。

碳交易价格，这时企业并不会采取减排策略，而是通过在碳市场上购买$(E'-E)$的配额以缓解自身的减排约束；而在图 9-1(b)中，在规定排放配额为 E 的情况下，如果企业的边际减排成本低于碳交易价格，则企业可以通过将富余的$(E-E')$碳配额在市场上卖出以获得碳收益$(E-E')\times P$。一般认为，企业的边际减排成本与企业的规模大小有关，由于规模经济的存在，规模越大的企业越有可能采取先进的设备和技术来降低减排成本，因此其面临较低的边际减排成本曲线。由此，对于规模越大的企业而言，越有可能是碳交易市场上的卖者，即图 9-1(b)的情况，而规模越小的企业越有可能是碳交易市场上的买者，即图 9-1(a)的情况。再者，一方面，规模越大的企业进行研发创新获得成功的可能性越高，并且进行研发创新后所能获得的收益也越大，因此在碳交易机制下，规模越大的企业越有可能进行技术革新，增加研发投资以开发清洁产品，从而降低自身的边际减排成本；而规模较小的企业由于进行研发投资的成本较高，更有可能采取在市场上购买配额而不是进行技术研发。另一方面，规模越大的企业通过在市场上卖出碳排放配额获得的额外收益，越有可能将其投资于新技术的开发过程当中。因此，本章提出如下假说 2：

假说 2：由于边际减排成本的不同，碳交易制度能够促进大规模企业进行研发创新投入，而对小规模企业的研发投入影响不大。

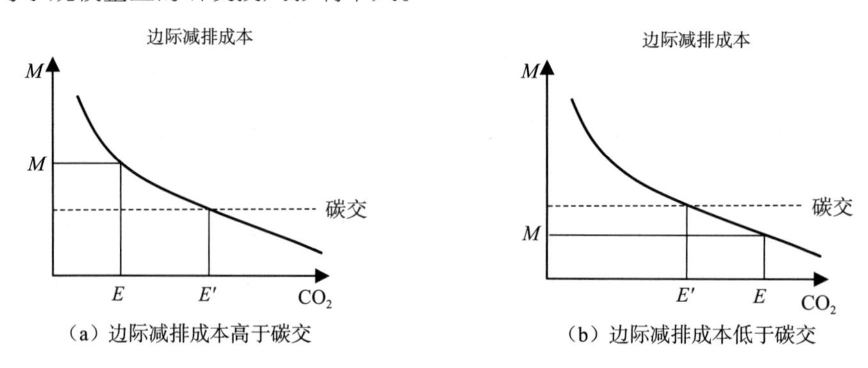

(a) 边际减排成本高于碳交　　(b) 边际减排成本低于碳交

图 9-1　碳交易试点下企业行为的异质性

三　数据来源与模型设计

(一)样本与数据来源

本章以 2008—2015 年间中国所有 A 股上市公司作为初始样本。鉴于碳交易试点政策只涉及试点省份中试点行业的企业，因此本章选取试点地区中石化、化工、建材、钢铁、有色、造纸、电力和航空这 8 大试点行业的上市公司作为处理组，其中对应的上市公司证监会新行业分类名称见表 9-1，通过剔除在样本期间内数据缺失的样本，以及 2008 年以后上市的企业，最终选取 1006 家上市公司作为本章的研究样本，共计 8048 个有效观测值。其中,企业研发支出费用的数据来源于 Wind 数据库,其他财务数据则来源于 CSMAR 数据库。

表 9-1　行业对照

行业	证监会行业分类标准三级代码	证监会行业分类标准三级行业名称	证监会行业分类标准一级行业名称
石化	C25	石油加工、炼焦及核燃料加工业	制造业
化工	C26	化学原料及化学制品制造业	
建材	C30	非金属矿物制品业	
钢铁	C31	黑色金属冶炼及压延加工业	
有色	C32	有色金属冶炼及压延加工业	
造纸	C22	造纸及纸制品业	
电力	D44,D45	电力、热力、燃气的生产和供应业	电力、热力、燃气及水生产和供应业
航空	G56	航空运输业	交通运输、仓储和邮政业

(二)研究方法:三重差分模型

双重差分模型是政策效应评估的常用方法,通过为“处理组”找到相应的“对照组”,从而检验政策实施对处理组的影响。由于此次碳排放权交易的实施针对的是试点省市里面的 8 个高碳排放行业,因此我们可以将试点省市里试点行业的企业作为“处理组”,而将试点省市里的其他企业,或非试点省市里的企业作为“对照组”进行双重差分模型估计。但是,不管采取哪一组企业作为“对照组”,都有可能无法满足平行趋势假设的要求。如果采用试点省市里的其他企业作为“对照组”,试点行业的企业相对于其他行业的研发投入本身就可能随时间发生变化(即使未推出碳交易试点),而如果采用非试点省市里的企业作为“对照组”,也会由于忽略了试点地区和非试点地区的研发投入情况,即使在没有碳交易试点的情况下,也可能由于两类地区实际情况的差异而具有不同的时间趋势,或者说试点地区的选择并非是随机的。因此,无论选择哪一组企业作为“对照组”,采用双重差分模型估计可能并不能得到一致的估计。

鉴于“对照组”的选取不仅可以采用试点省市里面的企业(对照组 1),也可以采用非试点省市里的企业(对照组 2),碳交易试点的实施为我们构建三重差分模型提供了很好的准自然实验,从而能够消除“处理组”和“对照组”之间本来存在的行业差异以及地区差异,进而得到比双重差分模型更稳健的估计结果。因此,为了准确地估计碳交易机制对企业研发创新的影响,本章构建如下计量模型:

$$Y_{i,j,k,t}=\alpha_{i,j,k,t}+\delta\cdot Cprov_{i,j}\cdot Cindus_{i,k}\cdot Post_{t}+\beta_{1}\cdot Cprov_{i,j}\cdot Post_{t}+\beta_{2}\cdot Cindus_{i,k}\cdot Post_{t}+\beta_{3}\cdot Cprov_{i,j}\cdot Cindus_{i,k}+\beta_{4}\cdot Post_{t}+\beta_{5}\cdot Cprov_{i,j}+\beta_{6}\cdot Cindus_{i,k}+\gamma\cdot Z_{i,j,k,t}+u_{k}+Prov_{j}+\varepsilon_{i,j,k,t} \qquad (9\text{-}1)$$

式中，下标 i、j、k、t 分别表示企业、省份、行业（采用证监会新行业分类标准三级行业代码）和年份，$Y_{i,j,k,t}$ 为被解释变量，由于本章主要考察碳交易机制对企业研发创新的影响，因此采用研发强度 $R\&D\_level$（研发支出/销售总收入×100%）来度量企业的创新行为。再者，考虑到每个行业的研发强度存在较大差异，直接采用研发强度指标跨行业可比性不大，因此本章不仅在具体回归中控制了行业固定效应（u_k），也同时采用在行业层面进行标准化的研发强度作为被解释变量，即采用公式（$R\&D\_level$-min$R\&D_level$）/（max$R\&D_level$-min$R\&D_level$）对研发强度进行标准化，其中 max$R\&D_level$ 为行业内最大的研发强度水平，min$R\&D_level$ 为行业内最小的研发强度水平，经过处理，得到标准化的研发强度指标 $R\&D\_standard$。此外，我们也采用企业是否有研发投入来构建研发投入的虚拟变量（$R\&D\_dummy$），以衡量企业研发投入从无到有的过程。$Z_{i,j,k,t}$ 为企业层面的控制变量[①]，通过参考相关文献（聂辉华等，2008；He and Tian，2013），加入了企业规模［$Log(asset)$］、企业规模的二次项［$Log(asset)\times Log(asset)$］、企业规模的三次项［$Log(asset)\times Log(asset)\times Log(asset)$］、总资产净利润率（ROA）、股权集中度（COCEN）、资产负债率（$Leverage$）以及国有企业哑变量（SOE），各变量的定义见表 9-2。$Prov_j$ 代表省份固定效应，$\varepsilon_{i,j,k,t}$ 为扰动项。模型（1）中的相关虚拟变量的定义如下[②]：

$$Cprov_{i,j}\begin{cases}=1,\text{企业 } i \text{ 位于试点省市}\\=0,\text{企业 } i \text{ 位于非试点省市}\end{cases}$$

$$Cindus_{i,k}\begin{cases}=1,\text{企业 } i \text{ 属于受影响行业}\\=0,\text{企业 } i \text{ 属于不受影响行业}\end{cases}$$

$$Post_{t}\begin{cases}=1,\text{试点后时期},\text{year}\geqslant 2012\\=0,\text{试点前时期},\text{year}<2012\end{cases}$$

从模型（1）中可以看出，对于对照组 1 而言，碳交易试点实施以后，研发强度的变化为 $\beta_1+\beta_4$；对于对照组 2 的企业而言，碳交易试点实施以后，研发强度的变化为 $\beta_2+\beta_4$，所有企业共同的时间趋势为 β_4。而对于处理组企业，试点实施之后研发强度的变化为 δ

① 虽然省级层面的一些经济因素会影响企业的研发支出水平，但这些因素与企业是否被纳入处理组无关，因此是否控制省级层面的一些经济变量对本章的估计结果并不产生影响。当然，本章有尝试控制各地区的经济发展水平、产业结构、地区开放程度、城镇化水平等省级层面的相关变量，基准结果并未发生改变。

② 需要说明的是，虽然到 2013 年 6 月份各试点省市才陆续开始试行碳排放权交易，但是碳交易试点政策正式批准的时间为 2011 年 10 月份。由于企业的行为决策存在一定的前瞻性，不能排除企业在 2012 年的时候就做出相应的反应，因此本章将 2012 年及以后年份作为试点后时期，而将 2012 年之前的年份作为试点前时期。

$+\beta_1+\beta_2+\beta_4$。因此，经过三重差分后得到的估计量 $\hat{\delta}$ 反映的是碳排放权交易试点对于处理组企业研发投资强度的净影响，也是本章最感兴趣的系数。

表 9-2　变量解释

变量分类	变量名	变量符号	变量解释
被解释变量	研发强度	R&D_level	研发支出/销售总收入×100%
	标准化的研发强度	*R&D_standard*	采用企业所属行业的研发强度进行标准化处理后得到的研发强度
	研发投入虚拟变量	*R&D_dummy*	企业当年有进行研发投资取值为1，否则为0
控制变量	企业规模	*lg(asset)*	年末总资产取自然对数
	总资产净利润率	*ROA*	企业净利润/年末资产总额
	股权集中度	*COCEN*	第一大股东持股比例(%)
	资产负债率	*Leverage*	负债总额/资产总额
	国有企业哑变量	*SOE*	企业的实际控制人为中央和地方的国资委、政府机构、国有企业时该变量取值为1，否则为0

四　实证结果分析

(一)变量描述性统计

表 9-3 列出了相关变量的描述性统计，本章将样本企业划分为试点省份里试点行业的企业(处理组)、试点省份里非试点行业的企业(对照组 1)以及非试点省份的企业(对照组 2)这 3 组。由表 9-3 可知，处理组企业的研发强度明显低于两类对照组企业，这说明对于试点省份的高碳排放行业而言，其进行研发投资的意愿与其他企业原本可能就存在很大的差异。再者，比较对照组 1 和对照组 2 的研发强度也可以发现，两组对照组之间的研发投资强度也存在较大的差异。对于处理组企业而言，研发强度的均值是 0.9461，即平均而言，对于销售总收入为 1 亿元的公司，研发投资支出为 946.1 万元；不过其标准差为 1.6925，说明不同处理组企业的研发强度存在较大的差距。对于企业规模、资产净利润率、资产负债率以及股权集中度这些变量，虽然 3 组企业存在一定的差异，但是差别并不是很大。而观察国有企业哑变量可以发现，处理组企业中有 74.53%的企业是国有企业，而对照组企业中的国有企业比例稍微更低一些，表明高碳排放行业这种高耗能的行业大部分由国有企业所垄断。

表 9-3　变量描述性统计

变量符号	试点省份里试点行业的企业(处理组)			试点省份里非试点行业的企业(对照组 1)			非试点省份的企业(对照组 2)		
	观测数	平均值	标准差	观测数	平均值	标准差	观测数	平均值	标准差
R&D_level	640	0.9461	1.6925	1920	2.3625	2.7449	5488	1.6511	2.1327
R&D_standard	640	0.0447	0.1177	1920	0.0931	0.1454	5488	0.0622	0.1041
R&D_dummy	640	0.5281	0.4996	1920	0.6922	0.4617	5488	0.6984	0.4590
ROA	640	0.0266	0.0736	1920	0.0355	0.0708	5488	0.0250	0.0776
lg(asset)	640	22.7235	1.6949	1920	21.9917	1.4014	5488	21.8999	1.2184
Leverage	640	0.5788	0.5954	1920	0.5096	0.6795	5488	0.5391	0.9308
SOE	640	0.7453	0.4360	1920	0.6411	0.4798	5488	0.6117	0.4874
COCEN	640	37.5949	16.8688	1920	36.0095	15.0530	5488	34.7728	14.6713

(二)实证结果

本章采用 Tobit 模型估计碳交易政策对企业研发强度的影响,而当被解释变量为标准化的研发强度时,则采用 OLS 回归,以及被解释变量为是否有研发投入的虚拟变量时我们采用 Logit 模型进行估计。表 9-4 报告了本章对模型(1)的估计结果,其中,第(1)至第(2)列因变量是研发强度(*R&D_level*),第(3)至第(4)列因变量是标准化的研发强度(*R&D_standard*),第(5)至第(6)列回归结果的因变量是研发投入的虚拟变量(*R&D_dummy*)。所有回归结果我们都控制了省份固定效应和行业固定效应,第(1)、(3)、(5)列是在没有添加其他控制变量的回归结果,第(2)、(4)、(6)列则加入了其他控制变量。回归结果显示,采用 3 种方法衡量企业的研发活动指标至少在 5%的显著性水平下显著为正,说明碳排放权交易试点政策的实施能够促进企业进行更多的研发投资活动,鼓励企业技术创新。同时,第(5)列和第(6)列的结果表明,对于处理组企业而言,在碳交易政策实施之前,较少的企业愿意进行研发投入;而政策实施之后,促使更多的企业进行研发投资活动。因此,表 9-4 的所有实证结果表明,我国碳交易试点政策对企业的研发创新具有显著的正向作用,该实证结论与本章的理论假说 1 一致。所以,从长远来看,碳交易制度的实施将有利于企业通过技术革新降低 CO_2 的排放,这符合我国发展低碳经济的政策取向。

表 9-4　基准回归结果

VARIABLES	(1)	(2)	(3)	(4)	(5)	(6)
	R&D_level	*R&D_level*	*R&D_standard*	*R&D_standard*	*R&D_dummy*	*R&D_dummy*
Cprov×*Cindus*×*Post*	0.7801***	0.6981**	0.0305**	0.0278**	1.0414***	0.9208**
	(0.2594)	(0.2720)	(0.0122)	(0.0121)	(0.3371)	(0.3710)
Cindus×*Post*	−0.7036***	−0.6945***	−0.0030	−0.0038	−0.6610***	−0.6629***
	(0.2105)	(0.2070)	(0.0064)	(0.0064)	(0.2250)	(0.2284)
Cprov×*Post*	−0.1182	−0.1251	−0.0124*	−0.0130***	−0.2628	−0.2415
	(0.2401)	(0.2300)	(0.0065)	(0.0064)	(0.2394)	(0.2497)
Cprov×*Cindus*	−0.5683	−0.6882***	−0.0299***	−0.0319***	−0.1860	−0.2521
	(0.3460)	(0.2974)	(0.0087)	(0.0087)	(0.2578)	(0.2406)
Cindus	−0.7802***	−0.6066***	−0.0296***	−0.0205***	−0.3069***	−0.3329***
	(0.2098)	(0.2090)	(0.0047)	(0.0047)	(0.1369)	(0.1616)
Post	2.2463***	2.3020***	−0.0051	0.0007	2.1396***	2.1324***
	(0.1633)	(0.1734)	(0.0038)	(0.0039)	(0.1428)	(0.1485)
Cprov	−0.4881***	−0.3457***	0.0016	0.0053	−0.5602***	−0.4826***
	(0.1732)	(0.1745)	(0.0123)	(0.0122)	(0.0785)	(0.0804)
Constant	−2.2152***	−406.6412***	0.0689***	−10.2151***	−1.3885***	−252.6085***
	(0.2860)	(140.2402)	(0.0084)	(2.3112)	(0.2630)	(81.6652)
控制变量	否	是	否	是	是	是
Province	是	是	是	是	是	是
Industry	是	是	是	是	是	是
Observations	8048	8048	8048	8048	8048	8048

注：***、***和*分别表示在1%、5%和10%的显著性水平下的显著性水平；括号内数值为对省级层面的聚类稳健标准误。控制变量包括Log(*asset*)、Log(*asset*)×Log(*asset*)、Log(*asset*)×Log(*asset*)×Log(*asset*)、*ROA*、*Leverage*、*SOE*、*COCEN*。鉴于篇幅的限制，本章略去控制变量的系数解释，如需要，可向作者索取。下表同。

接下来，我们考虑企业规模的异质性。由于企业规模的大小可能与企业边际减排成本有关，进而影响碳交易试点下企业创新行为的选择。为了对理论假说2进行验证，本章将规模大于行业平均企业规模的企业划分为大规模企业，而将小于行业平均规模的企业划分为小规模企业，并进行分组回归，从而探讨碳交易制度对不同规模企业创新行为的影响，其估计结果见表9-5。其中，表9-5的第(1)、(2)、(3)列是对大规模企业的实证结果，第(4)、(5)、(6)列是对小规模企业的实证结果。从表9-5的第(1)列结果可以发现，对

于大规模企业而言,在控制了相关控制变量、省份固定效应以及行业固定效应后,交乘项 $Cprov \times Cindus \times Post$ 的估计系数在 10%的显著性水平下显著为正;而对于小规模企业,交乘项 $Cprov \times Cindus \times Post$ 的估计系数虽然为正,但并不显著。该结果说明碳交易试点政策只对大规模企业的创新行为具有显著的正向作用,而对小规模企业创新行为的正向作用并不明显。表 9-5 的第(2)列和第(4)、第(3)列和第(6)列分别采用标准化研发强度、是否有研发投入作为因变量的估计结果也同样验证了规模大小不同的企业受碳交易试点政策的影响效应不同,该结论与本章假说 2 一致。

表 9-5　企业规模与碳交易机制的创新效应

Variables	(1)	(2)	(3)	(4)	(5)	(6)
	大规模企业			小规模企业		
	R&D_level	R&D_standard	R&D_dummy	R&D_level	R&D_standard	R&D_dummy
$Cprov \times Cindus \times Post$	0.9608***	0.0474***	1.3618***	0.1674	0.0020	0.3969
	(0.4437)	(0.0150)	(0.5335)	(0.4765)	(0.0191)	(0.4232)
Constant	784.1912	41.4055***	282.0550	−749.5661***	−21.5210***	−213.0217
	(484.8994)	(11.3003)	(495.7238)	(264.3509)	(8.1160)	(204.9343)
控制变量	是	是	是	是	是	是
Province	是	是	是	是	是	是
Industry	是	是	是	是	是	是
Observations	3857	3857	3857	4191	4191	4191

(三)稳健性检验

上面的基准实证结果表明碳交易试点提高了企业进行研发投资的意愿,促使企业进行更多的创新活动。接下来本章将进行一系列稳健性检验来说明上述结果的稳健性。[①]首先,本章进行了 3 种安慰剂检验。为了说明本章的结果并非偶然,我们采取构造反事实的方法以及通过证伪试验(falsification test)来进行安慰剂检验。前者通过随机选取 7 个省份作为试点地区和随机选择部分其他行业作为碳交易试点地区的试点行业从而构造反事实,并进行与前文一样的三重差分估计;证伪试验则是假设碳交易试点实施的年份为 2009 年,通过去掉 2012 年及以后的样本进行三重差分回归。所有的回归结果显示交乘项 $Cprov \times Cindus \times Post$ 的估计系数并不显著。其次,本章在基准回归结果中剔除了 2008—2015 年间企业不连续的样本,所采用的是平衡面板数据。为了说明本章的估

① 由于篇幅的限制,稳健性检验的结果留存备索。

计结果不受样本选择的影响，这里将保留所有在样本期间不连续的样本以及观测时间不足8年的样本，从而得到2008—2015年间的混合面板数据并进行回归，实证结果显示交乘项 $Cprov \times Cindus \times Post$ 的估计系数至少在10%的显著性水平下显著。最后，本章也采用现有文献中其他度量研发强度的常用指标，即采用研发投入总额，以及研发投入占资产总额的比重来度量企业研发创新的情况。对于研发投入总额，本章对其取自然对数[①]进行回归，其回归结果与前文的结论保持一致，说明本章的回归结果并不依赖于因变量的度量方法。因此，以上一系列结果表明，本章所得到的基准结论是比较稳健的。

（四）机制分析

企业现金流和预期收益（即创新的潜在利润）是影响企业是否增加研发活动的重要因素（Brown and Peterson，2011；Schumpeter，1990）。如果碳交易制度能够增加企业的现金流以及提高研发投资带来的预期收益，那么该制度在很大程度上能够促进企业进行研发投资。因此，本章试着从这两个角度来说明碳交易政策影响企业研发创新的作用机制。一方面，在碳排放交易政策下，企业可以通过将剩余的 CO_2 排放配额在市场上进行交易以获得额外收入，增加企业现金流量，从而缓解企业进行研发投资的现金约束，所以如果可以验证碳交易试点的实施增加了企业的现金流，那么现金流的增加是促进企业研发投资的动力之一。另一方面，在未来，企业可以通过研发创新降低企业的边际减排成本，从而节约更多的碳配额并在碳交易市场上进行出售获得额外利润。换言之，碳交易政策能够提高企业研发创新的预期收益。然而，该结论成立的前提是碳交易政策确实能使企业通过“卖碳”来增加其利润，提高资产收益率，否则企业将没有动机进行创新。因此，如果能够验证碳交易政策提高了企业的资产收益率，那么企业就有足够的理由预期研发创新能够带来更大的未来收益，从而激励企业进行研发创新。综上，如果碳交易试点政策的实施能够使企业通过“卖碳”获得收入，不仅可以直接影响企业进行研发投资活动的现金流，而且能够间接地促进企业进行研发创新以获得额外的长期收益。鉴此，本章将企业现金流（CF）与资产净收益率（ROA）作为被解释变量[②]，考察碳交易试点政策对这两个指标的影响，从而在一定程度上验证碳交易影响研发创新行为的可能机制。

回归结果见表9-6，从第（1）列的结果可以看出，交乘项 $Cprov \times Cindus \times Post$ 的系数为正，但不显著，说明碳交易试点政策的实施，总体上并没有提高处理组企业的现金流。但是如果将企业分为大规模企业和小规模企业（采用虚拟变量 $Large$ 表示），将其与交乘项 $Cprov \times Cindus \times Post$ 相乘时，其系数在1%的显著性水平下显著为正，说明碳交易试点政策能够增加大规模企业的现金流，而对小规模企业没有影响。第（3）列和第（4）列考察了企业的资产净收益率，研究得出碳交易试点政策能够使处理组企业的资产净收益提高，并且不存在企业规模之间的差异，这说明我国碳配额的免费发放，使试点企

① 由于研发投入存在0值，直接取对数值会产生缺失值，因此采用研发投入加1后再取自然对数。

② 企业现金流指标采用本期经营活动产生的现金净流量/上期末总资产余额。

业能够通过在市场上卖出剩余配额以获得额外利润。因此,碳交易机制的引入不仅使企业直接获得额外的收入来源,而且通过提高资产净收益率能够激励企业研发创新以获得长期的“卖碳”收益。综合以上结果表明,碳交易政策不仅通过增加大规模企业的现金流从而对创新行为具有直接效应,而且也可以通过对研发创新的预期收益产生影响,进而能够间接地刺激企业进行创新。

表 9-6　碳交易试点政策对企业利润率的影响

Variables	(1)	(2)	(3)	(4)
	CF	CF	ROA	ROA
Cprov×*Cindus*×*Post*	0.0077 (0.0073)	−0.0078 (0.0102)	0.0155*** (0.0055)	0.0219*** (0.0103)
Cprov×*Cindus*×*Post*×*Large*		0.0255*** (0.0090)		−0.0105 (0.0125)
Constant	−0.0257 (0.0177)	−0.0184 (0.0178)	−0.1795*** (0.0282)	−0.1825*** (0.0291)
控制变量	是	是	是	是
Province	是	是	是	是
Industry	是	是	是	是
Observations	8048	8048	8048	8048

五　主要结论与政策含义

为了减少 CO_2 的排放,2011 年 10 月,中国政府正式批准北京、天津、上海、重庆、湖北、广东和深圳 7 省市开展碳交易试点工作。随着中国碳交易试点政策日渐成熟,人们对该政策的关注度也越来越高。然而,学术界却缺乏对该政策的相关实证研究,这对于中国即将在 2017 年启动全国碳交易市场而言是一大不足。鉴此,本章基于中国 A 股上市公司数据,以此次碳交易试点为准自然实验,通过采用三重差分模型考察了碳交易试点政策对企业创新活动的影响。在碳交易试点实施后,企业不仅可以通过技术改造、研发新产品等技术手段以实现减排,而且还可以通过在碳市场上购买配额以缓解自身的减排约束。来自三重差分估计的研究结果表明,碳交易试点政策能够显著地提高处理组企业的研发投资强度,促使更多的企业愿意进行研发创新活动。这很大程度上可能是因为碳交易试点的实施不仅使企业面临较严格的减排约束,而且也提高了企业进行研发创新带来的收益,即通过“卖碳”获得的额外收益。在考虑了企业规模的异质性以后,本章发现,碳交易制度只对大规模企业的创新投入具有显著的正向效应,但对小规模企业的研发创新并没有显著的影响。这主要可能是由于不同规模的企业面临的边际减排成本不同,从而导致碳交易机制下企业选择不同的减排策略。最后,本章从企业现金流和预期收益这两个角度对碳交易制度影响企业创新行为的机制进行了分析,发现碳交易制度可以通过增加大规模企业的现金流从而直接提高企业的创新投入,并且也可以提高企业资产净收益率从而对研发创新的预期收益产生影响,进而能够间接地刺激企业进行创新。

本章的研究结论不仅丰富了有关碳交易制度这一领域的实证研究,而且为中国启动全国碳排放权交易市场的规划提供了经验支持。本章研究表明,积极促进碳交易制度在中国全面实施具有重要的现实意义。长期以来,中国一直缺少关于 CO_2 的减排政策,这也是过去十几年 CO_2 排放量剧增的重要原因。在学术界,碳税政策被认为是减少 CO_2 排放量的有效措施,但是种种原因导致碳税政策从提出到现在历经近十年,一直未能正式实施。作为一种替代措施,碳交易制度通过引入市场手段不仅能够有效控制 CO_2 排放总量,而且能够激发企业创新活力,促进企业进行技术改造。另外,高碳排放行业大多是能源消耗性行业,存在较高的市场集中度和垄断势力,并以国有企业居多,如石化、电力、钢铁、航空等行业,垄断势力和国有属性容易使企业缺乏技术创新的足够激励。然而,碳交易机制不仅能够促进这些企业减少碳排放,而且能够促进企业进行创新活动以减少 CO_2 排放量,并在市场上卖出以获取额外收益。因此,在全国启动碳交易市场,并让更多的企业进行碳交易符合我国可持续发展战略。

本章参考文献

陈诗一.节能减排与中国工业的双赢发展:2009—2049[J].经济研究,2010(3):129-143.

黄德春,刘志彪.环境规制与企业自主创新——基于波特假设的企业竞争优势构建[J].中国工业经济,2006(3):100-106.

李伟伟.中国环境政策的演变与政策工具分析[J].中国人口资源与环境,2014(5):107-110.

李钊.我国 CDM 项目发展研究[J].合作经济与科技,2006(12):46-48.

林伯强,姚昕,刘希颖.节能和碳排放约束下的中国能源结构战略调整[J].中国社会科学,2010(1):58-72.

聂辉华,谭松涛,王宇锋.创新、企业规模和市场竞争:基于中国有企业业层面的面板数据分析[J].世界经济,2008(7):57-70.

祁毓,卢洪友.污染、健康与不平等——跨越"环境健康贫困"陷阱[J].管理世界,2015(9):32-51.

沈洪涛,黄楠,刘浪.碳排放权交易的微观效果及机制研究[J].厦门大学学报(哲学社会科

学版),2017(1):13-22.

涂正革,谌仁俊.排污权交易机制在中国能否实现波特效应?[J].经济研究,2015(7):162-175.

王杰,刘斌.环境规制与企业全要素生产率——基于中国工业企业数据的经验分析[J].中国工业经济,2014(3):44-56.

熊彼特.经济发展理论[M].北京:中国商业出版社,2009.

杨继生,徐娟,吴相俊.经济增长与环境和社会健康成本[J].经济研究,2013(12):17-29.

张成,陆旸,郭路,等.环境规制强度和生产技术进步[J].经济研究,2011(2):115-126.

赵红.环境规制对产业技术创新的影响——基于中国面板数据的实证分析[J].产业经济研究,2008(3):35-40.

BROWN J R, PETERSEN B C. Cash holdings and R&D smoothing[J]. Journal of Corporate Finance, 2011,17(3):694-709.

CHAY K Y, GREENSTONE M. The impact of air pollution on infant mortality: evidence from geographic variation in pollution shocks induced by a recession[J]. Quarterly Journal of Economics, 1999,118(3):1121-1167.

CHENG B, DAI H, WANG P, et al. Impacts of carbon trading scheme on air pollutant emissions in Guangdong province of China[J]. Energy for Sustainable Development, 2015,27:174-185.

COASE R H. The problem of social cost[J]. Journal of Law and Economics, 1960,3: 1-44.

CROCKER T. The structuring of air pollution control systems[M]//WOLOZIN H. The economics of air pollution. New York: W. W. Norton, 1966.

DALES J H. Pollution property and prices: an essay in policy-making and economics [M]. Toronto: University of Toronto Press 1,1968.

HE J J, TIAN X. The dark side of analyst coverage: the case of innovation[J]. Journal of Financial Economics, 2013,109(3):856-878.

PORTER M E. America's green strategy[J]. Scientific American, 1991, 264(4): 142-153.

TANG L, WU J, YU L, et al. Carbon emissions trading scheme exploration in China: a multi-agent-based model[J]. Energy Policy, 2015,81:152-169.

WANG J N, YANG J T, GE C Z, et al. Controlling sulfur dioxide in China: will emission trade work? [J]. Environment Science and Policy for Sustainable Development, 2004,46(5):28-39.

第四部分

环境规制、能源替代政策与空气污染

第十章　所有制、迁移成本与环境管制

——来自重庆微观企业的经验证据

冯俊诚*

一　引　言

在中国经济高速增长的过程中，环境问题日渐突出。环境质量恶化不但带来了巨额经济损失，如污染成本占实际GDP的8%～10%（杨继生等，2013），也威胁着我国居民的身心健康，如导致消化道癌症的死亡率上升（Ebenstein，2012），造成居民预期寿命减少（Chen et al.，2013）等。严峻的环境形势促使环境领域的立法步伐加快，但实践中，环境法律的有效执行面临重大挑战（Van Rooij，2006），环境法律的颁布并未有效遏制环境质量恶化趋势。在地区竞争的理论框架中，本章剖析了我国环境管制实践所面临的决策环境，试图识别造成环境执法困境的成因，探寻环境管制的行为特征，进而为提高环境管制效率提供来自微观企业层面的经验证据和政策建议。

在我国环境治理体制中，日常的环境事务管理交由各地区的环保部门负责，这些地区性环保部门在环保部和地方政府的"双头领导"下开展工作。因此，现实中的环境管制不仅取决于中央政策，也依赖于地方政府和环保部门基于政治、经济利益的考量（Tilt，2007）。例如，Zheng和Kahn（2013）指出，由于地方官员的政治晋升与辖区内环境政策落实之间并无直接关联，激烈的地区竞争并未塑造出有效的激励结构来促使地方政府落实环境政策，进而造成中央环境政策的失灵。此外，由于缺乏正式制度渠道让民众、非政府组织和媒体介入环境政策的制定和实施过程（Lo et al.，2000），外部监督在环境的日常治理中也难以发挥持续作用。在此制度背景下，环境政策的落实程度和效果严重依赖于地方政府（Tilt，2007）。

利用微观企业数据，在地区竞争的理论框架下，本章着重探讨环境管制过程中，地方政府和环保部门所面临的权衡取舍。一方面，在经济上的竞争会促使地方官员敷衍甚至扭曲环境政策在辖区内的实施。为了吸引更多的资本流入，地方政府会放松对污染产业的管制（聂辉华和李金波，2006），将环境管制作为招商引资的政策工具（杨海生等，2008；

* 冯俊诚，厦门大学经济学院财政系助理教授。

朱平芳等,2011)。特别地,在招商引资的谈判中,对于那些对地区"软环境"有示范效应、存在技术外溢、较大生产规模的外资企业,地方政府会做出更多的让步,给予更为优惠的政策(包括更为宽松的环境管制)。

另一方面,处于"双头领导"下的地方环保部门,在环境管制中需采取一定的策略来调适上级环保部门和地方政府间可能存在的冲突,进而维护自身利益。促进经济增长、扩大招商引资是地方政府积极追求的经济目标,而改善环境质量、加强对环境违法行为的管制则是环保部门政绩的重要组成部分。当对污染企业的管制会妨碍"保增长"目标实现时,严格执法可能与地方政府的意愿不一致;如果对污染企业"睁一只眼,闭一只眼",则无法完成上级环保部门交代的任务安排,更面临着因环境突发事件被舆论推到"风口浪尖"的政治风险。在招商引资上,资本流入不仅需要考虑环境管制对生产成本的影响,企业迁移成本也至关重要。对企业而言,只有当环境管制降低所产生的收益足以弥补迁移成本时,其他地区宽松的环境管制才具有吸引力。因此,地方环保部门可利用某些企业流动性差的特征,选择性地加强环境管制,这样既照顾了地方政府保增长的需要,又能有效降低政治风险,彰显环境政绩。

利用重庆市工业企业和环境罚款数据,本章对"竞次"(race to the bottom)理论在中国环境管制中的适用性和环保部门的行为模式进行检验,实证结果证实上述理论假说。本章主要创新表现为:(1)不同于现有文献研究地区竞争与环境质量之间的关系,本章将研究重点放在地区竞争与环境管制行为——环境罚款上,率先运用企业层面微观数据来探讨"竞次"理论在中国的适用性,为"竞次"理论提供更为直接的经验证据。(2)在地区竞争的理论框架下分析环保部门的激励约束,并用微观企业数据来捕捉企业迁移成本与环境罚款之间的关联,从而辨析出环保部门具体的策略性行为。(3)在实证结果上,本章从地区竞争的角度,为不同所有制类型企业面临环境管制力度上的差异提供了另一种的解释。

二　地区竞争下的环境管制

理论上,地区间的经济竞争会迫使地方政府采取优惠政策来吸引具有流动性的生产要素,特别地,地方政府可通过放松环境管制来降低企业生产成本,进而吸引资本流入。较低的环境标准使得该地区在吸引资本流入上具有相对优势,进而在经济竞争中处于有利地位。当所有地区均采取放松环境管制来提升竞争优势时,均衡的结果是环境标准在全国范围内下降,进而造成环境质量恶化,即出现环境管制中的"竞次"现象。在环境联邦主义的文献中,"竞次"结果的出现被视为由财政外部性(fiscal externality)而引致公共物品(环境保护)的供给不足(Oates,2002)。具体而言,当地方政府在税收工具选择上存在约束,只能通过对资本征税来为辖区内公共物品供给筹集资金时,对资本课税不仅影响企业的资本成本,也会导致该地区税基流失。当一个地区设定较低的资本税税率时,低税率一方面降低了企业生产成本,吸引更多的资本流入,另一方面资本的流入使得该地区拥有的资本存量增加,税基随之扩大,而其他地区由于资本的净流出而导致税基减少。最终,地方政府在资本(税基)上展开的竞争会抑制其提供公共物品的能力,进而导致公共物品(如环境保护)的供给数量不足。近年来,一些学者试图通过构建特定的经济环境来论证由地方政府来制定环境政策也能够实现环境的有效治理(如 Oates and Schwab,1988;Ogawa and Wildasin,2009),但诚如 Oates(2003)和 Dalmazzone(2006)所言,此类研究通常要求较为苛刻的理论假设条件,而这些条件在现实中常常难以满足。[①]

理论分析中,地区间的经济竞争和分散化的环境管制会导致"竞次"问题的出现,但在以欧美为研究对象的经验研究中,"竞次"现象很少被证实(Prakash and Potoski,2006;Oates,2003)。在文献回顾的基础上,Levinson(2003)总结道,地区竞争导致环境管制中产生"竞次"结果需具备两个基本前提:一是企业投资决策需要对不同地区环境管制上的差异做出灵敏反应。二是相邻地区的环境管制政策存在策略性互动。此外,一些外部因素有时会使得地区竞争对环境管制产生"竞优"(race to the top)的结果(Vogel,1995;Zeng and Eastin,2011)。国内"竞次"问题的研究多采用宏观面板数据和空间计量模型来分析地区间的行为互动,在实证结果上,环境"竞次"现象也得到一定证实。如利用省级面板数据,王孝松等(2015)发现,地方政府间的环境政策博弈存在"竞次"现象。利用地级市层面数据,张征宇和朱平芳(2010)发现,对发展水平较高的城市而言,环境支出同期外溢效应为正;赵霄伟(2014)在中部地区发现了存在"竞次"现象的证据。

纵观上述文献可以发现:(1)理论上,"竞次"理论的逻辑是地区竞争先是引致地方政府放松环境管制力度,然后环境管制的放松造成地区环境质量恶化。在实证中,现有研究多依据地区竞争与环境质量(支出)之间的正(负)相关来证伪(实)"竞次"理论,甚少直接检验地区竞争与环境管制力度之间的联系。因此,对"竞次"理论的检验需聚焦于地区竞争是否导致环境管制放松这一逻辑链条,在论证中,也需来自企业层面的微观证据。(2)缺乏对环境部门的行为模式展开分析,忽视了环保部门作为环境政策执行者在环境管制中的作用。虽然,环保部门仅是政府的一个职能部门,其行动受制于同级政府,但在环境事务的处理中,环保部门仍拥有较大的自由裁量权。在处理环境事务时,环保部门如何有效利用裁量权,协调可能的利益冲突,是理解现实中环境管制行为特征、提高环境治理效率的前提。相应地,在地方政府横向行政性干预的情境下,环保部门如何利用自身的自由裁量权来维护和追求自身利益,也应成为我国环境治理研究的重要话题。

---

① 这些条件包括地方政府的目标是最大化辖区社会福利、政府间不存在策略性互动、公共物品不具有地区间外溢性等,详见 Oates(2003)和 Dalmazzone(2006)。

三　研究假说

(一)所有制与环境管制

中国特色的经济绩效考核和官员任免制度使得各地区围绕经济展开竞争,形成“为增长而竞争”的局面。资本作为促进地区经济增长的决定性力量,使得招商引资成为各地区发展经济的突破口,而激烈的地区竞争表现为对资本的“疯狂”追逐。在政府工作实务中,招商引资常成为地方政府经济工作的“一号工程”,甚至地方领导直接成为招商引资事宜的负责人。[①] 特别地,不少地方政府出台了招商引资管理办法,将招商引资情况与官员绩效考核挂钩。虽然,环境政策由中央政府(环保部)统一制定,但地方政府(环保部门)负责具体政策的实施和常规化的管理工作。此时,面临招商引资压力的地方政府是否会放松辖区内的环境管制力度,以此来降低企业生产成本、吸引资本流入呢?

在地区竞争的分析框架下,本章通过辨识不同来源的资本在地方政府招商引资中的优先次序,来识别地区竞争与环境管制之间的关系,进而对“竞次”问题进行检验。具体而言,外资企业入驻对地区“软环境”的示范性、在生产技术和管理上的外溢以及较大的规模使得外资企业成为招商引资过程中的“香饽饽”。上述“正外部性”使得在环境管制中,外资企业享有更为宽松的环境管制。因此,在实证中,本章通过比较外资企业与其他类型企业之间在环境管制中的差异来捕捉地区竞争对环境管制的影响。

具体而言,外资企业的入驻具有如下意义:(1)示范效应。在招商引资竞争日益白热化的阶段,各地区在土地、基础设施等“硬环境”上缺乏差异,投资环境、政府服务效率等“软环境”渐成为吸引资本流入的关键因素。对外地企业而言,“软环境”这类隐性信息难以低成本、有效地获取,而成功引进外资企业入驻的事例无疑向市场上仍在犹豫的其他企业传递出该地区投资环境良好、政府服务高效的信号。因此,可通过对外宣传外资企业入驻的信息来传递出当地良好“软环境”的信号,促进该地区招商引资活动的开展。(2)技术外溢。技术水平是影响经济发展的关键因素,相对于本地企业而言,外资企业拥有先进的生产技术和高效的管理经验。在成功吸引外资企业入驻之后,一方面当地企业可通过合作、实地考察、职员流动等措施逐渐借鉴和吸收外资企业在生产、管理上的先进技术和经验,进而带动本地其他企业发展,另一方面外资企业入驻的关联效应也增加了对上、下游产品的需求,间接促使当地上、下游企业的技术升级和产能扩张。(3)通常而言,外资企业具有较大的投资和生产规模。此时,引进一个外资企业将使得辖区经济规

① 如濮阳市在招商引资中,明确要求市委书记、市长亲力亲为,做到“四个亲自”:重要客商亲自拜访陪同,重大活动亲自带队参加,重大项目亲自洽谈拍板,重大问题亲自协调解决。详见 http://www.ocn.com.cn/info/201405/zsyz291438.shtml。

模上一个新台阶,为地方政府实现围绕一个重点企业、打造新的产业链、做大产业群提供了契机。正是由于意识到外资企业入驻所具有的“正外部性”,在具体的招商工作中,地方政府往往强调对“大、高、名、外”企业的引进,注重“大招商,招大商”。对外资企业而言,各地在招商引资政策上的竞争使得其选址决策更具灵活性,确保获得较多的优惠政策(包括更为宽松的环境管制)。

综上所述,在地区竞争的背景下,地方政府对引进外资企业表现出浓厚的兴趣。因而,可通过检验外资企业是否被给予更为宽松的环境管制来直接证实(伪)“竞次”理论在中国的适用。故而,在以环境行政罚款作为度量环境管制指标的情景下,本章提出如下待检验的假说:

假说 1:在其他条件不变的情况下,外资企业被处以环境罚款的概率较低。

(二)迁移成本与环境管制

正是资本的流动性才使得地方政府为了吸引更多资本流入,降低环境管制标准。然而,现实中资本流动是有成本的。此时,资本流动的难易程度,也即资本流动成本的高低是影响企业迁移决策和环境管制决策的重要因素。

对于企业而言,较为宽松的环境管制意味着生产成本的下降,但资本是否流入该地区取决于企业边际上的考量,即环境管制降低所带来的收益是否足够弥补其迁移成本。对一些企业而言,治污成本并不高,环境管制的遵从成本也不构成企业的核心成本(He, 2006),通过迁移厂址所节省的环境成本远小于企业迁移成本(Frankel, 2005)。此时,宽松的环境管制虽然降低了企业的生产成本,但庞大的迁移成本限制了企业对不同地区环境管制力度的回应。特别地,对于高迁移成本的企业而言,环境管制标准降低所带来的收益并不足以抵消其迁移成本,因而这类企业的迁移决策难以灵活应对环境管制强度的变化。如 Wilson(1996)所言,资本的流动性会使得环境税的税率低于有效税率的水平,但当资本难以流动或者流动成本较高时,环境税的税率则会高于有效税率。换而言之,高额的迁移成本使得某些企业即便面临苛刻的环境管制也难以做出迁出的决定。

作为政府职能部门,在人员编制较少、缺乏强制力(Tilt, 2007; Zheng et al., 2013)等客观不利条件下,如何引起本级政府和上级环保部门的重视,进而获取政治威望成为地方环保部门亟须解决的难题。为了获得领导的好感须积极作为,通过“有所为”来让领导重视和支持(梁中堂,2014)。[①] 但地区竞争和经济绩效考核使得环境问题的重要性让位于经济增长,环境管制的实施需以不妨碍经济增长为前提(Lo et al., 2000)。此时,环保部门一些常规的积极“有为”,如对辖区企业严厉的环境管制措施可能与地方政府的经济纲领相左,但对高迁移成本企业实施严格的环境管制措施则成为地方环保部门打破僵局

① 对计划生育政策历史沿革的考察,梁中堂(2014)提供了一个地方官员如何通过“有所为”来获取部门利益,进而影响国家政策的案例。

的一个突破口。

那么,地方环保部门是否有足够的激励来对高迁移成本的企业实施较为严厉的环境管制呢?降低环境标准的收益是更多的资本流入,而辖区环境质量恶化则构成这一政策的社会成本。当意识到对高迁移成本的企业实施严厉的环境管制标准并不会导致该企业迁出,进而对辖区经济增长产生负面影响时,理性的地方政府也许会容忍环保部门以较微小的经济代价来改善环境质量的行为。对于环保部门而言,正是这种可能性给予其利用自由裁量权,灵活实施环境管制来争取政治表现的机会。对迁移成本较高的企业实施较为严格的环境管制,一方面并不会导致该企业迁移到其他地区,进而对经济增长的负面影响有限,另一方面此类环境管制是积极“有为”的一种体现,能够为地方环保部门带来可观的政绩。这种策略性行为既满足地方政府对 GDP 的追求,又符合上级环保部门的任务要求,同时还回应了民众对环境质量的诉求,实在是一举多得。

综上所述,高迁移成本的企业天然地成为加强环境管制的对象,即便在“GDP 优先”原则的约束下,地方环保部门也会充分利用某些企业资本流动性差的特点,针对性地加强环境管制来凸显环境政绩。在企业迁移过程中,涉及大量生产设备搬运、变卖以及异地重置等,参照 Bai 等(2016)的做法,本章以企业的资产规模作为企业迁移成本的代理变量,并提出如下假说:

假说 2:在其他条件不变的情况下,企业资产规模越大,其被处以环境罚款的概率越高。

四　计量模型设定与数据说明

(一)计量模型设定

鉴于被解释变量是二值变量,本章采用 Probit 模型进行估计,具体计量模型如下:

$$P(\mathrm{Punish}_{ijc}=1|X)=\Phi(\alpha_1\mathrm{Foreign}_i+\alpha_2\mathrm{SOE}_i+\alpha_3\mathrm{Asset}_i+Z\beta+\lambda_j+\gamma_c)$$

式中,j 表示企业 i 所处的行业;c 表示企业所在的区(县);Punish 为被解释变量,当企业被处以环境罚款时,取值为 1,其他为 0。本章依据控股股东的资金源界定企业所有制性质,当处于控股地位的股东是国有或集体资本时,变量 SOE 取值为 1,其他为 0;当企业是外资控股时,变量 Foreign 取值为 1,其他为 0。Asset 为企业总资产规模,Φ 为正态分布函数。依据上文的研究假说,α_1 和 α_3 的数值是至为关键的两个参数。若 $\alpha_1<0$ 和 $\alpha_3>0$,表明在控制其他因素的条件下,外资企业被处以环境罚款的概率较低,流动性越差的企业被处以环境罚款的概率越高。Z 为一组控制变量,主要用来度量企业的技术水平和生产经营状况。污染是企业生产过程中的副产品,那么在生产中选取不同的生产技术会造成企业在排放污染数量上存在差异。通常而言,技术水平越高的企业,其在生产过程中产生的污染越少，同时，先进的生产技术通常在要素使用上更偏向资本。[①] 因此，本章采用全要素生产率(TFP)和资本密集度(Capital)来测度企业的技术水平。污染是生产过程的副产品，工业企业的产出规模与污染排放量正相关(林立国和楼国强，2014)，因此在计量模型中加入企业工业总产值来控制产出规模对环境罚款的影响。此外，本章还控制了企业的盈利能力(资产回报率，Profit)、年龄(Age)、员工人数(Emp)，工业总产值占区(县)比重(Value_sh)、资产负债比(Debt)、企业税收负担(Tax)、企业政治资源(Political)等度量生产经营状况的指标。同时在计量模型中，本章分别加入行业虚拟变量 λ_j 和区(县)虚拟变量 γ_c 来控制某些与行业和区(县)相关的、不可观测因素对估计结果的影响。

(二)数据说明

基于数据的可获得性，本章样本有重庆市环境罚款数据和企业经营数据两个组成部分。[②] 其中，环境罚款数据来自重庆市环保局网站上公布的 2008 年行政处罚公示文件，企业经营数据则来自中国工业企业数据库中重庆市 2007 年的样本。用 2007 年工业企业数据的主要原因在于，在环境执法过程中，环保部门对企业信息的判断更多地来自于历史数据和经验，而不是统计部门公布的实时经济指标。此外，企业经营信息滞后一年也在一定程度上削弱了可能存在的反向因果关系对计量估计结果造成影响。

在依据企业名称对环境罚款数据和企业经营数据进行匹配之后，本章按照以下规则对数据进行处理：(1)保留“开业状态”取值为 1、“会计制度”为 1 的数据。(2)剔除了员工数小于 8、总资产为 0、总资产小于固定资产、实收资本小于或等于 0 的样本。经过上述处理最终获得 3777 个样本。考虑到一些变量的奇异值问题，本章利用 *stata* 软件中的 winsor 命令对控制变量的最大、最小 5% 的样本进行处理。在样本中，有些行业或者区(县)的企业在 2008 年并没有被环保部门处罚的信息，因此在采用包含行业和区(县)固定效应的 Probit 模型进行估计时，一些企业样本的观测值被 *stata* 软件自动忽略，最终，共有 2909 家企业的信息被用来估计计量模型中的相关参数。

在这 2909 家工业企业中，有 99 家企业在 2008 年被重庆市环保部门处以环境罚款，处罚比例为 3.4%。与其他研究相比，2006 年，上海市这一比例为 5.9%(林立国和楼国强，2014)，略高于本章的 3.4%。其原因在于林立国和楼国强(2014)的研究样本中，工业企业为上海市环境监管企业，这类企业通常排污量较大，被处以环境罚款的先验概率也较高。在本章样本中，国有控股企业 531 家，外资控股企业 82 家，私营企业 2197 家。在

---

① 诸如钢铁、汽车等资本密集型行业，也属于污染排污较多的行业。考虑到技术水平在这些行业的特殊性，在后文分析中(表 10-4 第 1 列)，以重工业行业样本进行稳健性检验。

② 得益于 2008 年政府公开条例的实施，近年来多地环保部门不断在网上公开各种信息，但能与工业企业数据库匹配上的，在省级行政单位中仅重庆市样本。这一方面为本章研究提供便利，另一方面也由于重庆市在环境信息公开的开明做法，使得本章研究结论难以一般化。但值得庆幸的是，即便在信息较为公开的样本中，仍发现了“竞次”现象和策略性行为，那么在其他信息尚未公开信息的样本中，此类行为可能更为普遍。

被处以环境罚款的企业 99 家企业中，有 43 家是国有控股企业，仅 2 家是外资控股企业，54 家为私营企业。国有控股企业被处以环境罚款的比例为 7.49%，外资控股企业为 2.38%，私营企业为 2.40%。在比例上，国有控股企业被处罚的比例高于外资控股企业和私营企业，而外资控股企业与私营企业间差异较小。

在具体衡量企业生产技术水平的指标上，本章采用谢千里等(2008)的方法来计算企业 TFP，并借鉴施炳展，等(2013)的做法，用企业固定资产净值除以员工人数来表征企业资本密集度。参照现有文献的做法，本章以企业法人代表的政治身份——是否为人大代表或政协委员来度量企业的政治关联程度。依据重庆市人大和政协相关网站上人大代表和政协委员的姓名和单位信息，借助百度、谷歌等搜索引擎，本章将企业法人代表与人大代表(政协委员)的信息进行一一匹配，最终，在 2909 家企业中，有 44 家企业的法人代表为重庆市人大代表，18 家企业的法人代表是重庆市政协委员。当企业法人代表为重庆市人大代表或者政协委员时，变量 Political 取值为 1，其他为 0。变量 Tax 是企业 2007 年应缴的税收总额，为增值税、所得税、税金及附加 3 项之和。表 10-1 列示了回归分析中各变量的定义和数据特征。

表 10-1　变量说明与数值统计特征

变量名	变量说明	样本数	均值	标准差	最小值	最大值
Punish	1，被罚款；0，没有罚款	2909	0.034	0.1813	0	1
TFP	采用谢千里等(2008)的方法	2909	1.141	0.2439	0.6493	1.5565
Capital	固定资产净值/员工人数(对数值)	2909	3.5416	1.2253	1.2182	5.7683
Asset	总资产(对数值)	2909	9.9205	1.5605	6.1821	16.4207
Value	工业总产值(对数值)	2909	10.3496	1.2636	5.1533	17.1322
Emp	员工人数(对数值)	2909	4.9464	1.0606	2.1972	10.4186
SOE	国有控股企业	2909	0.1973	0.398	0	1
Foreign	外资控股企业	2909	0.0289	0.1675	0	1
Value_sh	工业总产值占区(县)比重/%	2909	1.0057	3.2753	0.001	57.5476
Political	政治关联	2909	0.021	0.1433	0	1
Debt	资产负债比	2909	0.5732	0.2448	0.1198	0.9677
Age	企业年龄(年)	2909	11.8467	12.2282	1	146
Profit	资产回报率	2909	0.0925	0.1266	−0.0412	0.4462
Tax	企业税收负担(对数值)	2909	0.2538	0.4614	0.0001	5.8945

五　基本实证结果

表 10-2 列示了外资企业、迁移成本与环境罚款之间关系的基本估计结果。在对 Probit 模型初始回归系数进行一定转化之后，表中变量的系数大小均表示该变量的边际效应。由表 10-2 可得出如下结论：(1)控制其他因素之后，在环境罚款的概率上，外资企业低于私营企业约 3.4 个百分点。这意味着地区间的经济竞争使得重庆市环保部门在环境罚款过程中呈现出“竞次”的结果。(2)企业迁移成本越大，企业被处以环境罚款的概率越高。平均而言，企业迁移成本每增加 1%，受到环境处罚的概率增加 0.016%。这表明在进行环境罚款时，环保部门更偏向资本流动性较差的企业。

依据表 10-2 的估计结果，工业总产值越大的企业被处以环境罚款概率越高(林立国和楼国强，2014)。这可能是因为在其他条件不变的情况下，生产规模越大意味着企业产生的污染量也越多，其被处以环境罚款的概率也随之增加。同时，企业生产中所采取的技术越先进，即全要素生产率(TFP)和资本密集程度数值越大时，其产生的污染数量相应越少，被处以环境罚款的概率也越低。Wang 和 Wheeler(2005)认为，在与环保部门的谈判中，国有企业具有更大的讨价还价能力(bargaining power)，这将导致国有企业排放更多的污染。但在本章环境罚款影响因素的分析中，SOE 变量并不显著。其他控制变量如员工人数、负债率、资本回报率等也不显著。

考虑到数据统计过程以及一些其他因素对估计结果的影响，本章对基本计量模型以及估计样本做出如下调整：(1)在环境执法过程中，企业与政府的熟稔程度、企业在辖区内的重要性可能是决定其是否被处以环境罚款的重要因素。基于公司治理文献研究成果，本章在计量估计中加入政治关联变量(Political)和企业工业总产值占区(县)工业总产值比重(Value_sh)来刻画企业在政治和经济上的重要性。在表 10-2 第 2 列和第 3 列中，分别加入的政治关联(political)和产值比重(Value_sh)两个变量。结果表明新加入的变量均不显著，同时，核心变量 Foreign 和 Asset 仍显著。(2)工业企业数据库统计过程中，对不同所有制的统计标准并不统一。如对私营企业和外资企业在销售规模、资产规模上做出一定要求，但一些规模较小的国有企业、集体企业仍在统计范围之中。鉴于此，在表 10-2 第 4 列的回归中，仅包含资产不低于 1000 万且雇佣人数不少于 100 的企业样本。(3)在实际环境罚款数据中，有些企业并不是因为非法排污，而是由于违反了“三同时”规定而被处以环境罚款。为了剔除这一因素对本章估计的影响，在表 10-2 第 5 列的样本中，仅包含企业开始营业年份在 2007 年之前的样本。(4)环境执法是属地化管理，地区经济发展战略和区域经济规划布局会影响到现实中环保部门的执法决策。2006 年年底，重庆市委市政府提出“一小时经济圈”，并在此基础上确定“一圈两翼”的发展战略。[①]

① “一小时经济圈”是指以主城为核心、以大约 1 小时通勤距离为半径范围内的地区，“两翼”则分别为以万州为中心的渝东北地区和以黔江为中心的渝东南地区。

"一圈"与"两翼"在战略定位、规划以及经济发展目标上存在较大不同,①这些可能会导致不同经济功能区对企业环境管制模式呈现出系统性差异。基于此,在表 10-2 第 6 列的回归样本中仅包含企业所在地为"一小时经济圈"内的样本。由表 10-2 中估计结果可知,即便考虑上述因素,本章的基本结论并未有显著变化。

表 10-2 所有制、资本迁移成本与环境罚款:基本回归

	(1)	(2)	(3)	(4)	(5)	(6)
Foreign	−0.0334**	−0.0339**	−0.0349**	−0.0362**	−0.0339**	−0.0251*
	(0.0156)	(0.0156)	(0.0160)	(0.0166)	(0.0168)	(0.0141)
SOE	0.0046	0.0043	0.0043	0.0039	0.0051	0.0103
	(0.0106)	(0.0106)	(0.0105)	(0.0109)	(0.0105)	(0.0093)
Asset	0.0159***	0.0161***	0.0159***	0.0177***	0.0145***	0.0102*
	(0.0059)	(0.0060)	(0.0060)	(0.0064)	(0.0061)	(0.0052)
Value	0.0216**	0.0213**	0.0227**	0.0234**	0.0233**	0.0259**
	(0.0091)	(0.0092)	(0.0094)	(0.0099)	(0.0091)	(0.0083)
TFP	−0.0637**	−0.0628**	−0.0653**	−0.0691**	−0.0576**	−0.0690**
	(0.0260)	(0.0262)	(0.0267)	(0.0279)	(0.0245)	(0.0236)
Capital	−0.0065*	−0.0064*	−0.0066*	−0.0071*	−0.0077*	−0.0057
	(0.0038)	(0.0038)	(0.0039)	(0.0041)	(0.0042)	(0.0041)
Emp	−0.0079	−0.0077	−0.0080	−0.0085	−0.0061	−0.0099*
	(0.0065)	(0.0065)	(0.0068)	(0.0070)	(0.0067)	(0.0055)
Debt	0.0116	0.0116	0.0106	0.0143	0.0098	0.0034
	(0.0164)	(0.0164)	(0.0165)	(0.0179)	(0.0174)	(0.0146)
Age	0.0000	0.0000	−0.0000	−0.0000	0.0000	0.0001
	(0.0002)	(0.0002)	(0.0002)	(0.0002)	(0.0002)	(0.0002)
Profit	−0.0328	−0.0330	−0.0306	−0.0324	−0.0280	0.0049
	(0.0490)	(0.0490)	(0.0493)	(0.0542)	(0.0506)	(0.0381)
Tax	−0.0104	−0.0100	−0.0068	−0.0074	−0.0055	−0.0077
	(0.0101)	(0.0101)	(0.0105)	(0.0108)	(0.0106)	(0.0102)
Political		−0.0077		−0.0080	−0.0126	−0.0077
		(0.0134)		(0.0135)	(0.0160)	(0.0155)

① 在区域发展上,"一小时经济圈"是"西部地区重要增长极的核心区域、长江上游地区经济中心的主要载体、城乡统筹发展直辖市的战略平台",渝东北地区是"建成长江上游特色经济走廊、长江三峡国际黄金旅游带、长江流域重要生态屏障",渝东南地区是"武陵山区经济高地、民俗生态旅游带、扶贫开发示范区"。详见《重庆市城乡总体规划(2007—2020 年)》。

续表

	(1)	(2)	(3)	(4)	(5)	(6)
Value_sh			−0.0008 (0.0006)	−0.0009 (0.0007)	−0.0010 (0.0007)	−0.0009 (0.0008)
行业效应	是	是	是	是	是	是
区(县)效应	是	是	是	是	是	是
样本数	2909	2909	2909	2756	2689	2480
Pseudo R^2	0.3111	0.3114	0.3125	0.3114	0.3155	0.3321

注：第4列样本中剔除了资产低于1000万且雇佣人数低于100的企业；第5列剔除了开业年份为2007年的企业；第6列样本为所在地为“一小时经济圈”内的企业。表中系数均表示边际效应，括号中为稳健性标准误。***、**、*分别表示1%、5%、10%的显著性水平。

六　稳健性检验

（一）敏感性分析

中国工业企业数据库由于涵盖企业数目较多、时序较长、统计变量丰富等特点，被国内外学者广泛使用，但该数据在样本匹配、变量取值、定义等诸多方面存在问题（聂辉华等，2012）。在中国工业企业数据库中，多个统计字段都包含有企业所有制类型的信息，因此现有文献在如何识别企业所有制类型方面也选取不同的指标。具体而言，依据数据库的原始数据信息，存在4种不同的方式来识别企业所有制性质：(1)采用控股股东的身份特征来表征企业所有制类型。(2)依据数据库中“工商注册号”字段的命名方式来定义企业所有制性质。通常而言，外资企业的工商注册号以“企独”和“企合”开头，可以据此将企业分为外资企业和合资企业。(3)采用实收资本中各类型资本所占比重来识别企业所有制信息。如将国有资本占实收资本50%以上的企业视为国有企业，将外资资本占实收资本25%以上的企业视为外资企业。(4)根据数据库中“企业类型”字段来定义。

在表10-3中，本章重新构建4组表征所有制类型的指标来讨论表10-2中结论的敏感性。其中，SOE_reg和Foreign_reg依据工商注册号信息来识别。当工商注册号以“企独渝”或“企合渝”开头时，Foreign_reg取值为1，其他为0；SOE_reg的初始取值与SOE相同，但当Foreign_reg和SOE均取值为1时，SOE_reg重新赋值为0；SOE_cap和Foreign_cap为根据各类资本占实收资本的比重进行赋值。若国有资本和集体资本之和占实收资本50%以上时，SOE_cap取值为1，其他为0；外资资本占实收资本25%以上时，Foreign_cap取值为1，其他为0；SOE_type和Foreign_type依据“企业类型”来赋值。[①]

① 参考施炳展等(2013)的分类方法，当“企业类型”取值为110、120、151、143、141和142时，SOE_type取值为1，其他为0；当“企业类型”取值为310、320、330、340、200、210、220、230、240时，Foreign_type取值为1，其他为0。

最后,当变量 Foreign、Foreign_reg、Foreign_cap 和 Foreign_type 中任何一个取值为 1 时,Foreign_all 就赋值为 1,其他为 0;SOE_all 的初始取值和 SOE 相同,但当 Foreign_all 和 SOE 均取值为 1 时,SOE_all 重新赋值为 0。表 10-3 列示了采用 4 种不同指标衡量所有制类型的估计结果。从中可知,即便采取以上 4 种方法来界定企业所有制类型,外资企业仍具有较低的环境罚款概率,[①]企业迁移成本、工业产值与环境罚款概率正相关,这与表 10-2 中的结论完全吻合。

表 10-3　所有制、迁移成本与环境罚款:敏感性分析

	(1)	(2)	(3)	(4)
Foreign_reg	−0.0293* (0.0173)			
SOE_reg		0.0052 (0.0111)		
Foreign_cap		−0.0207 (0.0131)		
SOE_cap		−0.0176 (0.0108)		
Foreign_type			−0.0221* (0.0123)	
SOE_type			−0.0093 (0.0088)	
Foreign_all				−0.0232* (0.0133)
SOE_all				0.0032 (0.0112)
Asset	0.0160** (0.0062)	0.0160*** (0.0060)	0.0165*** (0.0060)	0.0161*** (0.0061)
Value	0.0220** (0.0094)	0.0223** (0.0097)	0.0218** (0.0096)	0.0224** (0.0095)
TFP	−0.0637** (0.0266)	−0.0640** (0.0284)	−0.0650** (0.0276)	−0.0656** (0.0272)
Capital	−0.0066* (0.0038)	−0.0071* (0.0040)	−0.0069* (0.0038)	−0.0068* (0.0039)

① 表 10-3 第 2 列中,Foreign_cap 对应的 p 值为 0.115。因此,在假说 1 的单侧检验中,Foreign_cap 的系数显著为负。

续表

	(1)	(2)	(3)	(4)
其他控制变量	是	是	是	是
行业效应	是	是	是	是
区(县)效应	是	是	是	是
样本数	2909	2909	2909	2909
Pseudo R^2	0.3134	0.3132	0.3116	0.3121

注:前3列所有制变量分别依据数据库中"工商注册号"、各类资本占实收资本比重以及"企业类型"字段来定义。第4列中,外资企业的取值规则为前3列外资企业的并集。其他控制变量包括Emp、Value_sh、Political、Debt、Age、Profit和Tax。表中系数均表示边际效应,括号中为稳健性标准误。***、**、*分别表示1%、5%、10%的显著性水平。

(二)行业特殊性

在上文分析中,回归样本可能并不满足随机抽样的假定。特别地,在进入重庆市时,外资企业可能在行业选择上存在偏向性,其在不同行业的分布并不是随机的。具体而言,与本章研究相关的选择性样本问题主要表现为两个方面:一是外资企业更倾向于进入"干净"的行业。如果外资企业偏向于进入较为"干净"的行业[①],那么其被处以环境罚款概率较低的现象并不是由于地区竞争而引发的"竞次"现象,而可能是外资企业有意进入"干净"行业的决策所造成的无意巧合。

在模型设定时加入行业固定效应,能够部分削弱未观察到的行业因素对模型估计的影响,为了进一步克服上述问题对上文估计结果的影响,需从全部样本中按照一定标准来挑选在污染程度上较为同质的子样本进行分析。具体而言,依据下列指标,本章遴选出污染排放较高的行业样本,并在这些子样本中分析所有制类型对环境罚款的影响。首先,就行业性质而言,重工业产生的污染会多于轻工业。在表10-4第1列中,将重工业视为潜在的污染高排放行业,利用重工业样本重新估计。此外,重工业通常资本密集度较高,对重工业样本的分析也可视为检验高资本密集的子样本中实证结果的稳健性。其次,依据《重庆市统计年鉴2008》中行业污染排放量来界定行业的污染水平。在表10-4第2列中,选取了2007年重庆市"废气""废水""废物"的任一排放数量处于前10的行业样本作为回归样本。最后,在表10-4第3列的回归中,本章依据实际的环境执法结果来挑选回归样本。被处以环境罚款次数较多的行业通常意味着处于该行业的企业具有更高违法排污的先验概率或该行业的污染行为被环保部门给予更多的重视。因此,可通过观察样本中环境罚款在不同行业的分布情况来界定行业的违法排污程度。具体地,如果

---

① 虽然依据污染天堂假说,污染性的外资企业会更多地迁移至我国,但此类污染性外资企业仍有可能较之国内企业更为"干净"。因此,为了不失偏颇,仍假定一般而言外资企业较为绿色环保。

该两位代码的行业在 2008 年至少有一家企业被处以环境罚款，那么本章就将该行业的企业样本纳入回归样本中。从表 10-4 第 1 至 3 列的结果中可以看出，即便是在污染较为严重的样本中，Foreign 的估计系数始终显著为负，而 Asset 的估计系数显著为正，与上文结论相一致。

表 10-4 稳健性检验：行业特殊性

	(1)	(2)	(3)	(4)	(5)	(6)
Foreign	−0.0535*	−0.0814***	−0.0467*	−0.0503**	−0.0428**	−0.0385*
	(0.0271)	(0.0232)	(0.0267)	(0.0249)	(0.0185)	(0.0226)
SOE	0.0151	−0.0014	0.0113	−0.0014	−0.0132	0.0163
	(0.0185)	(0.0140)	(0.0112)	(0.0114)	(0.0161)	(0.0110)
Asset	0.0333***	0.0188**	0.0160**	0.0183***	0.0249***	0.0120
	(0.0112)	(0.0075)	(0.0069)	(0.0061)	(0.0094)	(0.0079)
Value	0.0182	0.0294**	0.0233**	0.0209*	0.0315**	0.0139
	(0.0215)	(0.0117)	(0.0102)	(0.0108)	(0.0135)	(0.0121)
TFP	−0.2356***	−0.0872**	−0.0632**	−0.0695**	−0.0732*	−0.0253
	(0.0807)	(0.0360)	(0.0285)	(0.0349)	(0.0379)	(0.0354)
Capital	−0.0179***	−0.0034	−0.0102**	−0.0095**	−0.0094	−0.0031
	(0.0069)	(0.0046)	(0.0039)	(0.0040)	(0.0066)	(0.0060)
其他控制变量	是	是	是	是	是	是
行业效应	是	是	是	是	是	是
区(县)效应	是	是	是	是	是	是
样本数	997	1993	2321	2385	1674	1876
Pseudo R^2	0.3656	0.333	0.3075	0.3087	0.3691	0.3198

注：第 1 列为重工业行业样本，第 2 列为污染排放前 10 的行业样本，第 3 列为有罚款记录的行业样本，第 4 列剔除有出口的样本，第 5 列仅保留 TFP 高于中位数的样本，第 6 列为外资企业最为集中的 10 个行业。其他控制变量包括 Emp、Value_sh、Political、Debt、Age、Profit 和 Tax。表中系数均表示边际效应，括号中为稳健性标准误。***、**、* 分别表示 1%、5%、10%的显著性水平。

二是外资企业所处行业的其他特殊性。首先，作为世界工厂，在中国的外资企业可能有更高的概率将产品出口国外。当进口国对产品生产的环境标准高于中国的环境标准时，出口企业通常会面临着更严格的外部监督(Zeng and Eastin，2011)，这些企业自身会采取更为严格的环境管制标准，从而其被处以环境罚款的概率也相应较低。基于此，表 10-2 第 4 列的估计中剔除了有出口的企业样本。其次，外资企业通过拥有更高的技术水平。若技术进步的方向是环境友好型的，那么在控制其他因素的情况下，外资企业可能因为技术水平较高，而污染排放少，相应的环境处罚概率也就较低。基于此，在表 10-4 第 5 列的回归中，仅包含 TFP 数据高于中位数的样本，进而估计在生产技术水平较高的样本中，外资企业的环境罚款概率是否还是较低。最后，一些其他未知因素可能使得在重庆投资的外资企业具有某些特征，而这些特征对环境罚款也产生影响。鉴于此，在表 10-4 第 6 列中，本章选取了外资企业最为集中的 10 个行业样本进行估计。表 10-4 第 4 至 6 列的实证结果表明，即使考虑到外资企业所在行业的特殊性，外资企业被处以环境罚款的概率仍低于私营企业。

（三）匹配与分样本

需注意的是，参照组的不恰当选取也会导致对所有制变量的估计存在偏误。[①] 换而言之，不同所有制的企业，它们之间存在显著的差异，如外资企业，通常被认为拥有更先进的技术、规模较大等。为了克服外资企业在诸如技术水平、生产规模等方面的差异对表 10-2 中关键变量估计系数的影响，本章利用 Blackwell 等（2009）提出的粗略精确匹配（coarsened exact match）方法来寻求相似的企业样本，重新估计所有制类型对环境管制行为的影响。具体的，考虑到不同所有制企业在规模和技术水平上的差异，在表 10-5 第 1 列和第 2 列中分别以工业总产值（Value）、技术水平（TFP 和 Capital）为匹配指标。同时，本章用资产规模作为企业迁移成本的代理变量来分析迁移成本对环境罚款的影响，但在对整个回归样本中，Asset 的均值为 9.92，其中，外资企业为 11.58，国有企业为 10.97，私营企业为 9.59，外资企业资产规模高于内资企业。因此，在表 10-5 的第 3 列中，以资产规模（Asset）作为匹配指标对模型进行重新估计。表 10-5 的结果表明，即使采用匹配方法来选取相似样本进行估计，在控制其他因素的条件下，外资企业的环境罚款概率仍低于私营企业，企业迁移成本越大，环境罚款概率也就越高。

表 10-5 稳健性检验：匹配与分样本

	(1)	(2)	(3)	(4)	(5)
Foreign	−0.0390***	−0.0454*	−0.0345***	−0.1253***	
	(0.0181)	(0.0262)	(0.0156)	(0.0388)	
SOE	0.0061	0.0111	0.0056		
	(0.0117)	(0.0165)	(0.0104)		
Asset	0.0169*	0.0273***	0.0152***	0.0385	0.0156*
	(0.0086)	(0.0114)	(0.0060)	(0.0233)	(0.0080)

① 要完全实现企业的可比性比较困难，本章改善性工作只是针对这一问题，试图削弱或者弱化由于样本选择性对实证结论的影响。

续表

	(1)	(2)	(3)	(4)	(5)
Value	0.0262*** (0.0114)	0.0468*** (0.0132)	0.0223*** (0.0100)	0.0838*** (0.0355)	0.0243 (0.0155)
TFP	−0.0979*** (0.0301)	−0.1433*** (0.0438)	−0.0619*** (0.0283)	−0.1568* (0.0863)	−0.0746* (0.0432)
Capital	−0.0113*** (0.0050)	−0.0243*** (0.0100)	−0.0061 (0.0039)	−0.0206 (0.0178)	−0.0070 (0.0062)
其他控制变量	是	是	是	是	是
行业效应	是	是	是	是	是
区(县)效应	是	是	是	是	是
样本数	2114	1091	2883	491	1692
Pseudo R^2	0.3463	0.3819	0.3045	0.3439	0.3482

注:第 1 至 3 列为匹配样本回归,匹配变量分别为 Value、TFP、Capital 和 Asset,第 4 列为国有企业和外资企业样本,第 5 列为私营企业样本。其他控制变量包括 Emp、Value_sh、Political、Debt、Age、Profit 和 Tax。表中系数均表示边际效应,括号中为稳健性标准误。***、**、* 分别表示 1%、5%、10%的显著性水平。

此外,为了进一步检验迁移成本对环境罚款的影响,本章分别按照所有制性质将样本划分为非私营企业(包括国有企业和外资企业)和私营企业两个子样本进行回归。分样本的回归结果(表 10-5 第 4 列和第 5 列)表明,在控制其他因素的情况下,企业迁移成本仍与环境罚款概率正相关。[①]

七 结论与启示

基于地区竞争的理论框架,利用重庆市微观工业企业数据,本章分析了所有制和迁移成本对环境管制的影响。本章研究发现,地区竞争导致重庆市的环境管制呈现出“竞次”现象。同时,环保部门对资本流动性较差的企业实施了较为严格的环境管制标准。上述结论在一系列稳健性检验中均成立。

本章研究结果表明,经济绩效考核迫使地方政府在激烈的地区竞争中采用降低环境管制标准的方式来吸引资本流入(特别是外资企业),进而努力在政治晋升中占据有利地位。因此,环境治理体制的改革面临着两个重要议题:一是如何有效约束地方政府间的

① 在表 10-4 的第 1 列中,Asset 系数为正,p 值为 0.099。在单侧检验中,Asset 系数显著为正。

竞争行为,特别是对环境管制产生负面影响的行为;二是如何调整部门利益格局,进而塑造、引导环保部门的环境管制策略,实现环境的有效治理。基于研究结论,本章的政策启示如下:

在制度的顶层设计上,应借鉴“治河先治污,治污先治官”的思路,强化地方官员,特别是地方领导人的环境危机意识,逐步弱化经济绩效考核中GDP的权重,搭建多维度、重民生的考核指标,扭转地方政府“唯GDP论英雄”的政绩观。在部门改革和构建中,强化环保部门在人事和财权上的独立性,推进环保部门“垂直化”改革,确保环境执法权的集中,建立权威、高效的执法体制。在环境政策制定和实施中,坚持信息公开、透明的原则,引导公众、非政府组织和媒体参与,形成约束有力的外部监督机制,最终形成政府科学决策、环保部门“执法必严”、社会舆论有效监督的共同治理格局。

需要强调的是,在强化环保部门治理权力的同时,也需将环保部门置之于公众监督之下,严防部门利益对环境管制的负面影响。因此,在今后的环境治理改革中,弱化地方政府以经济绩效为主的政绩观、赋权环保部门与完善公众监督渠道三者是一个互相影响、互相作用的系统工程。在环境治理中,不仅要减少地方政府对环境管制的行政干预,维护环保部门的权威,同时也要确保环境管制的公正、公平,做到不偏袒、不歧视。前者要求进一步赋权环保部门,后者则需要在环境执法中加强对环保部门的监督。

本章参考文献

梁中堂.艰难的历程:从“一胎化”到“女儿户”[J].开放时代,2014(3):11-44.

林立国,楼国强.外资企业环境绩效的探讨——以上海市为例[J].经济学(季刊),2014(1):515-536.

聂辉华,李金波.政企合谋与经济发展[J].经济学(季刊),2006(A1):75-90.

聂辉华,江艇,杨汝岱.中国工业企业数据库的使用现状和潜在问题[J].世界经济,2012(5):144-160.

施炳展,逯建,王有鑫.补贴对中国有企业业出口模式的影响:数量还是价格?[J].经济学(季刊),2013(4):309-338.

王孝松,李博,翟光宇.引资竞争与地方政府环境规制[J].国际贸易问题,2015(8):53-63.

谢千里,罗斯基,张轶凡.中国工业生产率的增长与收敛[J].经济学(季刊),2008(3):809-826.

杨海生,陈少凌,周永章.地方政府竞争与环境政策——来自中国省份数据的证据[J].南方经济,2008(6):15-30.

杨继生,徐娟,吴相俊.经济增长与环境和社会健康成本[J].经济研究,2013(12):17-29.

张征宇,朱平芳.地方环境支出的实证研究[J].经济研究,2010(5):83-95.

赵霄伟.地方政府间环境规制竞争策略及其地区增长效应——来自地级市以上城市面板的经验数据[J].财贸经济,2014(10):107-115.

朱平芳,张征宇,姜国麟.FDI与环境规制:基于地方分权视角的实证研究[J].经济研究,2011(6):133-145.

BAI J, JAYACHANDRAN S, MALESKY E J, et al. Firm growth and corruption: empirical evidence from vietnam[Z]. NBER Working Paper, No. 19483, 2016.

BLACKWELL M, IACUS S, KING G. Cem: coarsened exact matching in stata[J]. The Stata Journal, 2009(4):522-546.

CHEN Y Y, EBENSTEIN A, GREENSTONE M, et al. Evidence on the impact of sustained exposure to air pollution on life expectancy from China's Huai River policy [J]. Proceedings of the National Academy of the Sciences, 2013, 110 (32): 12936-12941.

DALMAZZONE S. Decentralization and the environment[M]//AHMAD E, BROSIO G. Handbook of fiscal federalism. Cheltenham VK: Edward Elgar publishing, 2006.

EBENSTEIN A. The consequences of industrialization: evidence from water pollution and digestive cancers in China[J]. The Review of Economics and Statistics, 2012,94(1):186-201.

FRANKEL J A. The environment and globalization [M]//WEINSTEIN M. Globalization: what's new? New York: Columbia University Press, 2005.

HE J. Pollution haven hypothesis and environmental impacts of foreign direct investment: the case of industrial emission of sulfur dioxide (SO_2) in Chinese Provinces[J]. Ecological Economics, 2006,60(1):228-245.

LEVINSON A. Environmental regulatory competition: a status report and some new evidence[J]. National Tax Journal, 2003,56(1):91-106.

LO C W H, YIP P K T, CHEUNG K C. The regulatory style of environmental governance in China: the case of EIA regulation in Shanghai [J]. Public Administration and Development, 2000,20(4):305-318.

OATES W E. A reconsideration of environmental federalism[M]//LIST J A, ZEEUW A D. Recent advances in environmental economics. Cheltenhan VK: Edward Elgar Publishing, 2002.

OATES W E, PORTNEY P R. The political economy of environmental policy[M]//MÄLER K G, VINCENT J R. Handbook of environmental economics. Vol. 1. Amsteldam: Elsevier, 2003.

OATES W E, SCHWAB R M. Economic competition among jurisdictions: efficiency enhancing or distortion inducing[J]. Journal of Public Economics, 1988, 35(3): 333-354.

OGAWA H, WILDASIN D E. Think locally, act locally: spillovers, spillbacks and efficient decentralized policymaking[J]. American Economic Review, 2009, 99(4): 1206-1217.

PRAKASH A, POTOSKI M. Racing to the bottom? Trade, environmental governance, and ISO 14001[J]. American Journal of Political Science, 2006, 50(2): 350-364.

TILT B. The political ecology of pollution enforcement in China: a case from Sichuan's rural industrial sector[J]. The China Quarterly, 2007, 192: 915-932.

VAN ROOIJ B. Implementation of Chinese environmental law: regular enforcement and political campaigns[J]. Development and Change, 2006, 37(1): 57-74.

VOGEL D. Trading up: consumer and environmental regulation in a global economy [M]. Cambridge: Harvard University Press, 1995.

WANG H, WHEELER D. Financial incentives and endogenous enforcement in China's pollution levy system[J]. Journal of Environmental Economics and Management, 2005, 49(1): 174-196.

WILSON J D. Capital mobility and environmental standards: is there a theoretical basis for a race to the bottom? [M]//BHAGWATI J N, HUDEC R E. Fair trade and harmonization. Vol. 1. Economic analysis: prerequisites for free trade? Cambridge: MIT Press, 1996.

ZENG K, EASIN J. Greening China: the benefits of trade and foreign direct investment [M]. Aum Arbor: University of Michigan Press, 2011.

ZHENG S Q, KAHN M E. Understanding China's urban pollution dynamics[J]. Journal of Economic Literature, 2013, 51(3): 731-72.

ZHENG S Q, KAHN M E, SUN W Z, et al. Incentivizing China's urban mayors to mitigate pollution externalities: the role of the central government and public environmentalism[Z]. NBER Working Paper, No. 18872, 2013.

第十一章 环境规制、影子经济与雾霾污染

——动态半参数分析

黄寿峰*

一 引 言

近年来,我中国环境污染问题愈发严重,雾霾污染更是突出,如 2015 年 11 月 30 日,京津冀及周边地区 70 个城市有 37 个达到重度及以上污染,影响范围接近法国的国土面积[①]。根据哥伦比亚大学社会经济数据与应用中心(Socioeconomic Data and Applications Center)测定的 2010—2012 年我国 PM2.5 的 3 年滚动平均值,中国大陆 31 个省份中,只有西藏达到了世界卫生组织关于 PM2.5 人口加权浓度值的建议水平,25 个省份的 PM2.5 值远高于该建议水平 2 倍以上,已达严重雾霾污染的程度。

日趋严峻的环境问题引起了社会各界的广泛关注,而环境污染的控制很大程度上依赖于环境规制的强度、监督和执行。因此,环境规制也就成了各界关注的重要政策议题(Elgin and Mazhar,2013),学界也从多个角度对此做了深入分析。遗憾的是,现有相关研究基本没有考虑地下经济(underground economy)[②],徐蔼婷和李金昌(2007)与杨灿明和孙群力(2010)等人的研究表明,我国存在规模巨大的地下经济。在此情形下,许多环境问题会因为存在大规模地下经济而变得更为突出,环境规制强度和有效性也会因为地下经济的存在而削弱,甚至受到严峻挑战(Blackman and Bannister,1998a, 1998b;Baksi and Bose,2010;Elgin and Mazhar,2013;Elgin and Oztunali,2014a, 2014b)。因此,在分

---

* 黄寿峰,厦门大学经济学院财政系教授、博士生导师。

① 新华网:《“红色预警”闲置?天灾还是人祸?——追问京津冀雾霾》。

② 地下经济也称影子经济(shadow economy)、非正式(部门)经济(informal economy)、隐形经济(hidden economy),本章中这几种提法互用。Hart(2008)把它定义为在公共和私营部门机构框架之外进行的经济活动的集合。Ihrig 和 Moe(2004)则认为,地下经济是生产合法产品但不遵守政府规制的经济活动。Tanzi(1999)则把所有不计入一国官方国民收入的产品和服务的生产分配活动都定义为地下经济。虽然这些定义不尽相同,但它们有共通之处,即它是与正式(部门)经济(formal economy)相对的,不完全受政府管制和监督(Schneider and Enste, 2000;Elgin and Oztunali,2012)。

析环境规制对环境污染影响时，综合考虑地下经济在其中所起的作用就显得非常必要和相当关键(Elgin and Oztunali,2014a, 2014b)，任何分析环境的实证研究及政策建议忽略了地下经济的存在都是不尽可靠的(Baksi and Bose,2010)。Blackman and Bannister(1998a, 1998b)的研究表明，在许多发展中国家和新兴国家，非正式经济活动是本地区环境污染的主要来源，它使得政府当局的环境管理不可避免地受到严峻挑战。Baksi and Bose(2010)进一步分析了存在内生非正式部门情况下环境规制的有效性。Elgin and Mazhar(2013)利用超过 100 个国家在 2007—2010 年间的面板数据的实证分析也印证了 Baksi and Bose(2010)的观点，并进一步指出，严格的环境规制只有在得到足够程度的执行的时候才能减少环境污染，非正式经济的存在会削弱环境规制的强度及其有效性；执法的有效性，环境规制的执行，制度的调节能力和质量是影响环境污染的主要决定因素。Biswas 等(2012)的理论模型表明，环境规制一方面会通过减少正式经济规模降低环境污染，另一方面会通过扩大地下经济规模提高环境污染。因此，环境规制对环境污染的最终影响效果是不确定的。

在我国，仅有少数几篇文献研究了地下经济在环境污染中的作用。闫海波等(2012)较早研究了地下经济与环境污染的关系，他们的研究表明，中国各地区的地下经济与环境污染呈显著负相关。与 Biswas 等(2012)相似，余长林和高宏建(2015)对中国的实证研究表明，环境规制对中国的环境污染具有显著的负向影响，但环境规制与影子经济的交互作用对环境污染具有显著的正向作用。总体而言，中国目前的环境规制不利于环境质量的改善。

纵览现有研究环境规制与环境污染方面的文献，现有大多主要研究在正式部门中，环境规制是如何影响污染排放的(对应于图 11-1 中正式部门部分)。而很少考虑企业为逃避规制、节约减排成本，在利润最大化驱使下，可能将部分或全部生产转向非正式部门，从事地下经济的行为，这种行为很显然将影响环境治理(对应于图 11-1 中的非正式部门部分)。虽然有一些学者开始关注地下经济在其中的作用，但分析还不够深入，对我国的相关讨论更是少。同时相关研究在污染物的选取方面，主要集中于二氧化碳、二氧化硫等，而当下选择雾霾作为研究对象更具有现实意义。此外，地下经济对环境污染的影响往往是复杂多变的，具有显著的非线性特征(Elgin and Oztunali,2014a, 2014b)。现有研究往往通过加入地下经济规模的平方项来证实这种非线性特征的存在。这种处理方式虽然简单，但对变量之间的函数形状、关系有明确的规定，如果假设与实际不符，数据处理的结果可能不合理、甚至错误。因此，本章试图从以下 3 个方面对现有文献进行拓展：(1)将地下经济纳入环境规制影响环境污染的系统中，进行理论建模和实证分析，以弥补现有相关研究的不足。(2)地下经济对环境污染的影响具有显著非线性特征(Elgin and Oztunali,2014a, 2014b)，本章运用新近发展的动态半参数面板模型来刻画这一作用，以克服实证模型设定不合理引起的问题。(3)选择我国雾霾污染为研究对象，以填补

现有相关研究缺乏考究雾霾污染的不足。

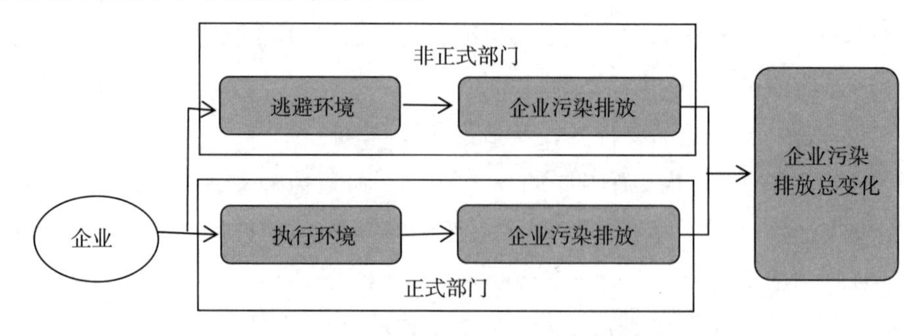

图 11-1　环境规制对企业污染的影响

二　理论模型

假定某一行业有 n 个企业生产同质产品，企业 i 的生产产量为 $Q_i, i=1,\cdots,n$。进一步假定市场为线性需求，即 $P=a-b\sum_{i=1}^{n}Q_i$，其中 $a>0, b>0$，为简单起见，设它们具有相同的边际成本 c。在没有环境规制约束时，企业 i 生产单位产品的排污量为 $\delta_i(>0)$。现假定政府当局推出环境规制强度为 $e\in[0,1]$，此时，企业 i 生产单位产品允许的排污量为 $\delta_i(1-e)$。为遵守环境规制，企业 i 每单位产出付出的减排成本为 $d_i(e)$，为表示方便，下文将其简记为 d_i，显然环境规制越强，减排成本越高，因此进一步假设 $d'_i>0$，$d''_i>0$。

为逃避规制、节约减排成本，在利润最大化驱使下，企业便有了从事地下经济生产的动机，可能将部分或全部生产转向非正式部门。假定企业 i 在正式部门和非正式部门的生产产量分别为 Q_i^F、Q_i^I，则总产量 $Q_i=Q_i^F+Q_i^I$。为防止企业从事地下经济，监管当局会加强监督，严厉处罚地下经济行为，具体处罚取决于企业面对的监管官员是正直官员还是腐败官员。假定腐败官员比例为 γ，正直官员比例为 $(1-\gamma)$，企业 i 从事地下经济被发现的概率为 φ，显然，地下经济规模越大，越可能被发现，所以进一步假定 $\varphi'(Q_i^I)>0$，$\varphi''(Q_i^I)>0$，为简化起见，地下经济被发现的概率 $\varphi(Q_i^I)$ 简记为 φ_i，$\varphi'(Q_i^I)$、$\varphi''(Q_i^I)$ 分别简记为 φ'_i、φ''_i。

由此可以用一个两阶段博弈刻画：第一阶段，企业间进行博弈，选择各自在正式部门和非正式部门的生产产量，以最大化企业利润；第二阶段，企业从事地下经济行为有可能被监管当局发现，在此阶段决定各企业面临的罚金或者贿赂金额。下面通过逆向求解方式求解。

第二阶段：企业 i 的贿赂金额 b_i 由企业与腐败官员之间的议价结果决定，假定企业的议价能力为 α，腐败官员的议价能力为 $(1-\alpha)$。对于企业 i，根据议价博弈的纳什均衡，可得

$$\max_{b_i}(PQ_i^{\mathrm{I}}-b_i)^{\alpha}b_i^{(1-\alpha)}\text{，解得 } b_i=(1-\alpha)PQ_i^{\mathrm{I}} \tag{11-1}$$

在企业风险中性的假设下，可得企业 i 的预期损失 EL_i：

$$\mathrm{EL}_i=\gamma b_i+(1-\gamma)PQ_i^{\mathrm{I}}=(1-\gamma\alpha)PQ_i^{\mathrm{I}} \tag{11-2}$$

第一阶段：企业间展开竞争，各自分配 Q_i^{F} 和 Q_i^{I}，以最大化自身利润。假定市场需求一定，出清产量为 Q，则均衡处 $\sum_{i=1}^{n}Q_i=Q$。此时，企业 i 的利润最大化可表示为

$$\max\pi_i=PQ_i-cQ_i-d_iQ_i^{\mathrm{F}}-\varphi_i\mathrm{EL}_i \tag{11-3}$$

由一阶必要条件，可得

$$\frac{\partial\pi_i}{\partial Q_i^{\mathrm{F}}}=(P-c)-bQ_i-d_i+b(1-\gamma\alpha)\varphi_iQ_i^{\mathrm{I}}=0 \tag{11-4}$$

$$\frac{\partial\pi_i}{\partial Q_i^{\mathrm{I}}}=(P-c)-bQ_i-(1-\gamma\alpha)[P\varphi'_iQ_i^{\mathrm{I}}+\varphi_i(P-bQ_i^{\mathrm{I}})]=0 \tag{11-5}$$

综合式(11-4)和式(11-5)，可得

$$d_i=(1-\gamma\alpha)(\varphi_i+\varphi'_iQ_i^{\mathrm{I}})P \tag{11-6}$$

式(11-6)对 e 求偏导，整理可得

$$\frac{\partial Q_i^{\mathrm{I}}}{\partial e}=\frac{d'_i}{(1-\gamma\alpha)(2\varphi'_i+\varphi''_iQ_i^{\mathrm{I}})P}>0 \tag{11-7}$$

由式(11-7)可得命题1。

命题1：环境规制强度越强，企业越可能转向非正式部门生产，导致更大规模的地下经济。

式(11-4)对 e 求偏导，并代入式(11-7)，整理可得

$$\frac{\partial Q_i}{\partial e}=\frac{(\varphi_i+\varphi'_iQ_i^{\mathrm{I}})b-(2\varphi'_i+\varphi''_iQ_i^{\mathrm{I}})}{(2\varphi'_i+\varphi''_iQ_i^{\mathrm{I}})Pb}d'_i \tag{11-8}$$

由于企业 i 的污染排放量可表示为

$$E_i=\delta_i(1-e)Q_i^{\mathrm{F}}+\delta_iQ_i^{\mathrm{I}} \tag{11-9}$$

式(11-9)对 e 求偏导，综合式(11-8)，可得环境规制变化对企业 i 污染排放的影响：

$$\frac{\partial E_i}{\partial e}=-\delta_iQ_i^{\mathrm{F}}+(1-e)\delta_i\frac{\partial Q_i}{\partial e}+e\delta_i\frac{\partial Q_i^{\mathrm{I}}}{\partial e} \tag{11-10}$$

因此，环境规制对行业污染总排放的影响为

$$\frac{\partial E}{\partial e}=\sum_{i=1}^{n}\frac{\partial E_i}{\partial e}=-\sum_{i=1}^{n}\delta_iQ_i^{\mathrm{F}}+(1-e)\sum_{i=1}^{n}\delta_i\frac{\partial Q_i}{\partial e}+e\sum_{i=1}^{n}\delta_i\frac{\partial Q_i^{\mathrm{I}}}{\partial e} \tag{11-11}$$

式(11-11)前两项为环境规制变化的直接影响，它包括环境规制变化导致在正式部门使用了更加清洁的生产技术引致的污染减排(即第一项，符号为负)及环境规制变化导致企业生产总产量变化引起的环境污染变化(即第二项，符号不定)；第三项为环境规制变化对非正式部门污染排放的影响，即环境规制通过影响地下经济进而影响非正式部门的污染排放，因此可视之为环境规制的间接影响，其符号为正。由式(11-11)可得命题2。

命题 2:环境规制变化会直接影响环境污染,也会通过地下经济间接影响污染排放;其中,直接影响取决于更加清洁的技术引致的污染减排及企业生产产量的变化,而环境规制变化引致的地下经济会增加环境污染。综合来看,环境规制对环境污染的总影响是不定的。

式(11-6)对 γ 求偏导,整理可得

$$\frac{\partial Q_i^{\mathrm{I}}}{\partial \gamma}=\frac{\alpha}{1-\gamma\alpha}\frac{\varphi_i+\varphi_i' Q_i^{\mathrm{I}}}{2\varphi_i'+\varphi_i'' Q_i^{\mathrm{I}}}>0 \tag{11-12}$$

式(11-12)对 γ 求偏导,整理可得

$$\frac{\partial E}{\partial \gamma}=\frac{e\alpha}{1-\gamma\alpha}\sum_{i=1}^{n}\frac{\delta_i(\varphi_i+\varphi_i' Q_i^{\mathrm{I}})}{2\varphi_i'+\varphi_i'' Q_i^{\mathrm{I}}}>0 \tag{11-13}$$

由式(11-13)可得命题 3。

命题 3:腐败越严重,企业地下经济规模越大,污染排放量越大,环境污染越严重。

三 实证模型与变量说明

(一)实证模型

前文的理论模型表明,环境规制、地下经济与腐败都会影响环境污染。其中,提高环境规制强度一方面会影响正式部门生产,进而引致该部门污染的排放,另一方面还会通过增加非正式部门生产,扩大地下经济规模,加重环境污染。而地下经济规模的扩大也会影响环境污染,并且它们之间存在显著的非线性关系(Elgin and Oztunali, 2014a, 2014b)。腐败会扩大地下经济规模,加剧环境污染。此外,环境规制的执行、地下经济的实施、腐败的加剧及其他因素对环境污染的影响不可能马上显现,往往需要一定的时间,具有一定的滞后性。为此,在实证中,这些解释变量都以滞后一期纳入模型。为深入揭示地下经济与环境污染之间的非线性关系,本章通过构建如下半参数面板实证模型:

$$smog_{it}=\beta_1 er_{it-1}+g(se_{it-1})+\beta_2 er_{it-1}\times se_{it-1}+\beta_3 cor_{it-1}+\beta_4 cor_{it-1}\times se_{it-1}+\Gamma C_{it-1}+u_i+\varepsilon_{it} \tag{11-14}$$

进一步,环境污染具有一定的动态持续变化特征(张克中等,2011;李锴、齐绍州,2011;余长林、高宏建,2015),因此,在模型(14)中引入环境污染的滞后项。此外,环境规制与环境污染之间可能并非是简单的线性关系,它们之间很可能存在倒“U”型关系(Baksi & Bose,2010;Elgin& Mazhar,2013),为此,在模型(14)中同时引入环境规制的平方项 er^2。由此,最终设定式(15)所示的半参数动态面板模型。

$$smog_{it}=\gamma smog_{it-1}+\beta_1 er_{it-1}+\beta_2 er^2{}_{it-1}+g(se_{it-1})+\beta_3 er_{it-1}\times se_{it-1}+\beta_4 cor_{it-1}+\beta_5 cor_{it-1}\times se_{it-1}+\Gamma C_{it-1}+u_i+\varepsilon_{it} \tag{11-15}$$

式中,$g(\cdot)$为任意未设定形状的未知函数;$smog$、er、se 和 cor 分别代表环境污染、

环境规制、地下经济和腐败水平；C 代表控制变量，主要包括各地区人均实际 GDP（$pgdp$）及其平方项（$pgdp^2$）、能源效率（$energy$）、贸易开放度（$topen$）、城市化水平（$urban$）、产业结构（$industry$）、降雨量（$rain$）和相对湿度（$humidity$）；μ_i 为地区固定效应；ε_{it} 为满足 i.i.d 且具有有限方差的随机扰动项。由式(11-15)，地下经济对环境污染的直接影响为 $g'(se_{it-1})$，这可以看成是 se_{it-1} 对环境污染的直接边际效应，$g'(se_{it-1})$ 符号的正负代表了边际作用的方向，而数值的大小则表明了边际效应的大小。

（二）变量说明

本章实证对象为我国大陆地区除西藏以外的其他 30 个省（自治区、直辖市），样本区间为 2001—2010 年，文中所有涉及价值形态的数据，均采用相应的价格指数调整为 2001 年为基期的不变价值；进出口总额以相关人民币对美元年均价折算成人民币计价处理。在实证中，所有变量都取对数进入实证模型。各变量具体说明如下：

(1)环境污染（$smog$）。本章选择雾霾作为研究对象。雾霾是对大气中各种悬浮颗粒物含量超标的笼统表述，它的成分较为复杂，但其主要成分包括可吸入颗粒物 PM10 和细颗粒物 PM2.5。其中，PM2.5 更是被认为是造成雾霾天气的“元凶”，国内外主要监管机构、研究机构及研究论文也大都将 PM2.5 看成是衡量雾霾污染的一个替代指标。在我国，由于近几年频繁出现雾霾天气，社会各界才开始真正普遍关注雾霾污染。因此雾霾污染方面的相关数据还相对较为缺乏。鉴于国内数据的相对不足，本章采用哥伦比亚大学社会经济数据与应用中心利用卫星搭载设备对气溶胶光学厚度（aerosol optical depth, AOD）进行测定的我国 2001—2010 年 PM2.5 年均值（$\mu g/m^3$）作为雾霾污染的衡量指标。该数据与 2012 年 2 月环保部对我国雾霾形势的判断基本吻合，可靠性和可信度都较高，而且现在国际研究机构也普遍采用该数据进行相关研究。此外，该指标还充分考虑了雾霾污染的地区差异性，更注重细颗粒物对居民健康的实际影响。

(2)环境规制（er）。环境规制的衡量方式很多，与张成等（2011）和余长林和高宏建（2015）一样，本章使用各地区工业污染治理投资额与工业增加值的比值作为度量指标。相关数据来自相关年份《中国环境统计年鉴》、CEIC 数据库和《中国统计年鉴》。

(3)地下经济（se）。地下经济由于具有较强的隐蔽性，较难被检测和统计，其估测是一项非常困难和具有挑战性的工作（Schneider and Enste，2000；Schneider et al.，2010；Schneider，2014）。学者们提出了多种估测方法，主要包括调查法（survey method）、税务审计法（tax auditing method）、官方与实际劳动力差异法（the discrepancy between the official and actual labor force）、交易方法（transactions approach）、国民支出与收入统计差异法（the discrepancy between national expenditure and income statistics）、货币需求法（currency demand approach）、实物输入法（physical input method）和多指标多因素方法（multiple indicators and multiple causes，MIMIC），而目前使用最多、流行最广的非 MIMIC 方法莫属。MIMIC 是一种结构方程方法，它把地下经济产出作为潜变量，将包含

地下经济信息的指标变量和地下经济的因素变量综合成结构关系进行分析[①],同时考虑了多种因素和多个指标变量,而且它可以随时根据地下经济活动的特定特征、时间及数据的可获得性等改变因素变量和指标变量,并且不需要额外限制性假设(Schneider,2014)。本章也采用 MIMIC 方法测算我国 30 个样本省(自治区、直辖市)的地下经济规模。现有关于地下经济的研究基本上都认为税收负担是影响地下经济的最重要决定因素,但政府监督和管制力度直接决定了企业从事地下经济的风险和收益。因此政府管制也是影响地下经济的一大因素。此外,在社会经济发展过程中,不可避免地会出现一些下岗、失业现象,出现下岗失业人员,为了生存,这些人员会采取不同方式自主就业,其中就包括进行地下经济生产,因此失业率也是影响地下经济的一个因素。而在经济发展进程中,居民可支配收入的高低很多时候会影响其个人行为和决策,如是否采取诸如寻租、权钱交易、偷税漏税等方式获取额外收入,这显然也会产生地下经济。自雇佣就业也是影响地下经济的重要因素,现有大量研究表明,自雇佣就业率越高,越可能出现地下经济。因此,本章因素变量包括税收负担、政府管制、失业率、个人可支配收入和自雇佣就业率,以实际 GDP 增长率、劳动力参与率作为地下经济的指标变量[②],具体如图 11-2 所示。

相关数据来源于相关年份《中国统计年鉴》、《中国人口统计年鉴》、《中国人口和就业统计年鉴》、《中国财政年鉴》、《新中国六十年统计资料汇编》和 CEIC 数据库。本章测算结果表明,2001—2010 年全国地下经济平均规模为 13.92%(介于 11.59%～14.70%之间)。其中,东部地区地下经济平均规模为 14.96%(介于 12.48%～15.59%之间),中部地区地下经济平均规模为 12.73%(介于 10.31～13.57%之间),而西部地区则平均为 13.75%(介于 11.64%～14.76%之间)。从估计结果来看,与杨灿明和孙群力(2010)及余长林和高宏建(2015)的估测结果非常接近[③]。

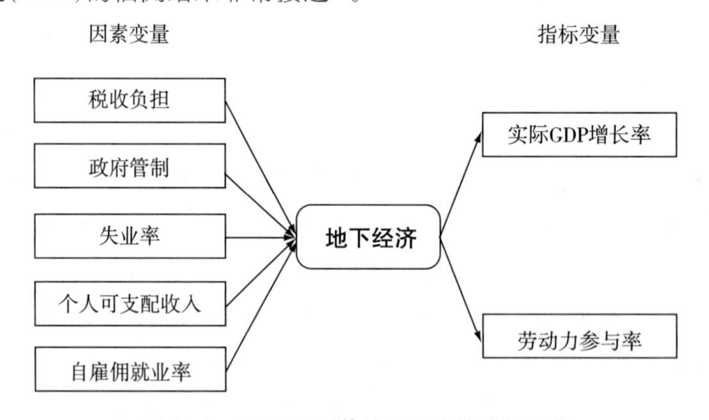

图 11-2 MIMIC 测算地下经济的路径示意

① Schneider(2014)对各种估计地下经济的方法有较为详细的阐述和对比。

② 篇幅所限,这里不列示具体估测过程,有兴趣的读者可以详细参阅 Schneider 和 Enste(2000),Schneider 等(2010),Schneider(2014)及杨灿明和孙群力(2010)的研究。

③ 篇幅所限,这里不列示具体结果,备索。

(4)腐败(*cor*)。理论分析表明,腐败会加重环境污染,本章利用职务犯罪立案数与公职人员数之比(件/人)衡量。其中,职务犯罪立案数指人民检察院每年立案侦查贪污受贿、渎职案件数,公职人员数用公共管理和社会组织就业人数来表示。职务犯罪立案数来自相关年份《中国检察年鉴》、各省人民检察院工作报告,公共管理和社会组织就业人数来源于相关年份《中国统计年鉴》。

(5)人均实际 GDP(*pgdp*)(万元/人)。数据来源于 CEIC 数据库,其平方项以 $pgdp^2$ 表示。现有大量相关研究存在环境库兹涅茨曲线(EKC),即收入水平与环境污染之间存在倒“U”形关系。数据来源于 CEIC 数据库。

(6)能源效率(*energy*)。显然,能源效率越高,越有助于环境的改善,本章用单位能耗产值,即实际 GDP 与能源使用量的比值衡量(百万元/百万吨煤)。相关数据来自 CEIC 数据库。

(7)贸易开放度(*topen*)。学术界关于贸易开放对一国环境的影响存在较大的分歧:一些学者认为贸易开放可以通过技术溢出改善本地区环境,即“环境光环说”;另外一些学者持相反态度,认为污染密集型企业会从环境规制强的地区转移至环境规制相对弱的地区,从而引发该地区环境的恶化,即“污染避难所假说”。因此,贸易开放对中国环境的影响,需具体检验。本章使用进出口总额占当地 GDP 比重衡量,相关数据来自相关年份《中国统计年鉴》。

(8)城市化水平(*urban*)。本章使用非农业人口占总人口的比重表示,相关数据来自相关年份《中国统计年鉴》和《中国人口和就业统计年鉴》。城市化的推进往往伴随着高耗能产业的不断发展,与此同时,城市化也可能促进公众网络和非政府组织对工业污染活动的抵制。

(9)产业结构(*industry*)。本章使用工业增加值与 GDP 的比值衡量,相关数据来自相关年份《中国统计年鉴》和 CEIC 数据库。工业部门规模越大,对环境的冲击可能也越大。

(10)气象条件变量,这里主要包括降雨量(*rain*)和相对湿度(*humidity*)。雾霾往往是空气中悬浮的大量微粒和气象条件共同作用的结果,垂直方向的逆温、水平方向上的静风都是雾霾形成的很重要的气象条件。虽然缺乏关于风力等方面的数据,但往往下雨会伴随着刮风,而且雨天也有利于空气的清洁及悬浮微粒的净化,因此本处考虑了降雨量。此外,相对湿度过低,也有可能引起悬浮颗粒的扩散。由于降雨量和相对湿度往往只有城市数据,本章以各省(自治区、直辖市)的省会城市数据来近似替代,相关数据来源于相关年份《中国统计年鉴》和《中国气象年鉴》。

为了更加清晰地了解各相关变量,把它们的基本统计信息摘录于表 11-1 中。

表 11-1 各变量的统计信息

变量	均值	标准差	最小值	最大值
smog	26.683	12.345	6.900	57.608
er	0.031	0.024	0.000	0.248
se	0.139	0.043	0.047	0.249
cor	0.003	0.001	0.001	0.007
pgdp	16443.860	12527.47	2680.062	68390.06
energy	7608.946	3189.747	2208.05	19360.69
topen	0.331	0.420	0.037	1.722
industry	0.455	0.074	0.198	0.580
urban	0.441	0.141	0.189	0.883
rain	865.576	493.245	74.9	2678.9
humidity	65.246	10.067	35	83

资料来源:作者整理。

四 实证检验

(一)动态半参数面板模型估计与分析

本章构建了式(11-15)的动态半参数面板模型,由于在解释变量中含有被解释变量的滞后项。此时通过 Baltagi 和 Li(2002)提出的标准的级数法(series method)会导致结果有偏,且非一致,Baltagi 和 Li(2002)在他们的文中进一步引进工具变量,提出工具变量级数法来解决此问题。然而,蒙特卡洛模拟结果表明,相较于标准(有偏)的 LSDV 估计量,GMM 估计量的标准误更大(Arellano and Bond, 1991; Kiviet, 1995),而且,IV 和 GMM 估计量都需要决定选择使用哪些工具变量,工具变量的选择不同,可能会导致结果不一致。此外,当使用过多的矩条件时,GMM 估计量可能会有很大的小样本偏差(Bun and Kiviet,2006)。为了克服这些问题,Everaert 和 Pozzi(2007)使用迭代 bootstrap 过程来处理动态面板的内生性问题。这种方法可以改善模型中非参数部分的推断,而且其推断结果也更稳健,同时它也不用为选择合适工具变量而犯难。

为此,本处将使用 Everaert 和 Pozzi(2007)的迭代 bootstrap 过程来估计这一动态过程,具体参阅表 11-2 动态半参数模型回归估计结果。

表 11-2　动态半参数模型的估计结果

	模型 1	模型 2	模型 3	模型 4	模型 5	模型 6
$smog(-1)$	−0.230 [−0.333,−0.128]	−0.223 [−0.342,−0.130]	−0.228 [−0.342,−0.130]	−0.229 [−0.342,−0.130]	−0.230 [−0.333,−0.127]	−0.236 [−0.342,−0.130]
$er(-1)$	0.051 [−0.111,0.241]	0.057 [−0.123,0.251]	0.057 [−0.123,0.251]	0.057 [−0.123,0.251]	0.057 [−0.123,0.251]	0.064 [−0.123,0.251]
$er^2(-1)$	0.070 [0.031,0.092]	0.073 [0.007,0.088]	0.072 [0.006,0.085]	0.073 [0.006,0.078]	0.069 [0.005,0.087]	0.066 [0.006,0.088]
$er(-1) \cdot se(-1)$	0.121 [−0.037,0.205]	0.110 [−0.016,0.204]	0.109 [−0.014,0.205]	0.108 [−0.011,0.201]	0.103 [−0.005,0.201]	0.108 [−0.016,0.202]
$se(-1)$	边际效应如图 11-3 左所示	略	略	略	略	边际效应如图 11-3 右所示
$cor(-1)$	0.239 [−0.013,0.466]	0.183 [−0.024,0.342]	0.190 [−0.030,0.351]	0.191 [−0.030,0.351]	0.185 [−0.028,0.343]	0.266 [−0.008,0.525]
$cor(-1) \cdot se(-1)$	0.106 [0.061,0.152]	0.085 [0.061,0.110]	0.088 [0.062,0.114]	0.088 [0.062,0.114]	0.081 [0.061,0.102]	0.102 [0.065,0.140]
$pgdp(-1)$		1.307 [−0.202,2.412]	0.926 [−0.156,1.928]	0.918 [−0.076,1.912]	1.172 [−0.123,2.221]	1.242 [−0.156,2.328]
$pgdp^2(-1)$		−0.071 [−0.090,−0.051]	−0.047 [−0.056,−0.036]	−0.046 [−0.057,−0.036]	−0.058 [−0.077,−0.040]	−0.061 [−0.081,−0.042]

续表

	模型 1	模型 2	模型 3	模型 4	模型 5	模型 6
energy(−1)			−0.198 [−0.497,0.101]	−0.196 [−0.494,0.101]	−0.218 [−0.536,0.100]	−0.227 [−0.556,0.102]
topen(−1)				0.010 [−0.077,0.096]	0.013 [−0.078,0.096]	0.010 [−0.077,0.096]
urban(−1)					0.056 [−0.095,0.208]	0.057 [−0.094,0.208]
industry(−1)					−0.244 [−0.800,0.212]	−0.294 [−0.800,0.212]
rain(−1)						0.006 [−0.032,0.044]
humidity(−1)						−0.095 [−0.128,−0.062]

注：在动态半参数面板回归中，[ ]中列示的为对应变量 bootstrap 过程的 90%置信区间；限于篇幅，模型 2 至模型 5 中，*se*(−1)的边际效应没有列示，其效果与模型 1、模型 6 大体相似，备索。

表 11-2 中，模型 1 为只包括核心解释变量的回归结果，而模型 2 至模型 6 为依次纳入其他控制变量的回归结果，此时核心变量系数表示为剔除各纳入控制变量对核心变量的影响之后，核心变量对环境污染的影响。因此，从这个意义上而言，模型 1 为各核心变量对环境污染的总影响，而模型 6 为各核心变量对环境污染的净影响。

(1)雾霾污染滞后项对环境污染的影响。模型 1 至模型 6 的滞后项回归系数都表明，上一期的环境污染确实会对当期环境产生显著影响，而且不管是否纳入其他控制变量，系数值基本不受影响。因此，环境污染确实具有一定的动态持续变化特征(李锴和齐绍州，2011；余长林和高宏建，2015)，但本章得出的结论是上期的污染有可能减轻本期污染，这与传统研究结论相左。一种可能的解释是，现实生活中，往往出现问题了，政府才会考虑去解决问题。例如，在我国，面对越来越严重的雾霾污染，2013 年 6 月，国务院发布《大气污染防治十条措施》，2013 年 10 月 14 日，新华社发布消息称“中央财政出资 50 亿元，用于京津冀及周边地区大气污染治理工作，重点向河北省倾斜”；而北京市也是在面临严重的雾霾污染时，在 2013 年 10 月 16 日通过了《北京市空气重污染应急预案》，包括对雾霾天气实行预警、严重雾霾天气下汽车单双号限行和中小学及幼儿园停课等强制性规定，同时，在 2014 年宣布投入 7600 亿元专项财政资金治霾。

(2)环境规制对雾霾污染的影响。从直接影响来看，不管是否纳入控制变量，$er(-1)$及其平方项 $er^2(-1)$系数估计值均不显著。这表明，我国的环境规制不能直接显著有效地抑制雾霾污染，与目前我国的雾霾治理现状是相对吻合的。而从间接影响来看，模型 1 至模型 6 的环境规制与地下经济的交叉项系数都显著为正。需要说明的是，模型 1 的交叉项系数较大(总影响较大)，而模型 6 的较小(剔除影响交叉项的控制变量影响后的净作用较小)。从依次纳入控制变量的回归结果(模型 2 至模型 6 的结果)来看，主要是经济发展及其平方项、城市化水平和产业结构对其影响较为明显。经济越发展、城市化水平越高、产业结构越合理，要求的环境规制强度往往越高，而且企业从事地下经济的空间也越小，这些会削弱交叉项的作用。但不管是总影响还是净作用，模型 1 至模型 6 环境规制与地下经济的交叉项系数都显示，环境规制的间接影响不利于减少雾霾污染，环境规制增强，会通过地下经济加剧雾霾污染，这与本章理论模型中的命题 1 和命题 2 是基本吻合的。这说明，单纯地依靠提高环境规制强度是不能有效抑制雾霾污染的，严格的环境规制只有在得到足够程度的执行时才可能减少环境污染，非正式经济的存在会削弱环境规制的强度及其有效性；执法的有效性，环境规制的执行，制度的调节能力和质量是影响环境污染的主要决定因素(Elgin and Mazhar，2013)。包群等(2013)也指出，环境管制的关键依赖于有效的环境监管立法体系以及有法可依与执法必严。

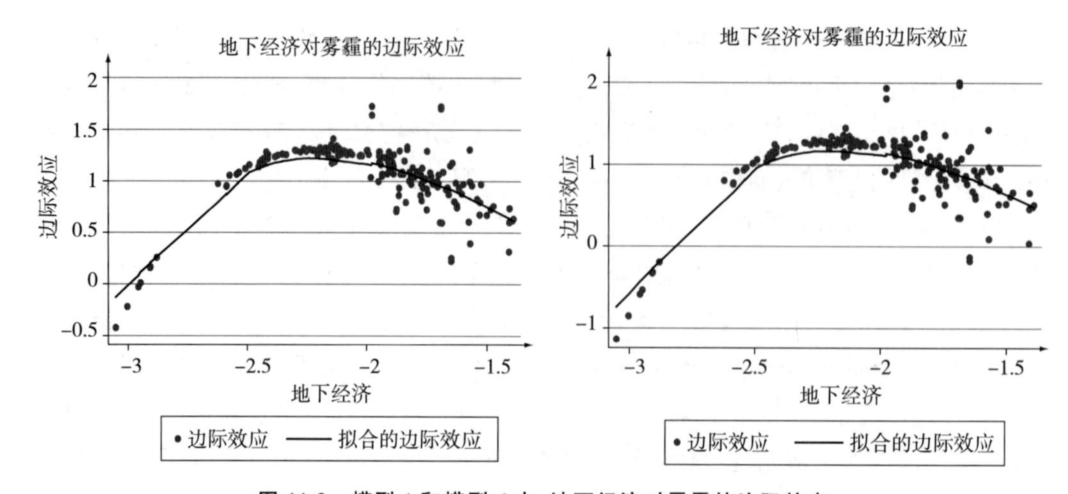

图 11-3 模型 1 和模型 6 中,地下经济对雾霾的边际效应

注:左图和右图分别为模型 1、模型 6 中地下经济的对雾霾的边际效应效果图。

(3)地下经济对雾霾污染的影响。理论分析表明,地下经济规模越大,会使非正式部门污染排放越多,生态环境越恶化。从图 11-3 可以看出,几乎所有的地下经济对雾霾污染的边际效应估计结果都大于 0,即地下经济规模的扩大会加剧雾霾污染,这一实证结果与理论结论相一致。同时从形态上来看,地下经济的边际效应随着地下经济规模的扩大,大致呈倒"U"形,这与 Elgin 和 Oztunali(2014a, 2014b)的研究相符。另外,地下经济与环境规制的交互项在置信区间范围内显著为正。这一方面表明,环境规制增强,地下经济规模的扩大会显著加重雾霾污染,另一方面也预示着,地下经济规模越大,雾霾污染越严重,越有可能对环境规制提出更高的要求,从而使得环境治理陷入一种"越治理—越污染"的怪圈。

(4)腐败对雾霾污染的影响。表 11-2 的结果表明,腐败会加剧雾霾污染。进一步从腐败与地下经济的交互项系数估计值来看,随着腐败水平的上升,地下经济规模越大,对雾霾污染越严重。综合腐败系数及交互项系数估计值,可以得出,腐败越严重,地下经济规模越大,雾霾污染越严重,这很好地印证了理论模型的命题 3 中的结论,这一结果也与 Biswas 等(2012)的结果一致。需要进一步说明的是,从纳入控制变量回归的结果来看,经济发展及其平方项、气象条件都会较为明显地影响到腐败对雾霾污染的作用(不管是腐败系数还是腐败与地下经济的交互项系数)。从经济发展的角度而言,现有研究表明,经济发展与腐败之间往往呈现倒"U"形关系,因此剔除经济发展的各种连带作用对腐败的影响之后,腐败对环境污染的影响相对会较小(对照模型 1 和模型 2 的结果)。另外,气象条件较差时,雾霾污染往往较为突出,很多时候,恶劣的气候条件会掩盖腐败、地下经济等社会问题在雾霾污染中的作用。因此,剔除气象条件等的各种连带作用后,腐败对雾霾污染的影响相对会更大(对照模型 1 和模型 6 的结果)。

(5)其他控制变量对雾霾污染的影响。从 $pgdp$ 和 $pgdp^2$ 的系数估计值来看,我国人均实际 GDP 与雾霾污染之间存在显著的倒"U"形关系，环境库兹涅茨(EKC)效应在我国得到了印证。能源效率(*energy*)的系数值在 90%置信区间内显著为负，这表明，能源效率的提高，能够减少单位 GDP 所需的能源消耗，其排污自然相对更少，因此有助于抑制雾霾污染。而从城市化(*urban*)的系数来看，城市化的推进恶化了生态环境，加剧了雾霾污染。从气象条件来看，相对湿度(*humidity*)有助于减小雾霾，而降雨量(*rain*)对雾霾的影响不显著。贸易开放度(*topen*)及产业结构(*industry*)的系数值在 90%置信区间内均不显著，这说明，贸易开放度的提高及工业化的推进并未对雾霾污染产生显著影响。

(二)稳健性检验

本部分将从环境规制衡量指标差异及雾霾污染地区差异两个角度对其做稳健性检验。

(1)环境规制指标差异。环境规制的衡量指标很多，此处将分别以两个替代指标进行检验。一是以各地区工业污染治理投资额与工业总产值的比值(*er*1)重新度量环境规制(*er*)，相关数据来自 CEIC 数据库。二是环境规制政策工具往往可以分为"命令—控制"型和基于市场型这两种环境规制工具(江珂和卢现祥，2011)。在我国，现阶段的环境规制政策工具更多时候体现为"命令—控制"型，通过制定法律法规、行政规章等方式，对破坏环境行为进行行政处罚。因此，环境行政处罚的力度应该能够在一定程度上反映环境规制强度，处罚越严厉，环境规制强度可能越强。包群等(2013)就通过地方人大通过的环保立法来考察环境管制对环境污染的影响。为此，本章同时也以各地区实施环境行政处罚案件数来衡量环境规制强度，并把它进行人均化，以控制人口的影响，即以人均每年受环境行政处罚的案件数(*er*2)作为环境规制(*er*)的另一种衡量指标。表 11-3 中，模型 3 为环境规制(*er*)以各地区工业污染治理投资额与工业总产值的比值(*er*1)度量的回归结果，而模型 4 则是以人均每年受环境行政处罚的案件数(*er*2)衡量环境规制(*er*)的估计结果。

表 11-3　环境规制指标差异下的稳健性检验①

	环境规制指标差异		雾霾污染严重程度差异	
	模型 3	模型 4	模型 5	模型 6
smog(−1)	−0.258 [−0.366,−0.150]	−0.275 [−0.389,−0.160]	−0.131 [−0.270,0.010]	−0.199 [−0.285,−0.014]
er(−1)	0.127 [0.092,0.276]	−0.086 [−0.269,0.095]	0.332 [0.025,0.663]	−0.017 [−0.473,0.171]
$er^2(-1)$	0.036 [0.028,0.069]	0.001 [−0.008,0.010]	0.005 [0.004,0.015]	0.031 [−0.005,0.058]

① 限于篇幅，这里只列出了核心变量的结果，控制变量的情况没有列示，备索。

续表

	环境规制指标差异		雾霾污染严重程度差异	
	模型 3	模型 4	模型 5	模型 6
$er(-1)\cdot se(-1)$	0.117 [0.060,0.173]	0.053 [0.014,0.103]	0.245 [0.094,0.396]	−0.128 [−0.332,0.076]
$se(-1)$	边际效应如图 11-4 左所示	边际效应如图 11-4 右所示	边际效应如图 11-5 左所示	边际效应如图 11-5 右所示
$cor(-1)$	0.212 [0.014,0.411]	0.370 [0.013,0.727]	0.378 [0.035,0.722]	0.264 [−0.023,0.552]
$cor(-1)\cdot se(-1)$	0.108 [0.005,0.212]	0.135 [0.012,0.259]	0.128 [0.015,0.242]	0.102 [−0.045,0.248]

注：[ ]中列示的为对应变量 bootstrap 过程的 90%置信区间。

资料来源：作者计算。

从表 11-3 中模型 3 和模型 4 各主要变量的系数值来看，与表 11-2 所得到的结果基本是一致的：雾霾滞后项的系数依然显著为负，环境规制的作用在 90%置信区间内仍不显著，而地下经济及地下经济与环境规制的交互项在置信区间内恶化雾霾污染的作用依旧显著存在，腐败及腐败与地下经济的交互项系数显著为正。进一步，从地下经济对雾霾的边际效应来看，图 11-4 显示，地下经济对雾霾的边际效应的几乎所有估计点处的值基本都为正，而且随着地下经济规模的扩大，这一边际效应呈明显的倒"U"形。这一结果与前文的实证结果也基本相同，即地下经济会加剧雾霾污染，并且这一作用会随着地下经济规模的增大而先增后减。所有的这些表明，即使考虑环境规制指标差异，实证结论依然稳健。

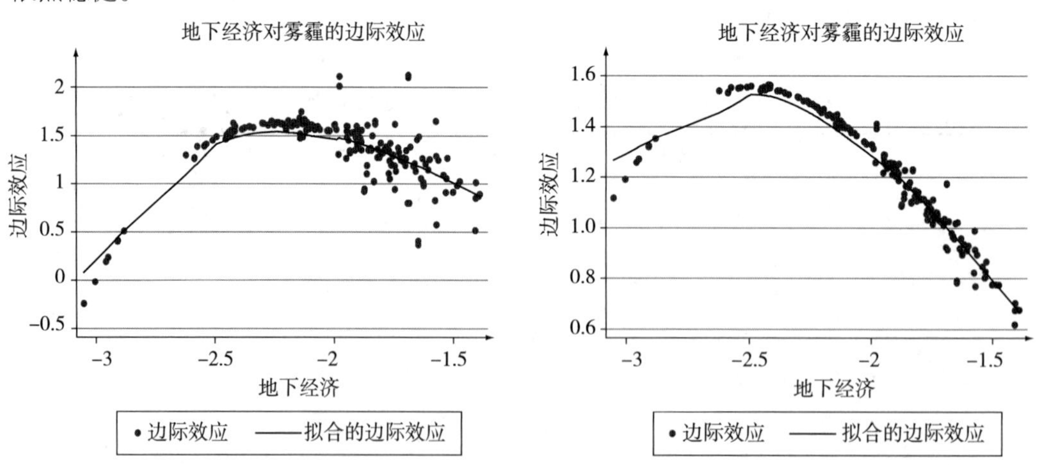

图 11-4 模型 3、模型 4 中，地下经济对污染的边际效应

注：左图和右图分别为模型 3、模型 4 中地下经济的对雾霾的边际效应效果图。

(2)雾霾严重程度差异。我国的雾霾污染呈现明显的地区差异,虽然全国各地的PM2.5水平均较高,但华北地区及周边区域更是雾霾污染的重灾区。那么,这种雾霾污染的严重程度的显著差异会导致上述结果呈现显著差异吗?根据我国雾霾污染的实际分布情况,将全国划分为雾霾污染较轻区域(主要包括青海、内蒙古、黑龙江、云南、海南、新疆、甘肃、宁夏、四川、贵州、广西、广东、福建、浙江、辽宁、吉林16个省、自治区)及雾霾污染严重区域(包括北京、天津、河北、山西、山东、陕西、河南、湖北、湖南、重庆、江西、安徽、江苏、上海14个省、市)。而后,进行分区域回归分析,结果分别列示于表11-3中的模型5和模型6。

对于雾霾污染较轻区域,从表11-3的模型5的估计结果可以看出,主要核心变量的符号及显著性与前文基本一致,环境规制及平方项对雾霾污染的影响仍旧不显著。而从图11-5的地下经济对雾霾的边际效应来看,各边际效应估计点处的值均大于0,而且随着地下规模的扩大,边际效应呈明显的倒"U"形,这也与前文的结论是一致的。此外,其他控制变量的情况大致与前面的结果一致。

对于雾霾污染严重区域,从表11-3的模型6的估计结果可以看出,各主要变量系数值的符号与前文相同,环境规制及其平方项对雾霾污染的影响在90%置信区间内作用还是不显著,模型6中地下经济对雾霾的边际效应估计值均大于0,其他控制变量的情况与表11-2的估计结果也基本相同。但在该区域,也呈现出一些与雾霾污染相对较轻的区域不一样的特征,具体表现为:前文中环境规制与地下经济交互项系数及腐败与地下经济交互项系数在90%置信区间内均显著为正;而在雾霾污染相当严重的区域,这两个交互项在90%置信区间内虽仍为正,但均变得不再显著。进一步对比图11-5中的左右两幅图,地下经济对雾霾的影响在雾霾污染较轻区域表现为倒"U"形,然而在雾霾污染严重区域则表现为"递减"型。那么,是什么原因导致了这两个区域出现如此差异呢?究其原因,很可能是地下经济规模的差异。从图11-5可以看出,雾霾污染严重区域,其地下经济规模往往也是较大的区域。根据Elgin和Oztunali(2014a, 2014b)的理论,地下经济对环境污染的影响具有规模效应和去规则效应。在地下经济规模较小时,去规则效应占主导;而当地下经济规模达到一定程度以后,其规模效应随着地下经济规模的扩大日渐增长,会逐步消减地下经济的去规则效应,这也是为什么地下经济对雾霾的边际效应呈倒"U"形的原因。然而,在雾霾污染严重区域,由于其地下经济规模已经较大,很可能已经跨越了倒"U"形的峰值,因此在该区域,地下经济对雾霾的边际效应表现为倒"U"形的右半边,即随着地下经济规模的扩大呈递减趋势。此外,地下经济规模越大,受到政府打击的可能性也越大,企业的违法成本也会越高,企业继续转向非正式部门从事地下经济的积极性越小,地下经济规模扩张放缓,因此在此情形下,环境规制与地下经济交互项表现不显著就不足为奇。而理论分析表明,腐败对雾霾污染影响的一个重要路径是地下经济,因此在地下经济规模扩张放缓的情形下,腐败与地下经济交互项对雾霾污染的影响

变为不显著也就比较容易理解了。

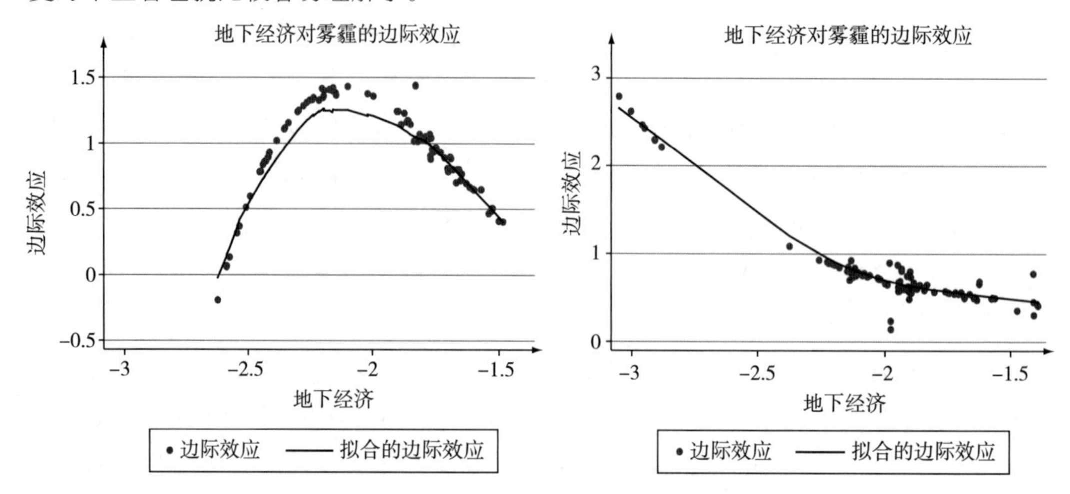

图 11-5　模型 5、模型 6 中，地下经济对污染的边际效应

注：左图和右图分别为模型 5、模型 6 中地下经济的对雾霾的边际效应效果图。

总体而言，不管是环境规制的衡量指标差异还是雾霾污染严重程度差异的结果，大体上与表 11-2 的结果相符，这说明本章的实证结果总体上是稳健的。

五　结论与建议

目前我国环境问题日益严峻，触碰环境红线的不法分子不在少数，生态环境持续恶化。党中央、国务院高度重视生态环境问题，推出了一系列环境法令法规；民众保护生态环境的意识也在逐步增强，环境规制标准日益提高，环境规制程度日趋加强。本章尝试构建了一个企业与政府、企业与企业博弈的理论模型，试图揭示环境规制、地下经济、腐败与环境污染之间的关系。理论分析表明，环境规制会直接影响污染排放，它取决于企业使用更加清洁的生产技术促使的污染减排量及企业生产产量变化引致的污染排放量。环境规制还通过影响非正式部门的生产间接改变环境，具体表现为：环境规制强度增强，企业减排成本提高，这促使企业将部分（或全部）经营活动转至非正式部门，导致地下经济规模扩大，最终使得非正式部门污染排放增多。而后，本章构建动态半参数面板模型，以雾霾污染为研究对象，实证分析了环境规制、地下经济、腐败等因素在雾霾污染中所起的作用。实证结果印证了上述理论分析的结论，并且进一步指出，在我国，现有的环境规制未能有效抑制雾霾污染。与此同时，环境规制强度的增强会通过非正式部门的地下经济对生态环境施加不利影响。地下经济规模的扩大会加剧雾霾污染，而且这种作用会随着地下经济规模的扩大呈先升后减的倒"U"形趋势，腐败不利于改善雾霾环境，而且它会与地下经济形成交互作用恶化环境。

根据本章的研究，可以得到如下启示：

（1）在我国，环境规制更多时候是“行政—命令”控制型，颁布的法律、法规、行政规章已经很多，但效果甚微。为此，政府应该把行政的手段和市场的手段结合起来，综合利用环境标准、可交易的污染排放许可证、环境税、排污费等多种环境规制手段，努力提高环境规制强度，使其真正发挥出抑制污染排放的直接作用。与此同时，政府还应该加强市场监督，铁腕治理，做好环保税立法工作，严厉打击各种地下经济活动，对偷排、偷放者施予重拳，对姑息放纵者严厉问责，让地下经济活动毫无立锥之地，从而减少、控制并最终消除环境规制通过地下经济对环境施加的间接不良影响。

（2）地下经济不利于生态环境的改善。为此，一方面应该通过行政和法治的手段严厉打击企业的地下经济行为，另一方面应该给企业减负，减轻企业的税费负担，为企业营造一个良好的经营氛围。在使用 MIMIC 方法测算地下经济时就发现，企业的税收负担是影响地下经济规模的一个重要因素。与此同时，国家应该努力培养企业的环保意识，增强企业的使命感和责任感，努力提高企业的减排效率和减排技术。理论分析就表明，企业的相对边际减排成本是影响其是否减排的重要依据。此外，还应该考虑在制度上做文章，努力建立起一套使企业不敢、不能也不想转向非正式部门经营地下经济的长效制度，从而在根本上解决这一问题。

（3）进一步打击各种腐败现象，努力加强制度建设，强化权力运行制约和监督体系，坚持用制度管权、管事、管人，让人民监督权力，让权力在阳光下运行，“把权力关进制度的笼子”，从根本上降低官员腐败寻租空间，减少腐败的发生，从根本上断绝偷排、违排的不法分子的钻营空间和想法。

本章参考文献

包群，邵敏，杨大利.环境管制抑制了污染排放吗？[J].经济研究，2013(12)：43-55.

江珂，卢现祥.环境规制变量的度量方法研究[J].统计与决策，2011(22)：19-22.

李锴，齐绍州.贸易开放、经济增长与中国二氧化碳排放[J].经济研究，2011(11)：61-73，103.

徐蔼婷，李金昌.中国未被观测经济规模——基于 MIMIC 模型和经济普查数据的新发现[J].统计研究，2007(9)：30-36.

闫海波，陈敬良，孟媛.中国省级地下经济与环境污染——空间计量经济学模型的实证[J].中国人口·资源与环境，2012(S2)：275-280.

杨灿明，孙群力.中国各地区隐性经济的规模、原因和影响[J].经济研究，2010(4)：93-106.

余长林，高宏建.环境管制对中国环境污染的影响——基于隐性经济的视角[J].中国工业经济，2015(7)：23-37.

张成，陆旸，郭路，等.环境规制强度和生产技术进步[J].经济研究，2011(2)：115-126.

ARELLANO M，BOND S. Some tests of specification for panel data：Monte Carlo evidence and an application to employment equations[J]. Review of Economic Studies，1991，58：277-297.

BAKSI S，BOSE P. Environmental regulation in the presence of an informal sector[R]. The University of Winnipeg Working Papers，2010，No.3.

BALTAGI B，LI D. Series estimation of partially linear panel data models with fixed effects[J]. Annals of Economics and Finance，2002，3：103-116.

BISWAS A K，FARZANEGAN M R，THUM M. Pollution，shadow economy and corruption：theory and evidence[J]. Ecological Economics，2010，75：114-125.

BLACKMAN A，BANNISTER G J. Community pressure and clean technology in the informal sector：an econometric analysis of the adoption of propane by traditional Mexican brickmakers[J]. Journal of Environmental Economics and Management，1998a，35(1)：1-21.

BLACKMAN A，BANNISTER G J. Pollution control in the informal sector：the Ciudad Juarez brickmakers' project[R]. Resources for the Future Discussion Paper，1998b：15-98.

BUN M，KIVIET J. The effects of dynamic feedbacks on is and mm estimator accuracy in panel data models[J]. Journal of Econometrics，2006，132(2)：409-444.

ELGIN C，OZTUNALI O. Shadow economies all around the world：model based estimates[R]. Bogazici University Economics Department Working Paper No. 5，2012.

ELGIN C，OZTUNALI O. Environmental Kuznets curve for the informal sector of Turkey (1950—2009)[J]. Panoeconomicus，2014a，4：471-485.

ELGIN C，OZTUNALI O. Pollution and informal economy[J]. Economic Systems，2014b，38：333-349.

ELGIN C，MAZHAR U. Environmental regulation，pollution and the informal economy[J]. The State Bank of Pakistan (SBP) Research Bulletin，2013，9(1)：62-81.

EVERAERT G，POZZI L. Bootstrap-based bias correction for dynamic panels[J]. Journal of Economic Dynamics and Control，2007，31：1160-1184.

HART K. Informal economy[M]//DURLAUF S N，BLUME L E. The new palgrave dictionary of economics. New York：Palgrave Macmillan，2008.

IHRIG J，MOE K. Lurking in the shadows：the informal sector and government policy

[J]. Journal of Development Economics, 2004, 73:541-577.

KIVIET J. On bias, inconsistency, and efficiency of various estimators in dynamic panel data models[J]. Journal of Econometrics, 1995, 68:53-78.

SCHNEIDER F, BUEHN A, MONTENEGRO C E. New estimates for the shadow economies all over the world[J]. International Economic Journal, 2010, 24(4): 443-461.

SCHNEIDER F, ENSTE D. Shadow economies: size, causes, and consequences[J]. Journal of Economic Literature, 2000, 38(1):77-114.

SCHNEIDER F. The shadow economy and shadow labor force: a survey of recent developments[R]. IZA Discussion Paper, No.8278, 2014.

TANZI V. Uses and abuses of estimates of the underground economy[J]. Economic Journal, 1999, 109(3):338-347.

第十二章 能源替代政策能否改善空气质量

——兼论能源定价机制的影响

汤韵 梁若冰*

一 引 言

近年来,城市空气污染及其造成的严重雾霾引起了社会广泛关注。相关研究发现,主要空气污染物 $PM_{2.5}$、SO_2 与 NO_x 会严重危害人体健康,造成呼吸道及心血管疾病。目前,燃煤是空气污染物的主要来源之一,以 $PM_{2.5}$ 为例,燃煤对其年均浓度贡献率超过 40%(GBD MAPS 工作组,2016)。其中,冬季北方地区因燃煤造成的污染更是占了绝对比重,成为严重雾霾天气的罪魁祸首。作为煤炭生产与消费大国,煤炭在中国一次能源消费中的比重一直居高不下,尽管近年来各地因空气污染而严格控制煤炭使用,加之经济增速放缓,对能源需求有所下降,也仅使煤炭消费比重从 1996 年的 75%降至 2016 年的 64%,20 年时间仅下降 11 个百分点。事实上,从世界范围看,我国煤炭消费远高于其他国家,不仅在国内能源消费中的比重远高于 27%的世界平均水平,而且消费量占世界消费总量的比重也达到了 50%,分别为美国和欧盟的 4.9 倍与 7.4 倍(BP 集团,2016)。不同于煤炭的绝对重要地位,清洁能源在我国一次能源消费中的比重仍然较低。以天然气为例,其消费比重在 1996 年至 2016 年期间仅由 1.9%升至 5.8%,而且占全球天然气消费比重也仅为 5%。由此可见,尽管上涨趋势明显,但天然气在我国能源消费中的重要性仍不突出。相反地,全球一次能源消费中天然气比重已经达到 24%,其中发达国家多在 20%~40%,2012 年美、日、英、法的天然气占能源消费比重分别为 40%、33%、29%、45%,而新兴发展中国家土耳其、马来西亚和埃及甚至分别达到 41%、48%和 63%(国务院发展研究中心和壳牌国际有限公司,2015)。从天然气未来发展趋势看,其消费年均增长速年将显著高于其他主要能源,天然气在发达国家取代石油、在我国取代煤炭的趋势将不可逆转。因此,我们有必要了解在此过程中天然气及其替代煤炭对城市空气污染治

* 汤韵,集美大学工商管理学院,副教授;梁若冰,厦门大学经济学院财政系,教授。

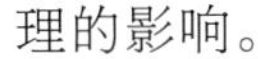

理的影响。

我国21世纪初开始大规模兴建天然气长输管道工程，其中以2001年开始的西气东输项目最为著名和重要，我们可以将其以及其后兴建的其他长输管道视为外生的自然实验，来处理中国城市天然气使用内生增长的问题。本章以天然气对煤炭的替代作为主要切入点，分别讨论天然气对工业燃煤与民用燃煤在空气污染治理上的替代作用及其差异，并从天然气定价机制角度分析产生这种差异的原因。本章的创新主要包括3个部分：①利用天然气长输管道构建了城市天然气供应的自然实验；②分析了天然气对工业与民用燃煤的异质性替代效应；③从价格机制方面分析了天然气对煤炭替代效应的差异。由此可见，本章一方面为城市天然气的使用寻找了外生冲击，另一方面对目前亟待解决却罕有讨论的清洁能源替代问题进行了经济学讨论。此外，本章在实践层面对理解供给侧改革的重要组成部分——“去产能”有重要的意义，并对目前进行得如火如荼的城市“煤改气”进行了实证检验。

二　西气东输工程与能源替代的污染减排效应

（一）西气东输工程及其影响

就目前而言，燃煤仍是导致中国城市空气污染的主要来源。根据GBD MAPS工作组估算的中国城市燃煤造成的污染损失，2013年因燃煤产生的$PM_{2.5}$造成约36.6万人死亡，其中因民用生物质与煤炭燃烧导致的死亡人数为17.7万人，高于来自工业用煤的15.5万人与燃煤电厂的8.65万人（GBD MAPS工作组，2016）。因此，在未来能源发展与空气质量管理战略中，应以减少工业与民用燃煤造成的排放作为主要目标。同时，因后者还可通过污染室内空气而产生更严重的疾病负担，所以应作为重点进行治理。在此过程中，除环境管制与相关经济政策外，以清洁能源替代煤炭是另一可行途径。目前，我国使用的清洁能源主要包括天然气、水能、核能、风能、太阳能等，其中天然气是大力发展的重点能源，而且从供气来源与利用技术方面看，也是相对较为稳定与成熟的替代性清洁能源。

我国西部地区蕴藏着大量的油气资源，但有效需求不足；而东部地区对能源有巨大需求，但资源极为匮乏。西气东输项目的主要目的就是将西部地区丰富的天然气资源，通过长输管道等基础设施输送到东部沿海发达地区，以缓解后者快速经济发展中面临的能源瓶颈。2004年建成通气的西气东输一线工程是21世纪的第一条天然气长输管道，全长3836千米，年供气量170亿立方米。2011年建成通气的西气东输二线工程是目前最长的输气管道，包括支线总长度达到9242千米，年供气量300亿立方米。西三线长度也达到7378千米，年供气量300亿立方米。作为我国迄今为止输送距离最长、通气量最大的天然气管道工程，西气东输项目截至2015年已开通并运营了三期，第四、五期也正在建设与规划当中，目前连通了14个省、市、区，年供气量达到720亿立方米（BP集团，2016）。

与西气东输同时进行的长度超过 1000 千米的长输管道还有川气东送、忠武线、陕京线等工程，分别将四川普光气田、陕西长庆油田以及中亚进口的天然气送往东部地区。截至 2015 年年初，我国已建成通气的天然气干线管网总长度超过了 8.5 万千米，年供气量超过 2000 亿立方米。这些天然气长输管道的连通，为东部城市实施“煤改气”提供了条件。据专家测算，煤炭和天然气在相同能耗下，排放灰粉污染物的比例为 148∶1，SO_2 比为 700∶1、NO_x 比为 29∶1。仅以西气东输一、二线工程每年输送的天然气量计算，就可以替代燃煤 1.2 亿吨，减少 CO_2 排放 2 亿吨，减少 SO_2 排放 226 万吨，对改善我国能源结构和环境质量发挥举足轻重的作用。

(二)能源替代的污染减排效应

不过，尽管目前的“煤改气”工程正在众多大城市如火如荼地进行，但对于如何利用清洁能源进行能源替代、能源替代是否能够遏制空气污染及其是否存在技术经济性等问题，经济学家与政策制定者讨论得并不充分。经济学家对空气污染治理的研究多集中于分析财税政策对石油、煤炭与机动车使用的影响(Greenstone and Hanna, 2014; Acemoglu et al., 2012; Tanaka, 2012；席鹏辉和梁若冰，2015；梁若冰和席鹏辉，2016)，而关于能源替代的实证研究相对较少，其主要原因是难以找到合适的外生冲击。为解决变量外生性问题，Cesur 等(2016)利用土耳其各地区通天然气管道的时间差异构建了准实验，来捕获因使用天然气而改善的空气质量对婴儿死亡率的影响，发现天然气使用密度每增加一个百分点，婴儿死亡率下降 4%，即挽救 348 个婴儿的生命。Barreca 等(2014)考察了美国历史上天然气替代烟煤对人口死亡率的影响，发现 1945 年至 1960 年间冬季烟煤使用量的减少促使人口死亡率下降 1.25%，婴儿死亡率下降 3.27%。

事实上，我们目前关注的问题不仅仅是天然气替代燃煤的污染减排效应，更应重视在能源替代过程中能否通过市场力量顺利实现技术替代，既能达到治理污染的目的，又可去除落后产能，这才是保证“煤改气”政策能持续并产生长期效果的关键问题。对于前一个问题，在现有的技术手段下，“煤改气”完全可以达到污染减排目标。例如，薛亦峰等(2014)、欧春华等(2004)与赵丽莉等(2014)分别评估了北京、重庆以及乌鲁木齐“煤改气”项目的污染减排效果，都发现其显著地降低了空气污染物的排放水平，尤其是对于那些与煤炭燃烧密切相关的污染物，如 CO_2、SO_2、PM、NO_x 等，减排效果尤其显著。

不过，从技术经济性考虑，这种减排效果可能因能源替代较高的成本而大打折扣。根据巫永平等(2014)的测算，由于我国较高的单位 GDP 能耗，导致天然气相对价格不仅远高于美国，而且也高于完全依赖进口的德国、日本，尽管后两国的名义价格分别为我国的 3 倍和 2 倍，因此在评估“煤改气”的环境收益时，应当考虑这种高能耗的影响以及价格提升带来的成本。刘虹(2015)对北京实施“煤改气”政策进行的调查，也显示该政策将导致北京新增 200 亿立方米的天然气需求，在不考虑固定资产和改造投资的情况下，光是能源成本就将增加 420 亿元，相当于 2012 年北京市财政收入的近 10%。除了价格因素，被替代燃煤所在行业的减排水平也决定着天然气替代的环境收益。对于采用超低排放技术的煤电企业而言，天然气替代不仅难以获得显著的环境收益，而且经济效益也无从谈起（刘虹，2015）。

事实上，对于城市“煤改气”工程而言，众多研究发现以天然气替代民用散烧煤、工业燃煤小锅炉的效果较好，而对于燃煤电厂的替代则减排效果并不理想。薛亦峰等（2014）研究了北京实施“煤改气”的减排效果，发现对燃煤电厂的替代效果不显著，其原因在于电厂的污染排放控制比较严格，而对小型燃煤锅炉与民用燃煤的替代，将产生较好的污染减排效果。在毛显强等（2002）对重庆与北京“煤改气”的研究中，也发现天然气替代民用灶、餐饮茶水炉、工业锅炉、大型取暖炉燃煤会产生较优的环境效益。庞军等（2015）利用热值替代方法，估算了中国 15 个重点供暖城市冬季天然气替代燃煤对空气污染的减排效果，发现天然气集中供暖替代燃煤集中供暖的污染减排效果最好，优于分布式能源以及分户式燃气供暖的效果。

无论是基于去除落后产能的当前目标，还是环境可持续发展的长远目标，天然气替代政策都应立足于通过市场机制鼓励企业进行环保创新，从而改善污染减排技术或是进行清洁能源替代。能源依赖企业的创新受两种不同效应的影响，即价格效应和市场规模效应，前者会导向对稀缺资源的创新，后者则诱发对丰富资源的创新。例如，Aghion 等（2016）通过考察 80 个国家汽车产业的专利申请，发现油价越高的国家越倾向于发明采用清洁能源（电力或混合动力）的发动机。无独有偶，根据 Acemoglu（2002）等的分析，在清洁能源与污染能源可以充分替代的情况下，分别对污染排放与环保创新进行暂时性征税和补贴，可以实现污染能源向清洁能源的转换，而且越早实行此类政策，对过渡期经济增长的冲击越小。同时他们还发现，在自由放任制度下，如果投入的污染能源是可耗竭资源，那么也会激发企业进行环保创新。在我国，由于煤炭资源蕴藏丰富，因而自由放任制度显然不利于煤炭使用中的技术创新。同时，天然气价格管制导致较低的清洁能源价格，也不利于相关的技术创新。

三　计量模型设定与数据分析

基于上述讨论，本章的实证部分将主要围绕下面 3 个问题展开讨论：第一，天然气长输管道是否通过提高天然气使用量遏制了空气污染？第二，天然气使用是否通过替代煤炭使用来遏制空气污染？第三，天然气使用对煤炭使用中的工业与民用燃煤的替代是否存在差异性，其原因是什么？针对这 3 个问题，本章将分别采用计量模型进行实证检验。首先，本章将考察天然气长输管道对城市天然气管道长度、供气量与使用人口的影响，并分别分析各变量及其与煤炭城市交叉项对空气污染的影响，可写成如下固定效应回归方程：

$$\ln ngpipe_{iy}=\alpha_1+\alpha_2 pipe_{iy}+X\Gamma+\lambda_i+\eta_y+\mu_{iy} \tag{12-1}$$

$$\ln api_{iymd}=\beta_1+\beta_2\ln capkm_{iy}+\beta_3\ln capkm_{iy}\times coalcity_i+Z\Phi+\lambda_i+\eta_y+\rho_m+\varphi_d+\mu_{iymd} \tag{12-2}$$

式(12-1)主要考察天然气长输管道的连通对城市天然气供应与使用的影响,式(12-2)分析天然气长输管道供气能力对空气污染的影响,前者主要利用年度数据进行估计,后者为日度数据。式(12-1)中,$ngpipe_{iy}$为i城市在y年度的天然气管道长度,替代变量还有天然气供应量($ngsupply_{iy}$)与天然气使用人口数($nguser_{iy}$);$pipe_{iy}$为是否连通管道的虚拟变量,替代变量为天然气长输管道每千米输气量($capkm_{iy}$)。式(12-2)中,api_{iymd}为i城市在y年m月d日的空气污染指数;$coalcity_i$为城市i为煤炭城市的虚拟变量,利用交叉项估计参数β_3可估计出天然气是否在煤炭城市对空气污染有更强的减排作用,此处还可以利用城市天然气管道、供应与使用人口变量替代长输管道变量进行估计。两式中的X与Z分别为年度与日度的控制变量向量,前者主要包括城市人均收入($pgdp_{iy}$)与人口规模($popu_{iy}$),后者为影响当日空气污染的气候变量,包括温度($temp_{iymd}$)、降雨量($rain_{iymd}$)和风速($wind_{iymd}$)。此外,模型还控制了地区固定效应λ_i以及年、月、日时间固定效应η_y、ρ_m、φ_d,μ_{iy}与μ_{iymd}均为随机扰动项。为进一步考察城市天然气是否通过替代煤炭来遏制环境污染,本章将采用 3 种设定:

$$\ln api_{iymd}=\gamma_1+\gamma_2\ln capkm_{iy}+\gamma_3\ln capkm_{iy}\times coalcity_i+\gamma_4\ln ngpipe_{iy}+\gamma_5\ln ngpipe_{iy}\times coalcity_i+Z\Lambda+\lambda_i+\eta_y+\rho_m+\varphi_d+\mu_{iymd} \tag{12-3}$$

$$\ln api_{iymd}=\theta_1+\theta_2\ln capkm_{iy}+\theta_3\ln ngpipe_{iy}+\theta_4 pcindcoal_{iy}+\theta_5\ln capkm_{iy}\times pcindcoal_{iy}+\theta_6\ln ngpipe_{iy}\times pcindcoal_{iy}+Z\Psi+\lambda_i+\eta_y+\rho_m+\varphi_d+\mu_{iymd} \tag{12-4}$$

$$\ln api_{iymd}=\pi_1+\pi_2\ln capkm_{iy}+\pi_3\ln ngpipe_{iy}+\pi_4\ln indso2emi_{iy}+\pi_5\ln capkm_{iy}\times\ln indso2emi_{iy}+\pi_6\ln ngpipe_{iy}\times\ln indso2emi_{iy}+Z\Xi+\lambda_i+\eta_y+\rho_m+\varphi_d+\mu_{iymd} \tag{12-5}$$

式(12-3)中,我们分别加入了天然气长输管道供气能力变量与城市天然气管道变量及其它们与煤炭城市变量的交叉项,目的是考察天然气长输管道是否通过影响城市天然气供应来遏制煤炭城市的空气污染。该回归中,我们关心的主要估计参数是γ_3和γ_5,若后者显著而前者变得不显著,说明可能存在所谓的中介效应(Baron and Kenny, 1986)。式(12-4)中,$pcindcoal_{iy}$为i城市在y年度的人均工业燃煤使用量,交叉项估计参数θ_6表示天然气是否通过对工业燃煤的替代来遏制空气污染。除了工业燃煤使用量,本章还对民用燃煤使用进行了估计。式(12-5)中,$\ln indso2emi_{iy}$为工业 SO_2 排放量,交叉项估计参数π_6表示天然气是否通过对遏制工业 SO_2 的排放来实现污染减排。此外,本章还采用了工业 NO 排放、工业烟尘排放、民用工业 SO_2 排放、民用 NO 排放、民用烟尘排放进行估计。式(12-3)至(12-5)中,Z为日度控制变量向量,固定效应λ_i、η_y、ρ_m、φ_d以及随机扰动项μ_{iymd}的含义同式(12-2)。

本章采用的数据包括两种类型,即日度数据与年度数据。首先,日度数据主要包括污染、气候与管道连通变量。具体而言,本章采用的被解释变量为全国 120 个城市在 2002—2013 年的日度 API 指数,来源于国家环保部网站;主要解释变量天然气管道连通数据,主要由作者根据国务院发展研究中心、壳牌国际有限公司联合出版的《中国天然气发展战略研究》(国务院发展研究中心和壳牌国际有限公司,2015)、中国燃气行业年鉴编辑部出版的《中国天然气管道分布图 2013》等材料绘制而成；主要控制变量包括日平均气温、降水量和风速，来源于中国气象科学数据共享服务网；工业与民用天然气价格数据来源于钢联数据网站。其次，年度数据主要包括城市燃气数据，包括天然气与液化石油气(LPG)的管道、供应量、使用人口等，来源于各年度《城市建设统计年鉴》；城市主要空气污染物与工业及民用能源使用数据，来源于各年度《中国环境年鉴》；与城市相关的控制变量，包括人口、人均收入等，来源于各年度《城市统计年鉴》。具体的变量描述性统计及其数据来源列于表 12-1 中。

表 12-1　主要变量的描述性统计

变量	含义	样本量	均值	标准差	数据来源
pipe	是否连通天然气管道(0,1)	380713	0.37	0.48	A
capkm	单位长度输气量/(m^3/km)	364829	334.74	579.18	A
api	空气污染指数	380133	71.49	34.90	B
temp	温度(0.1 ℃)	247756	150.48	112.66	C
rain	降雨量/mm	223484	28.81	104.73	C
wind	风速/(0.1m/s)	247694	22.25	12.20	C
civprice	民用天然气价格/(元/立方米)	33165	2.35	0.60	D
indprice	工业天然气价格/(元/立方米)	34367	3.34	0.83	D
ngpipe	城市天然气管道长度/km	222	272.63	621.52	E
ngsupply	城市天然气供气量/万立方米	222	5968.31	25318.25	E
nguser	城市天然气用户数/万人	222	21.38	53.78	E
lpgpipe	城市液化石油气管道长度(km)	222	57.51	164.01	E
lpgsupply	城市液化石油气供气量/万立方米	222	39873.39	96682.14	E
lpguser	城市液化石油气用户数/万人	222	47.91	59.84	E
coalcity	是否煤炭城市(0,1)	222	0.09	0.29	F
indcoal	工业燃煤使用量/万吨	108	315.42	427.91	F
civcoal	民用燃煤使用量/万吨	55	81.95	100.06	F
indso2emi	工业 SO_2 排放量/吨	111	98399.69	63091.96	F
indnoemi	工业 NO 排放量/吨	56	59007.27	49760.88	F
indsmoemi	工业烟尘排放量/吨	110	82062.63	63841.00	F
civso2emi	民用 SO_2 排放量/吨	111	12971.37	16759.79	F
civnoemi	民用 NO 排放量/吨	56	20755.02	20439.05	F
civsmoemi	民用烟尘排放量/吨	111	8395.81	10923.10	F
indboil	工业锅炉数量/台	111	419.59	288.32	F

注：A：国务院发展研究中心和壳牌国际有限公司(2015)，《中国天然气管道分布图 2013》。B：国家环保部网站(http://datacenter.mep.gov.cn)。C：中国气象科学数据共享服务网(http://data.cma.cn)。D：钢联数据网站(http://data.mysteel.com)。E：《城市建设统计年鉴》。F：《中国环境年鉴》。

四 回归结果分析

(一)基准回归结果分析

本章首先利用式(12-1)回归分析天然气长输管道的连通对城市天然气供应变量的影响,此处的解释变量分别为城市是否连通管道的虚拟变量(*pipe*)以及连通管道的每千米通气能力的对数值(ln*capkm*),被解释变量分别为城市天然气管道长度(*ngpipe*)、天然气供应量(*ngsupply*)以及天然气用气人口数量(*nguser*)的对数值。此处,本章主要利用城市年度数据考察天然气长输管道连通后是否对城市内部天然气相关变量有显著影响,其原因主要在于城市内部天然气供应不仅仅来源于长输管道,另一重要来源是液化天然气(LNG),可以通过公路或铁路进行罐装运输,并利用储气罐进行储存。因此,天然气长输管道的连通并不必然导致城市天然气管道及使用出现显著增加。天然气长输管道对城市天然气变量的影响见表 12-2。

表 12-2 天然气长输管道对城市天然气变量的影响

	ln*ngpipe* (1)	ln*ngsupply* (2)	ln*nguser* (3)	ln*ngpipe* (4)	ln*ngsupply* (5)	ln*nguser* (6)
pipe	0.4130*** (0.1490)	0.4720*** (0.2050)	0.3030*** (0.0786)			
ln*capkm*				0.0719*** (0.0234)	0.0746** (0.0323)	0.0470*** (0.0124)
ln*popu*	0.5730* (0.3330)	0.5380 (0.4600)	0.0751 (0.1760)	0.5730* (0.3330)	0.5350 (0.4600)	0.0727 (0.1760)
ln*pgdp*	−0.3290 (0.2810)	−0.4410 (0.3880)	−0.5610*** (0.1490)	−0.3280 (0.2810)	−0.4400 (0.3880)	−0.5600*** (0.1490)
_*cons*	1.0910 (4.2810)	3.2420 (5.912)	5.9700*** (2.2650)	1.0720 (4.2790)	3.2620 (5.9120)	5.9890*** (2.2650)
固定效应	Y	Y	Y	Y	Y	Y
年度效应	Y	Y	Y	Y	Y	Y
样本数	2288	2288	2288	2288	2288	2288
组内 R^2	0.392	0.433	0.467	0.393	0.433	0.467

注:括号内为标准误;* $p<0.1$,** $p<0.05$,*** $p<0.01$。

表 12-2 为本章对式(12-2)进行估计的结果,其中第(1)至(3)与(5)至(8)列分别为管道虚拟变量与管道输气能力对城市天然气供应的影响,从中可知城市连通天然气长输管道与市内管线铺设长度、天然气供应量以及用气人口均有显著正向影响,表明天然气长输管道的连通的确可以显著促进城市内部天然气供应的增长。那么天然气管道连通以及城市天然气供应的增长是否能够显著降低城市空气污染呢?这就需要我们进一步利用日度数据考察管道连通后,城市空气污染的变化情况。为节省篇幅,下文的实证分析均采用每千米管道输气能力作为解释变量。天然气长输管道、天然气供应对煤炭城市空气污染的影响见表 12-3。

表 12-3　天然气长输管道、天然气供应对煤炭城市空气污染的影响

	ln*api* (1)	ln*api* (2)	ln*api* (3)	ln*api* (4)	ln*api* (5)
ln*capkm*	−0.0073** (0.0033)	−0.0070*** (0.0034)			
ln*capkme*×*coalcity*		−0.0088*** (0.0030)			
ln*ngpipe*			−0.0012 (0.0040)		
ln*ngpipe*×*coalcity*			−0.0315* (0.0161)		
ln*ngsupply*				−0.0006 (0.0034)	
ln*ngsupply*×*coalcity*				−0.0252*** (0.0082)	
ln*nguser*					−0.0104 (0.0074)
ln*nguser*×*coalcity*					−0.0499** (0.0193)
ln*temp*	0.0643*** (0.0083)	0.0635*** (0.0084)	0.0641*** (0.0083)	0.0641*** (0.0084)	0.0640*** (0.0083)
ln*rain*	−0.0430*** (0.0023)	−0.0429*** (0.0023)	−0.0430*** (0.0023)	−0.0430*** (0.0023)	−0.0430*** (0.0023)
ln*wind*	−0.0898*** (0.0123)	−0.0882*** (0.0120)	−0.0893*** (0.0123)	−0.0892*** (0.0123)	−0.0893*** (0.0121)

续表

	lnapi (1)	lnapi (2)	lnapi (3)	lnapi (4)	lnapi (5)
_cons	4.4296*** (0.0467)	4.4388*** (0.0463)	4.4340*** (0.0524)	4.4310*** (0.0523)	4.4700*** (0.0523)
固定效应	Y	Y	Y	Y	Y
年份/月/日效应	Y	Y	Y	Y	Y
样本数	182308	184901	182308	182308	182308
组内 R^2	0.210	0.212	0.211	0.211	0.211

注：括号内为市级聚类稳健误；* $p<0.1$，** $p<0.05$，*** $p<0.01$。

表 12-3 中，第(1)和(2)列分别利用空气污染指数回归了天然气管道每千米输气量及其与煤炭城市的交叉项，发现管道连通显著降低了空气污染指数，即每千米输气量每增加一个百分点，空气污染指数降低 0.7 个百分点；对于煤炭城市，空气污染在此基础上进一步降低 0.8 个百分点，从而可实现 1.5 个百分点的污染削减。由于城市空气污染指数均值为 71.5，管道输气量均值为 334.7 m^3/km，可知城市连通管道输气量每增加 1 m^3/km，污染下降 0.15，煤炭城市则下降 0.32。第(3)至(5)列分别为城市天然气供应变量与煤炭城市交叉项的估计结果，从估计参数的大小可知，城市内部的天然气相关因素影响显著高于长输管道的输气能力。具体而言，相对于非煤炭城市，煤炭城市市内天然气管道、天然气供应量以及用气人数每增加 1%，空气污染指数分别下降 3.2%、2.5%与5.0%。上述结果表明，天然气长输管道可能通过市内天然气管道、供给与使用影响空气污染。为此，本章进一步将长输管道与煤炭城市交叉项与其他市内天然气变量与煤炭城市交叉项同时放入模型中，根据 Baron and Kenny(1986)的“中介作用”模型，若天然气长输管道主要通过城市天然气变量来影响空气污染，那么同时加入两组变量的结果是城市天然气变量作为中介变量其系数仍然保持显著，而长输管道估计系数或者显著变小，或者变得不再显著。

表 12-4 为本章利用式(12-3)的中介作用模型进行估计的结果，第(1)列为长输管道基准结果，同表 12-3 中的第(2)列，第(2)至(4)列分别为加入市内天然气变量与煤炭城市交叉项的估计结果。从估计结果可知，加入市内天然气变量交叉项之后，长输管道交叉项的估计系数变得不再显著，而市内天然气估计结果仍然保持显著，且系数值略有提高。这一结果表明，煤炭城市天然气长输管道连通对空气污染的遏制作用，确实是以市内天然气设施建设与天然气使用为主要途径的。

表 12-4 天然气长输管道与天然气供应对煤炭城市空气污染的影响

	ln*api*	ln*api*	ln*api*	ln*api*
	(1)	(2)	(3)	(4)
ln*capkme*×*coalcity*	−0.0088***	0.0038	0.0126	0.0041
	(0.0030)	(0.0074)	(0.0078)	(0.0064)
ln*ngpipe*×*coalcity*		−0.0327*		
		(0.0175)		
ln*ngsupply*×*coalcity*			−0.0278***	
			(0.0096)	
ln*nguser*×*coalcity*				−0.0519**
				(0.0217)
控制变量	Y	Y	Y	Y
固定效应	Y	Y	Y	Y
年份/月/日效应	Y	Y	Y	Y
样本数	184901	182308	182308	182308
组内 R^2	0.212	0.211	0.212	0.212

注:括号内为市级聚类稳健误;其他控制变量同表 12-3;* $p<0.1$,** $p<0.05$,*** $p<0.01$。

(二)稳健性检验

由前述分析可知,以西气东输为代表的天然气长输管道对途经城市,尤其是煤炭城市空气污染存在显著遏制作用,而这种作用是通过增加了城市天然气设施、供给与使用实现的。那么,为验证这一结果的稳健性,我们需要讨论两方面问题:一是由于在增加天然气供给的同时,某些城市也增加了液化石油气等其他燃气的供应,那么天然气长输管道是否恰好捕获了此类燃气对空气污染的遏制作用?二是天然气长输管道的铺设可能存在内生性,即在选择途经城市时考虑到了这些城市的空气污染、经济发展水平、对于燃煤使用、是否煤炭城市等因素,从而使前文估计出的天然气管道对空气污染的遏制作用及其在煤炭城市的额外减排效应都会存在偏误。具体而言,如果选择空气污染较严重的城市或(和)煤炭城市连通管道,那么估计结果将会存在低估。尽管本章估计出的已经是显著的遏制作用,考虑低估后实际遏制作用只能更强,不会影响本章的结论,不过为准确起见,我们仍要考虑上述变量对管道铺设的影响。

从表 12-5 估计结果可知,无论是天然气管道连通的虚拟变量还是单位长度的供气能力对液化石油气的影响均为负向,而且其中只有市内液化石油气管道长度是显著的,其他变量估计结果均不显著。这说明,一方面市内液化石油气管道与天然气管道确实有替代关系,另一方面天然气管道的连通对液化石油气的供给与使用没有显著影响。尽管如

此,我们需要进一步考察天然气对煤炭城市空气污染的缓解效应是否捕获了液化石油气的影响。为此,本章采用表 12-2 与表 12-3 中的模型设定,将式(12-3)中天然气变量换成液化石油气变量进行回归分析,实施相关的安慰剂检验。

表 12-5 安慰剂:天然气长输管道对城市液化石油气变量的影响

	ln*lpgpipe*	ln*lpgsupply*	ln*lpguser*	ln*lpgpipe*	ln*lpgsupply*	ln*lpguser*
	(1)	(2)	(3)	(4)	(5)	(6)
pipe	−0.5050***	−0.1960	−0.0574			
	(0.1240)	(0.1370)	(0.0555)			
ln*capkm*				−0.0858***	−0.0335	−0.0114
				(0.0195)	(0.0215)	(0.0087)
固定效应	Y	Y	Y	Y	Y	Y
年度效应	Y	Y	Y	Y	Y	Y
样本数	2288	2288	2288	2288	2288	2288
组内 R^2	0.0349	0.0256	0.0515	0.0362	0.0257	0.0518

注:括号内为标准误;其他控制变量同表 12-2;* $p<0.1$,** $p<0.05$,*** $p<0.01$。

表 12-6 为本章利用液化石油气进行①安慰剂检验的估计结果,分别考察其与煤炭城市交叉项,以及加入天然气长输管道与煤炭城市交叉项的影响。从第(1)至(3)列结果看,除了液化石油气管道变量,其供应、使用与煤炭城市交叉项的估计系数均不显著。当我们在第(4)至(6)列中加入天然气变量与煤炭城市交叉项时,液化石油气交叉项的估计结果略有变化,而天然气变量交叉项估计结果及其显著性与表 12-3 类似,表明天然气供应对城市的污染减排作用并非捕获液化石油气影响的结果。同时,从表 12-6 结果可以了解,液化石油气的供给与使用对煤炭城市空气污染也有一定的治理作用。当然,尽管液化石油气部分捕获了天然气的影响,但天然气长输管道连通对其并无显著促进作用。

表 12-6 安慰剂:液化石油气与天然气对煤炭城市空气污染的影响

	ln*api*	ln*api*	ln*api*	ln*api*	ln*api*	ln*api*
	(1)	(2)	(3)	(4)	(5)	(6)
ln*lpgpipe*×*coalcity*	−0.0603***			−0.0355***		
	(0.0097)			(0.0112)		

① 除了液化石油气,煤制气也有可能产生影响。不过,使用该种燃气的城市较少,本章考察后也未发现显著影响,因此并未报告其结果。

续表

	lnapi	lnapi	lnapi	lnapi	lnapi	lnapi
	(1)	(2)	(3)	(4)	(5)	(6)
lnngpipe×coalcity				−0.0211*		
				(0.0119)		
lnlpgsupply×coalcity		−0.0927			−0.0258	
		(0.0562)			(0.0561)	
lnngsupply×coalcity					−0.0240**	
					(0.0090)	
lnlpguser×coalcity			−0.1130			−0.0894*
			(0.0804)			(0.0482)
lnnguser×coalcity						−0.0478*
						(0.0249)
控制变量	Y	Y	Y	Y	Y	Y
固定效应	Y	Y	Y	Y	Y	Y
年份/月/日效应	Y	Y	Y	Y	Y	Y
样本数	182308	182308	182308	182308	182308	182308
组内 R^2	0.210	0.210	0.210	0.211	0.210	0.210

注：括号内为市级聚类稳健误；其他控制变量同表 12-3；* $p<0.1$，** $p<0.05$，*** $p<0.01$。

此外，本章还需考察在规划天然气管道时是否受到途经城市相关变量的影响，避免因政策内生性造成估计偏误。具体而言，当规划天然气长输管道线路时希望能够替代途经城市的燃煤使用并改善空气质量，那么就会倾向于选择煤炭城市或煤炭使用强度较高城市以及空气污染较严重的城市，这样可能会导致前述的估计结果出现低估。表 12-7 中的回归结果表明，无论是城市燃煤使用变量还是空气污染变量对是否连通天然气管道及其传输能力均无显著影响，表明在规划长输管道时途经城市的相关选择变量并未起决定性作用，因而我们可以推断政策具有外生性。事实上，记者对西气东输一期工程领导小组组长、发改委前副主任张国宝的采访也印证了这一推断，即设计管道工程走向时并未考虑沿线城市的市场潜力，而是根据路线的工程特点进行设计(Baron and Kenny，1986)。因此，我们认为该工程并未受到本章考察的主要被解释变量的显著影响，因而由样本选择造成的估计偏误并不严重。

表 12-7　选择效应：天然气长输管道路线的决定变量

	pipe	*pipe*	*pipe*	*pipe*	ln*capkm*	ln*capkm*	ln*capkm*	ln*capkm*
	(1)	(2)	(3)	(4)	(5)	(6)	(7)	(8)
ln*meanapi*	−0.1580				−0.8260			
	(0.0976)				(0.6390)			
dumcoal		−0.0701				−0.3950		
		(0.1070)				(0.6800)		
pcindcoal			0.1010				0.5140	
			(0.0664)				(0.4350)	
pccivcoal				0.3440				0.6090
				(1.3360)				(8.7210)
ln*popu*	−0.2740***	−0.0544	−0.1670*	−0.2300*	−1.9890***	−0.3010	−1.3420**	−1.7820**
	(0.1030)	(0.0502)	(0.1010)	(0.1320)	(0.6710)	(0.3190)	(0.6600)	(0.8600)
ln*pgdp*	−0.0833	−0.0261	0.1020	0.1460	−0.6880	−0.1750	0.4610	0.7170
	(0.0913)	(0.0424)	(0.0900)	(0.1400)	(0.5980)	(0.2690)	(0.5890)	(0.9110)
固定效应	Y	Y	Y	Y	Y	Y	Y	Y
年度效应	Y	Y	Y	Y	Y	Y	Y	Y
样本数	751	2288	869	447	751	2288	869	447
组内 R^2/R^2	0.139	0.876	0.152	0.186	0.155	0.880	0.164	0.210

注：括号内为标准误；第(2)和(6)列采用 LSDV 估计，其他为组内估计；* $p<0.1$，** $p<0.05$，*** $p<0.01$。

五　影响机制分析

(一)天然气替代了何种燃煤

上一部分的回归结果展示了天然气连通的确可以对煤炭城市产生显著的额外减排效应,表明天然气可能对煤炭有一定的替代作用。那么,接下来就是如第二部分中讨论到的问题,即天然气替代何种燃煤产生的污染减排效果最显著,是工业还是民用燃煤。前述分析认为天然气对民用燃煤的替代效果较好,其原因在于后者主要散布于各个居民家庭,对燃煤质量及其燃烧产生的污染物的管理、监督与控制成本过高。而对集中使用燃煤的电力企业与大型工业锅炉,由于监督成本相对较低、排放控制较为严格,因而实施能源替代的减排效果并不理想。接下来,本章将利用式(12-4),通过考察城市人均工业燃煤与民用燃煤使用量来分析天然气替代两种燃煤对空气污染的影响。

从表 12-8 中第(3)列的估计结果可知,人均工业燃煤用量与天然气供应量的交叉项估计系数为显著负值,但第(2)和(4)列中与天然气管道长度及使用人数的交叉项估计系数不显著,表明从天然气供应角度看其中可能相当部分是替代工业燃煤的,但这种替代并未反映在城市天然气管网建设与用气人口数量的增长上。与工业燃煤相反,第(6)至(8)列中人均民用燃煤使用量与各天然气变量交叉项的估计系数均为显著负值,表明无论是天然气基础设施,还是天然气供给量或使用人数,均在治理城市空气污染方面对民用燃煤有显著的替代作用。不仅如此,加入城市天然气使用变量交叉项后,长输管道交叉项的估计结果变得不再显著,表明其可能主要通过影响城市天然气使用来替代民用燃煤,从而改善城市空气质量。

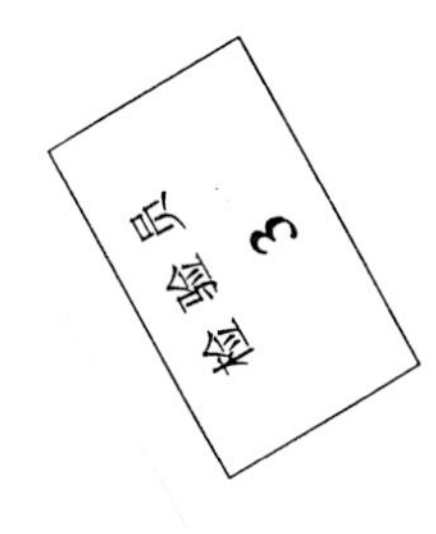

表 12-8　天然气对不同用途燃煤的替代

	工业燃煤人均用量（*pcindcoal*）				民用燃煤人均用量（*pccivcoal*）			
	ln*api*	ln*api*	ln*api*	ln*api*	ln*api*	ln*api*	ln*api*	ln*api*
	(1)	(2)	(3)	(4)	(5)	(6)	(7)	(8)
ln*capkme*×人均用量	−0.0153**	−0.0129	−0.0004	−0.0171*	−0.1999*	−0.0318	0.0022	−0.1290
	(0.0075)	(0.0089)	(0.0087)	(0.0099)	(0.1120)	(0.1680)	(0.1320)	(0.1470)
ln*ngpipe*×人均用量		−0.0462				−0.7480**		
		(0.0525)				(0.3130)		
ln*ngsupply*×人均用量			−0.0474***				−0.5300***	
			(0.0148)				(0.1350)	
ln*nguser*×人均用量				−0.0713				−0.9090***
				(0.0436)				(0.3000)
控制变量	Y	Y	Y	Y	Y	Y	Y	Y
固定效应	Y	Y	Y	Y	Y	Y	Y	Y
年/月/日效应	Y	Y	Y	Y	Y	Y	Y	Y
样本数	126840	126840	126840	126840	67651	67651	67651	67651
组内 R^2	0.197	0.197	0.198	0.198	0.191	0.195	0.196	0.195

注：括号内为市级聚类稳健误；其他控制变量同表 12-3；* $p<0.1$，** $p<0.05$，*** $p<0.01$。

我们可以进一步利用式(12-5)回归分析天然气引入究竟遏制了哪类空气污染,用以进一步分析其对工业与民用燃煤排放的异质性影响,回归结果列于表 12-9 中。第(1)至(3)列为 3 类工业污染物排放量与 3 类天然气供应变量交叉项的估计结果,从中可知各类污染物交叉项的估计系数均不显著,说明天然气变量并未通过遏制工业污染物的排放来影响空气质量。第(4)至(6)列为民用污染物排放量与天然气供应变量的交叉项估计系数,可知除了天然气对民用 NO 排放的影响不太显著,其他两类污染物均受到天然气替代的显著影响。之所以天然气对民用 NO 排放影响不太显著,原因在于天然气替代燃煤在治理 SO_2、CO_2、CO、PM 等污染物方面有显著作用,但对 NO 来说两者排放水平差别不大,因此能源替代的减排效应不明显。

(二)价格机制的作用

除了电力企业与大型工业企业对燃煤污染排放的严格控制,价格因素也是导致天然气难以通过替代工业燃煤而产生污染减排效应的重要原因。价格是环境经济学的核心问题,包含两层含义:从广义角度看,价格将环境作为经济系统的一部分纳入 GDP 核算中,而核算中最重要的问题是如何形成价格机制;而从狭义角度看,则是在治理环境污染时,如何通过价格途径将污染外部性内部化。环境问题中,价格的形成与度量是重点也是难点,原因在于不存在或难以形成成熟的环境市场,无法由完全竞争的市场对环境商品(包括污染)进行定价,因而既难以实现对其产出的精确测算,也难以根据其真实价值制定相应的污染治理政策。在考察天然气对燃煤的替代作用时,关键问题是城市连通天然气管道能否降低天然气价格? 接下来,本章利用年度数据考察连通天然气管道与单位长度输气能力变量对城市民用及工业天然气价格、民用及工业燃煤消费以及工业锅炉数量的影响。

表 12-9　天然气供应对不同类型空气污染排放的影响

	工业污染排放量			民用污染排放		
	ln*indso2emi*	ln*indnoemi*	ln*indsmoemi*	ln*civso2emi*	ln*civnoemi*	ln*civsmoemi*
	ln*api*	ln*api*	ln*api*	ln*api*	ln*api*	ln*api*
	(1)	(2)	(3)	(4)	(5)	(6)
ln*ngpipe*×	−0.0003	0.00043	−0.0004	−0.0020*	−0.0012*	−0.0039*
污染排放量	(0.0003)	(0.0007)	(0.0004)	(0.0011)	(0.0007)	(0.0020)
ln*ngsupply*×	−0.0002	0.0002	−0.0001	−0.0010*	−0.0009	−0.0018*
污染排放量	(0.0002)	(0.0005)	(0.0002)	(0.0006)	(0.0006)	(0.0010)
ln*nguser*×	−0.0005	−0.0009	−0.0006	−0.0030**	−0.0011	−0.0047*
污染排放量	(0.0005)	(0.0010)	(0.0006)	(0.0014)	(0.0009)	(0.0025)
控制变量	Y	Y	Y	Y	Y	Y

续表

	工业污染排放量			民用污染排放		
	ln*indso2emi*	ln*indnoemi*	ln*indsmoemi*	ln*civso2emi*	ln*civnoemi*	ln*civsmoemi*
	ln*api*	ln*api*	ln*api*	ln*api*	ln*api*	ln*api*
	(1)	(2)	(3)	(4)	(5)	(6)
固定效应	Y	Y	Y	Y	Y	Y
年/月/日效应	Y	Y	Y	Y	Y	Y

注：为节省篇幅，每个方格内为一个回归结果，省略了其他变量的估计结果；括号内为市级聚类稳健误；其他控制变量同表 12-3；表中控制了 *lncapkm* 与具体污染物人均排放量的交叉项；* $p<0.1$，** $p<0.05$，*** $p<0.01$。

表 12-10 中，本章分别利用当期、滞后一期与两期的天然气管道连通及输气能力数据解释了民用与工业天然气价格以及煤炭消费。首先，从第(1)、(2)列中天然气价格估计系数可知，无论民用还是工业天然气价格都未受到天然气长输管道连通或输气能力的影响，表明目前的非市场定价机制无法体现天然气市场的供求变化。其次，从第(4)、(5)列中燃煤消费估计系数可知，当期管道变量没有显著影响，而滞后一期与两期的管道变量对民用燃煤消费有显著负向影响，但对工业燃煤消费则无显著作用。一个值得注意的现象是，第(3)列中当前与滞后一期的管道变量对工业燃煤锅炉的数量均有显著的负向影响。上述结果表明，尽管天然气显著减少了工业燃煤锅炉的数量，但并未显著降低工业燃煤的人均消费量，其原因可能是监管机构易于对前者进行监督，而对后者的监督则相对困难。

表 12-10　天然气长输管道对燃煤使用与价格的影响

	civprice	*indprice*	ln*indboil*	*pccivcoal*	*pcindcoal*
	(1)	(2)	(3)	(4)	(5)
ln*capkm*	0.0163	−0.0092	−0.0108*	0.0000	0.0034
	(0.0193)	(0.0156)	(0.0059)	(0.0004)	(0.0031)
pipe	0.0984	−0.0499	−0.0743*	0.0006	0.0288
	(0.111)	(0.0904)	(0.0387)	(0.0023)	(0.0204)
L.ln*capkm*	0.00621	−0.0036	−0.0079*	−0.0007*	0.0010
	(0.0110)	(0.0084)	(0.0043)	(0.0004)	(0.0034)
L.pipe	−0.0719	−0.0475	−0.1099***	−0.0053***	0.0108
	(0.0990)	(0.0754)	(0.0427)	(0.0024)	(0.0224)
*L*2.ln*capkm*	−0.0132	−0.0403	−0.0028	−0.0007*	0.0012
	(0.0206)	(0.1330)	(0.0064)	(0.0004)	(0.0034)

续表

	civprice	*indprice*	ln*indboil*	*pccivcoal*	*pcindcoal*
	(1)	(2)	(3)	(4)	(5)
L2.pipe	−0.0804		−0.0296	−0.0050***	0.0089
	(0.1350)		(0.0419)	(0.0024)	(0.0219)
控制变量	Y	Y	Y	Y	Y
固定效应	Y	Y	Y	Y	Y
年份效应	Y	Y	Y	Y	Y
样本数	90	78	899	447	869

注：为节省篇幅，每个方格内为一个回归结果，省略了其他变量的估计结果；括号内为标准误；其他控制变量包括人口、人均 GDP 的对数值，第(2)、(3)和(5)列还包括工业企业数量的对数值；表中控制了 *lncapkm* 与具体污染物的交叉项；* $p<0.1$，** $p<0.05$，*** $p<0.01$。

在“煤改气”战略中，最核心的问题也是价格问题，即决定企业或家庭能否以天然气替代煤炭的主要因素是两者的相对成本。事实上，与天然气的高使用成本相比，煤炭具有明显优势的(巫永平等，2014)，而且这种优势随着近期煤炭价格走低、天然气价格走高还在日益增大。因此就目前而言，尽管我国城市建筑体内能源替代稳步发展，但在工业领域“气代煤”进展缓慢。造成这一现象的主要原因，在于天然气的价格居高不下(余锕和黄燕华，2015)。对于发电、钢铁等行业的工业企业来说，燃料成本是构成生产成本的主要部分，而以气代煤将大幅提升此类行业的生产成本，从而导致企业盈利空间下降。相反地，尽管民用天然气的价格也高于民用燃煤，但由于一方面民用燃气价格低于工业燃气，另一方面作为消费品的天然气替代燃煤能够极大改善居民的消费体验，因此在民用方面天然气能够较好地替代煤炭并削减空气污染。

在城市“煤改气”中，天然气在替代工业燃煤时是投资品，而替代民用燃煤时是消费品，因此两者的需求价格弹性并不相同。具体而言，作为投资品的天然气，在缺乏替代能源的情况下，其需求量受价格影响较大，即对其需求的价格弹性较高。但是，如果天然气的投入存在竞争性替代能源(如煤炭)，那么当两种能源之间的价格差较大时，对天然气的需求是缺乏弹性的。相反地，民用天然气作为消费品，一方面与燃煤之间存在相对工业天然气更小的价差，另一方面居民对于天然气的消费体验大大优于燃煤，因此可能存在更高的需求价格弹性。由表 12-11 中第(1)、(2)列可知，天然气供给与民用天然气价格的交叉项估计系数显著为负，表明对民用天然气的需求来说价格因素有显著影响，而且价格越高污染越严重，只是其程度随天然气供应量的增大而有所缓解。第(3)列中天然气使用与民用天然气价格的交叉项不显著，表明给定使用者数量之后价格因素就不起作用了。第(4)至(6)列中工业天然气价格对空气污染没有显著影响，其与天然气供给与使用变量交叉项的估计系数也不显著，表明工业用天然气的需求价格弹性较小，受过高的能源价差影响，天然气替代燃煤的污染减排效果并不好。

表 12-11　工业与民用天然气使用中的价格弹性

	民用天然气价格(*civprice*)			工业天然气价格(*indprice*)		
	ln*api*	ln*api*	ln*api*	ln*api*	ln*api*	ln*api*
	(1)	(2)	(3)	(4)	(5)	(6)
天然气价格	2.9060***	1.7910***	1.3200**	0.3250	0.4050	0.4280
	(0.4090)	(0.4460)	(0.6380)	(0.2110)	(0.3180)	(0.2840)
ln*ngpipe*×	−0.3500***			−0.0038		
天然气价格	(0.0578)			(0.0490)		
ln*ngsupply*×		−0.1510***			−0.0172	
天然气价格		(0.0457)			(0.0527)	
ln*nguser*×			−0.1290			0.0427
天然气价格			(0.0764)			(0.0261)
控制变量	Y	Y	Y	Y	Y	Y
固定效应	Y	Y	Y	Y	Y	Y
年份/月/日效应	Y	Y	Y	Y	Y	Y
样本数	14221	14221	14221	16614	16614	16614
组内 R^2	0.196	0.195	0.194	0.186	0.186	0.186

注：括号内为市级聚类稳健误；其他控制变量同表 12-3；* $p<0.1$，** $p<0.05$，*** $p<0.01$。

六　结论分析与政策讨论

本章利用以西气东输工程为代表的天然气长输管道项目作为外生冲击，考察了城市天然气管道、供应与使用对煤炭燃烧的替代及其对空气污染的影响，发现：①长输管道对城市天然气设施与供求均有显著促进作用，而且这种影响会通过替代煤炭对空气污染产生遏制作用；②天然气与液化石油气存在替代关系，后者对空气污染也有遏制作用，但天然气管道连通并未捕获这种作用；③天然气对煤炭的替代主要出现在民用燃煤及其污染物排放上，对工业燃煤及其污染排放影响不显著；④天然气对工业燃煤缺乏替代的原因，一方面是监管当局对工业燃煤的使用及其排放的监督成本较低从而管理相对严格，另一方面是天然气与煤炭的价差在工业领域高于民用领域，造成前者需要承担更高的成本，从而缺乏进行能源替代的积极性。由上述结论可知，以天然气等清洁能源替代煤炭的做法是可行的，但若仅仅通过强制实施“煤改气”并对企业与家庭进行补贴，则一方面无法在短期内充分利用市场机制鼓励企业降低排放标准,另一方面更无法提供长期激励使企业主动进行技术创新。

单纯一刀切地进行运动式能源替代,可能会起到事倍功半的效果,不仅加重政府与企业的负担,而且对空气污染的治理效果也不尽如人意。因此,在实施能源替代的过程中,政府应循序渐进,主要利用干预政策在能源市场中对企业产生间接影响:①天然气替代大型工业企业,尤其是煤电企业的减排效果不理想,因而现阶段更可行的是在散点源,包括民用领域的散煤、中小型燃煤锅炉等领域以天然气替代煤炭;②由于大型煤电企业的污染控制技术完全可以使排放水平低于国家标准,因此若在某些地区或领域以“煤改电”来代替“煤改气”,效果可能更优;③在天然气的供给端,应打破垄断实施管供分离,引入竞争机制,逐渐移除燃气价格管制,推进供气企业实施技术改进,并通过不同渠道获取气源,从而提高供气量并降低供气成本;④在需求端制定与执行严格的排放标准,提高排污税费征收水平,通过内部化污染外部性的方式提高企业生产成本,同时允许企业自主选择使用的能源类型及其相关技术,促进其通过创新来改进污染处理技术,在降低排放水平的同时降低生产成本,通过技术进步的方式淘汰污染严重的落后产能。

本章参考文献

GBD MAPS 工作组.中国燃煤和其他主要空气污染源造成的疾病负担[R].波士顿:健康影响研究所,2016.

BP 集团.2016 年 BP 世界能源统计年鉴[EB/OL].北京:BP 中国网,2016-07-07. https://www.bp.com/zh_cn/china/reports-and-publications/bp_2016.html

国务院发展研究中心,壳牌国际有限公司.中国天然气发展战略研究[M].北京:中国发展出版社,2015.

西气东输管道:绿色进行时[N/OL].中国石油新闻中心,2016-12-30. http://news.cnpc.com.cn/system/2016/12/30/001628190.shtml.

GREENSTONE M, HANNA R. Environmental regulations, air and water pollution, and infant mortality in India[J]. American economic review, 2014, 104(10): 3038-3072.

ACEMOGLU D, AGHION P, BURSZTYN L, et al. The environment and directed technical change[J]. American Economic Review, 2012,102(1):131-166.

TANAKA S. Environmental regulations on air pollution in China and their impact on infant mortality[J]. Journal of Health Economics, 2012(42):90-103.

席鹏辉,梁若冰. 油价变动对空气污染的影响:以机动车使用为传导途径[J].中国工业经济,2015(10):100-114.

梁若冰,席鹏辉. 轨道交通对空气污染的异质性影响——基于 RDID 方法的经验研究[J]. 中国工业经济,2016(3):83-98.

CESUR R, TEKIN E, ULKER A. Air pollution and infant mortality: evidence from the expansion of natural gas infrastructure[J]. Economic Journal, 2016,127(600): 330-362.

BARRECA A, CLAY K, TARR J. Coal, smoke, and death: bituminous coal and American home heating[R]. Cambridege: NBER Working Paper, 2014.

薛亦峰,闫静,魏小强. 燃煤控制对北京市空气质量的改善分析[J].环境科学研究, 2014(3):253-258.

欧春华,李蜀庆,张军,等. 重庆市煤改气及其环境效益分析[J].重庆大学学报(自然科学版), 2004(11):100-104.

赵丽莉,魏疆,陈雪刚,等. 乌鲁木齐市"煤改气"对 SO_2 浓度空间变化的影响[J].干旱区地理, 2014(4):744-749.

巫永平,喻宝才,李拂尘. 基于成本收益分析的"天然气替代燃煤政策"评估——兼论天然气替代燃煤的经济效益和环境效益[J].公共管理评论,2014(1):3-14.

刘虹. "煤改气"工程且行且慎重——基于北京市"煤改气"工程的调研分析[J].宏观经济研究, 2015(4):9-13.

王志轩. 煤电是中国治霾关键[N/OL]. 北京:人民网,2014-06-30. http://paper.people.com.cn/zgnyb/html/2014-06/30/content_1447857.htm.

毛显强,彭应登,郭秀锐. 国内大城市煤改气工程的费用—效益分析[J].环境科学,2002, 23(5):121-125.

庞军,吴健,马中,等. 中国城市天然气替代燃煤集中供暖的大气污染减排效果[J].中国环境科学,2015,35(1):55-61.

ACEMOGLU D. Directed technical change[J]. Review of Economic Studies, 2002(69): 781-809.

AGHION P, DECHEZLEPRETRE A, HEMOUS D, et al. Carbon taxes, path dependency, and directed technical change: evidence from the auto industry[J]. Journal of Political Economy, 2016,124(1):1-51.

BARON R M, KENNY D A. The moderator-mediator variable distinction in social psychological research: conceptual, strategic, and statistical considerations[J]. Journal of personality and Social Psychology, 1986, 51(6):1173-1182.

余钢,黄燕华. "重大工程的规划建设需要胆略和战略眼光"——张国宝忆西气东输工程(三)[N/OL].北京:新浪财经,2015-01-08.http://news.sohu.com/20150108/n407632534.shtml.

电力规划设计总院.中国能源发展报告(2016)[M]. 北京:中国电力出版社,2016.

第五部分

油价、交通设施与空气污染

第十三章　油价变动对空气污染的影响：以机动车使用为传导途径

席鹏辉　梁若冰*

一　问题提出

我国机动车的迅猛发展带来大量空气污染物。2015年4月1日，环保部副部长吴晓青在全国环境监测工作现场会上指出，机动车、工业生产、燃煤和扬尘等是目前我国大部分城市空气中颗粒物的主要污染源，占85%～95%，其中对于北京、杭州、广州、深圳等一线城市而言，其首要污染来源是机动车尾气排放。2015年1月27日公安部发布消息，截至2014年年底我国机动车保有量达2.64亿辆，近5年来年均增量达到1500多万辆，而未来5年更将新增机动车1亿辆以上，车用汽、柴油消耗将增加1亿至1.5亿吨，这将给大气环境带来极大的压力。如何同时实现经济稳定发展与空气质量改善，已成为我国政府面对的紧迫挑战。

通过提升燃油成本来减少机动车使用是我国城市降低空气污染和促进节能减排的一条可行途径，然而该政策的实际效果并没有获得较为一致的结论。目前关于油价对我国城市空气污染影响的研究也并不多见，其原因主要有两方面：一是城市空气污染在近几年才开始引起政府、学界乃至民间的广泛关注；二是数据可得性和内生性问题阻碍了对该问题进行深入的实证探讨。其直接后果是相关政策制定缺乏科学依据与实证基础，使公众质疑政府通过提高燃油成本实现节能减排的效果与目的。在此背景下，本章着眼于从机动车使用的角度探讨油价变动对空气污染的影响。之所以选择这一视角，一是近年来汽、柴油消费的快速增长主要由机动车增长导致，了解油价变化如何通过机动车这一途径影响空气污染是必要的；二是由于既难以获得汽车购买与使用的城市微观数据，也无法掌握各地区汽、柴油的消费数据，因而采用控制年度汽车保有量，针对油价变动来观察不同城市的响应差异就成为可行选择。为此，本章在计量分析中以2005—2013年

* 席鹏辉，厦门大学经济学院财政系博士，现供职于中国社会科学院财经战略研究院；梁若冰，厦门大学经济学院财政系，教授。

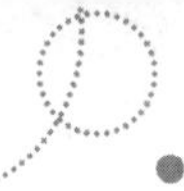

间的 47 次油价调整作为外生冲击变量,以各城市机动车保有量作为处理强度变量,考察两者对各城市日度空气污染水平的交叉作用。

本章主要包括以下几点贡献:①本章利用油价调整外生冲击有效处理了与污染之间的内生性问题,将燃油价格、机动车使用与空气污染三者联系起来,直接反映油价变化通过机动车使用而引起的污染效应;②鉴于不同类别机动车可能在油价变动时出现异质性响应,本章考察了私人与非私人机动车油价污染效应的异质性,为未来城市政府空气污染治理提供一定的切入点;③提出不同机动车油价污染效应异质性在于前期投入沉淀成本,从收入效应和替代效应两个角度提供了实证证据。此外,本章结论也为燃油税费的节能减排效应提供了间接参考:通过提高成品油消费税等税费可能无法遏制私人汽车使用,将导致社会福利的净损失。

二　燃油提价的异质性减排效应分析

(一)油价的减排效应

本章主要关注油价调整对空气污染的影响,暗含了两个重要组成部分:一是油价调整对机动车购买与使用的影响;二是机动车使用对空气污染的影响。因此,这里有必要厘清这两部分机制的存在性及其影响程度,为本章的研究提供理论依据。

对于油价调整是否能够影响机动车使用,尽管部分研究表明燃油成本增加能够显著减少需求水平,但也有实证研究发现燃油消费缺乏价格弹性,油价上升很难引起燃油消费的显著变化,这不仅包括基于家庭样本的微观研究,也有来自国家层面的宏观证据。对大量文献荟萃分析也发现汽油需求对价格并不敏感。对我国的研究也存在争论,Lin 和 Zeng(2012)发现中国汽油价格弹性显著为负且缺乏弹性,且当回归中加入失业率等控制变量后回归系数不再显著。相反,数值模拟研究则表明中国提高燃油环境税对空气污染的作用较为明显,可以有效实现节能减排目标。

由此可见,各类研究关于燃油成本对汽车使用的影响获得了不同结论,其原因包括两方面:①不同的研究对象会出现较大差异,相对于燃油成本占收入比重较高的地区,较低地区的需求价格弹性较高,因而发展中国家可能出现比发达国家高得多的价格弹性。②传统的 OLS 估计可能会产生内生性问题,主要原因是燃油价格与消费量为典型的互为内生变量,而数值模拟则受限于模型设定及变量参数的选择,不同的设定下很难获得稳定的结论,可见针对不同研究样本、采用不同数据与研究方法都可能导致研究结论的较大差异。

同时,多数研究证实机动车排放对空气污染的影响是显著的,限制机动车使用的政策是有效的,这包括路段禁行限行、车辆限牌限号等。例如,Chen 等(2013)发现北京限号等治理政策的确有效缓解了空气污染,Viard 和 Fu(2015)也发现北京限行能够有效改善空气质量。另外间接减少机动车排放的政策,如加大对城市公共交通的投入,以控制机动车尤其是私人汽车的使用,如 Chen 和 Whalley(2012)发现台北地铁开通能够减少本地空气污染水平,梁若冰和席鹏辉(2015)发现中国大陆城市地铁的开通也能够减少城市空气污染,而且这种减少具有规模报酬递增。

由上述分析可知,现阶段既无法明确油价调整对空气污染的直接影响,也无法在其影响路径的两个环节上取得共识,因而本章针对中国现状进行的实证分析就显得格外必要。当然,因限于数据可得性,此处需强调两点:一是本研究并不能将影响途径的两个环节进行拆分考察;二是无法深入讨论油价调整对机动车购买的影响。对于后者,尽管本章无法利用日度数据分析其短期影响,但仍可采用年度数据进行长期分析。

(二)减排效应的异质性

目前,关于油价对机动车使用的异质性影响,主要可以分为 3 种类型:①不同收入阶层的人对油价变动的响应存在差异。当油价上升时,机动车燃油需求下降的幅度随收入的提高而变小。②很多研究发现,征收燃油税或提高油价会改变机动车辆中不同油耗水平车型的构成。具体而言,人们通过两个途径改变这种构成,一是购买更节油的新车;二是加速折旧与报废油耗高的旧车。③油价对市场中机动车车型的构成也有影响。美国国会预算委员会报告考察了 2005 年油价上升对市场中机动车构成的影响,发现低油耗的小型客、货车数量出现显著增长,而高油耗车型,如全尺寸皮卡、豪华轿车与大型 SUV 等均出现显著下降。事实上,后两类情形是相似的,一般大尺寸车型同时也是高油耗的。

由上述分析可知,油价变动对机动车的影响途径存在明显而复杂的异质性,若试图深入理解汽车使用在油价空气污染效应中的作用,就应当对上述异质性进行细致的梳理与分析。然而,由于数据可得性问题,本章并不能针对不同车型与收入阶层进行微观分析,但仍然可对其进行讨论:对于不同收入阶层的异质性价格弹性,本章利用不同类型的车辆进行考察,主要包括私人汽车与摩托车。私人汽车与摩托车均为私人购买的机动车辆,其主要用途为私人的日常通勤与出行,可被视为消费品。其中,拥有私人汽车的家庭收入一般高于拥有摩托车的家庭,因此若摩托车对油价上升的反应显著强于私人汽车,可以推断不同收入阶层对油价变动的响应存在显著差异,收入越高的阶层油价弹性越低。

本章进一步利用不同用途的车辆考察汽车的消费属性与投资属性对油价变动的异质性响应,主要包括私人汽车与非私人汽车的差异。非私人汽车指由机关,企、事业单位购买与使用的车辆,主要用于社会生产与经营活动,因而不同于私人汽车的视燃油为消费品,非私人车辆的燃油可被视为投资品。私人与非私人汽车的主要差异在于前者的使用者也是最终消费者,而后者的使用者并非最终消费者,他们需要为最终消费者提供服务,因而可能产生价格传递的问题。对于非私人车辆,本章将主要讨论公共汽车和出租车两种类型,一般来说,公共汽车属于政府补贴的公共交通,因而油价上升很难转嫁给乘客;而与之相反,出租车运价往往随油价提升而提升,因而使本章可进一步讨论这种不同使用属性的异质性影响。

总体而言,本章可以针对上述分析提出如下假说:

假说 1:若不同收入阶层的燃油需求价格弹性存在差异,那么油价提升通过影响摩托车使用而产生的空气净化效应显著高于私人汽车。

假说 2:若将燃油作为投资品的需求价格弹性高于将其作为消费品,那么油价提升通过影响非私人车辆而产生的空气净化效应显著高于私人汽车。

假说 3:若将燃油作为投资品的车辆在将成本转移给消费者上存在差异,那么油价提升通过影响出租车而产生的空气净化效应显著高于公共汽车。

假说 4:若将燃油作为投资品的车辆能够将成本转移给消费者,而消费者的最终需求是具有弹性的,油价提升通过影响收入较低城市的出租车使用而产生的空气净化效应显著高于收入较高城市。

当然,出租车与私家车不仅仅是投资品与消费品的差异,还应考虑私家车使用者进行初始购买时的沉淀成本,这将在第六部分进行讨论。

三 计量模型与数据分析

(一)计量模型设定

由于机动车尾气主要包括一氧化碳(CO)、碳氢化合物(HC)、氮氧化物(NO_x)、颗粒物(PM)硫氧化合物(SO)等,而日空气污染指数(air polluiion index, API)主要依据二氧化硫、氮氧化物和可吸入颗粒物或总悬浮颗粒物这 3 类污染物进行计算,与汽车尾气排放物高度重合,因而本章以地区日 API 值为被解释变量。同时,如第二部分指出,油价与机动车数量共同决定了地区空气污染改变状况,因此本章使用燃油价格与机动车数量交叉项为核心解释变量。回归方程如式(13-1)所示:

$$API_{ity}=\beta_1 \cdot gas_t \times car_{iy}+\beta_2 \cdot gas_t+\beta_3 \cdot car_{iy}+X\beta+\lambda_y+\sigma_m+\rho_d+\delta_i+\mu_{it} \quad (13\text{-}1)$$

式中,gas_t 为时间 t 的全国汽油价格水平[①];car_{iy} 为地区 i 在 t 时间所属年份 y 的机动车数量。为控制国内油价水平和机动车对空气污染的其他可能渠道,在式(13-1)及以

① 根据 2013 年报,汽油燃料车在 2012 年达到 8943.0 万辆,占全国汽车保有量的 82.5%,柴油车为 1742.3 万辆,占 16.1%。汽油价格的变动对机动车影响范围更大和具有代表性,因此本章分析以汽油价格为主。

下回归中单独控制了这两个变量。X 为可能影响日空气污染的其他控制变量，这包括日平均温度、降雨量及风速等。同时，为控制季节因素及经济发展总体趋势的影响，式(13-1)中也加入了月份 σ_m 和年份 λ_y 的固定效应。而 API 可能与每周星期有关而形成星期周期，因此也加入星期固定效应 ρ_d。此外，城市空气污染也可能受到环境规制力度与交通执法力度差异等因素的影响，从而影响估计结果的稳健性，因而本章在假定各城市上述指标未发生显著时序变动的情况下，通过控制城市固定效应 δ_i 来捕获此类城市特性差异对 API 可能造成的影响。μ_{it} 为随机扰动项。

在式(13-1)中，β_1 为主要估计量，需要强调的是：由于本章利用固定效应模型进行了组内估计，因此讨论的是油价变动对污染排放变化的影响，关注的是污染排放的相对变化，而非绝对排放。其逻辑是：如果油价变动能通过改变汽车使用来影响空气质量，那么汽车保有量越高的城市其空气污染变动的情况越明显。此外，由于无法获得机动车数据，因此本章使用了汽车类变量。这并不会影响本章的一般结论：根据 2013 年报，在机动车排放污染物中，汽车是污染物总量的主要贡献者，其排放 NO_x 和 PM 超过机动车排放的 90%，HC 和 CO 超过 70%。

(二)数据说明

API 数据来自环保部全国重点城市空气质量日报，该数据包括各重点城市 2000—2013 年间每日空气质量情况。全国油价数据来自 CEIC 数据库，包括自 2005—2014 年间油价调整信息。两者决定了本章样本为 2005—2013 年城市日度数据，2005 年 API 日报报告 84 个重点城市，2006—2010 年 86 个重点城市，2011—2013 年 120 个重点城市样本，为非平衡面板数据。

汽车变量来自 CEIC 数据库，非私人汽车量为汽车总量减去私人汽车量。由于无法获得地区摩托车数量，因此本章使用“城市是否禁摩”虚拟变量衡量各地区摩托车数量的平均水平，当一个城市不禁摩时，设定“非禁摩城市”变量为 1。一般而言，禁摩城市的摩托车数量低于非禁摩城市，当油价增加减少摩托车使用时，那么非禁摩城市将更受油价影响，β_1 系数将显著小于 0，反之 β_1 系数不显著。由于缺乏直接资料数据，因此本章利用谷歌以及百度搜索引擎，搜索关键词为“某市摩托车管理办法”“某市摩托车行驶管理办法”“某市禁摩”“某市限摩”“某市道路交通管理办法”等，根据搜索出来的新闻公告和政策通知来判断该城市是否禁摩及禁摩初始时间，确定该变量的具体数值。

各城市日平均气温、平均风速、降雨量等控制变量数据来自中国气象科学数据共享服务网。表 13-1 所列为各变量的描述性统计[①]：

① 需要说明的是，由于源数据的问题，本章将删去一些极值样本，如根据 API 数据库发现，2005 年 4 月 11 日常德市的 API 值为 −625；删去非私人汽车为负数样本；气象数据服务网提供的风速、气温与降雨量最大值均为 32766，不符合常识，均进行删除处理。

表 13-1　主要变量的描述性统计

变量名	变量符号	单位	观测值	均值	最小值	最大值
空气污染指数	*api*	/	294333	69.4710	0	500
汽油价格	*gas*	万元/吨	295213	0.6681	0.4768	0.8765
柴油价格	*die*	万元/吨	295213	0.6399	0.4733	0.8320
汽车拥有量	*car*	千辆	275528	489.6290	12.6280	5189
私人汽车拥有量	*pvcar*	千辆	243460	394.1490	9.4330	4265
非私人汽车拥有量	*npvcar*	千辆	242690	159.5210	4.0630	1497.5000
出租车量	*taxi*	千辆	282008	5.9570	0.3170	67.0460
公共交通数量	*pubtran*	千辆	279280	2.5640	0.0680	29.6080
非禁摩城市	*nonmotor*	/	294333	0.5617	0	1
风速	*wind*	$0.1\ m\cdot s^{-1}$	187386	21.8740	0	203
温度	*temp*	0.1 ℃	187386	146.9560	−306	355
降雨量	*rain*	10 cm	187386	3.1810	0	32.7000

注：由于名义收入水平也随着价格水平发生变化，因此本章选择了油价调整后的名义汽油与柴油价格水平作为汽油价格和石油价格，而没有计算实际油价水平。当然，使用实际油价水平获得的实证结果并没有显著差异。

资料来源：环保部网站、CEIC 数据库、中国气象科学数据共享服务网及作者整理。

需要指出的是，在 2005—2013 年间，发改委根据国际原油市场价格变动共进行了 47 次全国油价调整，提供了较为足够的油价变化观测值以获得本章的实证结果。

四　基准回归结果分析

为简化篇幅，除基准回归结果报告了汽油与柴油的油价污染效应外，本章其余部分将只报告汽油价格的空气污染效应。基准回归结果列于表 13-2，报告了油价变动通过机动车使用对空气污染的整体效应。其中，(1)至(4)栏与(5)至(8)栏分别为汽油与柴油价格变动的污染效应，而且各列分别依次加入了城市、年度、月份和星期固定效应。

表 13-2 汽油、柴油价格与汽车总量的油价污染效应

	汽油				柴油			
	API (1)	API (2)	API (3)	API (4)	API (5)	API (6)	API (7)	API (8)
gas×*car*/(*die*×*car*)	0.0131**	0.0020	−0.0016	−0.0016	0.0131*	0.0021	−0.0017	−0.0017
	(0.0057)	(0.0036)	(0.0039)	(0.0039)	(0.0067)	(0.0036)	(0.0038)	(0.0038)
gas/*die*	−10.5600	4.3370	12.7100**	12.7100**	−13.0500*	6.4340	10.6200*	10.6200*
	(7.0730)	(5.7280)	(5.4900)	(5.4910)	(7.6580)	(6.2160)	(5.6690)	(5.6690)
car	−0.018***	−0.0050	−0.0020	−0.0020	−0.0170***	−0.0053	−0.0018	−0.0018
	(0.0043)	(0.0052)	(0.0056)	(0.0056)	(0.0049)	(0.0048)	(0.0052)	(0.0052)
wind	−0.2080***	−0.2100***	−0.2640***	−0.2640***	−0.2080***	−0.2090***	−0.2640***	−0.2640***
	(0.0398)	(0.0402)	(0.0343)	(0.0343)	(0.0398)	(0.0402)	(0.0343)	(0.0343)
temp	−0.0570***	−0.0580***	0.0750***	0.0750***	−0.0570***	−0.0580***	0.0750***	0.0750***
	(0.0034)	(0.0035)	(0.0115)	(0.0115)	(0.0034)	(0.0035)	(0.0115)	(0.0115)
rain	0.0005	0.0039	0.0039	0.0038	0.0004	0.0040	0.0039	0.0038
	(0.0108)	(0.0107)	(0.0104)	(0.0104)	(0.0108)	(0.0107)	(0.0104)	(0.0104)
城市固定效应	是	是	是	是	是	是	是	是
年份固定效应	否	是	是	是	否	是	是	是
月份固定效应	否	否	是	是	否	否	是	是
星期固定效应	否	否	否	是	否	否	否	是
R^2	0.0530	0.0650	0.1380	0.1380	0.0540	0.0650	0.1380	0.1380
样本数	171070	171070	171070	171070	171070	171070	171070	171070

注：括号内为城市聚类稳健标准误；*、**、***分别表示估计系数的 t 统计值在 10%、5%、1% 水平上显著。

资料来源：作者基于 *Stata* 软件估计。

从表 13-2 可看出，汽油、柴油价格交叉项系数加入其他固定效应后不再显著。由此可以认为，油价变化不会对一个地区汽车总体使用产生显著影响，无法改变地区空气污染水平。表 13-3 报告了汽油价格与私人汽车、非私人汽车、公共交通汽车、出租车以及非禁摩城市的回归结果。

表 13-3　各类机动车变量的油价污染效应

	API (1)	API (2)	API (3)	API (4)	API (5)
gas×*pvcar*	0.0038 (0.0040)				
gas×*npvcar*		−0.0455** (0.0194)			
gas×*taxi*			−0.7280*** (0.2080)		
gas×*pubtran*				−0.6640 (0.8560)	
gas×*nonmotor*					7.8130 (10.0200)
wind	−0.2580*** (0.0346)	−0.2540*** (0.0342)	−0.2790*** (0.0413)	−0.2810*** (0.0414)	−0.2730*** (0.0405)
temp	0.0761*** (0.0115)	0.0765*** (0.0114)	0.0604*** (0.0171)	0.0601*** (0.0171)	0.0597*** (0.0166)
rain	0.0052 (0.0106)	0.0052 (0.0106)	0.0065 (0.0126)	0.0059 (0.0126)	0.0080 (0.0123)
城市固定效应	是	是	是	是	是
时间固定效应	是	是	是	是	是
年份固定效应	是	是	是	是	是
星期固定效应	是	是	是	是	是
R^2	0.1360	0.1360	0.1260	0.1250	0.1310
观测值	152181	151411	178287	179524	187386

注：括号内为城市聚类稳健标准误；*、**、***分别表示估计系数的 *t* 统计值在 10%、5%、1%水平上显著；各栏回归结果均控制了汽油变量与各类机动车变量，为简便不在表中列出，以下各表均控制但不列出回归结果。

资料来源：作者基于 *Stata* 软件估计。

表 13-3(1)(4)(5)栏关键变量回归系数不显著,即油价变化不会改变人们对私人汽车、公共交通汽车及摩托车的使用。近年来私人汽车与公共交通汽车数量在汽车中的比重逐渐提高,因此油价对私人汽车与公共交通汽车无显著效应可能是油价难以影响地区汽车总体使用的主要原因。

表 13-3 的(2)(3)栏为非私人汽车与出租车的油价污染效应,可以看出油价显著影响了地区非私人汽车与出租车的使用。具体来看,当汽油价格每吨上涨 1000 元,即 0.85 元/升时[①],地区的非私人汽车或出租车数量每增加全国平均水平的 10%时,将导致 API 显著降低 0.073 与 0.046,相当于 API 平均值的 0.10%与 0.06%;对于车辆最大值与平均值地区,油价的相同幅度上涨将导致 API 减少变化值相差 6.088 与 4.447,相当于 API 均值的 8.76%与 6.40%。可见,油价的提高对非私人汽车及出租车车辆拥有较多的城市而言,具有较明显的节能减排作用。

总体而言,油价提升对油价作为消费品的机动车如私人汽车和摩托车不存在影响,对油价作为投资品的非私人汽车如出租车存在显著的空气净化效应,同时对成本传导途径被政府补贴所“关闭”的公共交通汽车也不存在空气净化效应。表 13-3 的结果拒绝了假说 1,而证实了假说 2 和假说 3。

五　稳健性检验

(一)年度空气状况

为进一步提供油价提升对空气质量的证据,本章使用了年度汇总数据进行验证。这里根据国家环保部对 API 的分类进行划分汇总;根据各地区日数据,本章计算了每年低于 50、100、200、300 及 300～500 的天数占年天数百分比变量[②],这些变量表示各地区一年中空气质量属于优秀、良好、轻微污染、中度污染和重度污染水平的占比。其中,核心解释变量为燃油年平均价格与机动车数量的交叉项。为计算油价年平均价格,利用式(13-2):

$$\text{燃油年平均价格}=\sum_i \text{某时间点}\, i\, \text{燃油价格}\times\frac{\text{该价格维持时间}}{\text{一年天数}} \tag{13-2}$$

利用式(13-2)计算各年汽油平均价格,根据式(13-3)进行回归:

$$percentapi_{iy}=\overline{gas_y}\times car_y+\overline{gas_y}+car_{iy}+X\beta+\lambda_y+\delta_i+\mu_{it} \tag{13-3}$$

式中,$percentapi_{iy}$为地区 i 在 y 年的某类空气质量的达标比重,$\overline{gas_y}$为 y 年全国燃

---

① 根据《中华人民共和国消费税暂行条例实施细则》第十条对计量单位换算的标准,汽油 1 吨=1388 升,柴油 1 吨=1176 升。

② API 最大值为 500。同时,在计算 API 数值在不同区间的占比时,某些城市的日度 API 数据存在缺失,为使占比变量更加可靠,这里只计算了那些 API 数值在一年的记录超过 100 天的城市。

油平均价格水平。式(13-3)的回归结果见表 13-4。

表 13-4　全年不同空气质量级别天数的回归结果

	percent50 (1)	percent100 (2)	percent150 (3)	percent200 (4)	percent300 (5)	percent500 (6)
gas×*car*	0.0083 (0.0059)	0.0011 (0.00418)	0.0022* (0.0013)	0.0006 (0.0006)	0.0001 (0.0003)	−0.0004 (0.0022)
gas×*pvcar*	0.0120* (0.0071)	−0.0025 (0.0040)	0.0004 (0.0016)	−0.0006 (0.0008)	−0.0003 (0.0005)	−0.0005 (0.0034)
gas×*npvcar*	0.0728** (0.0296)	0.0048 (0.0164)	0.0141 (0.0099)	0.0064* (0.0035)	0.0023 (0.0017)	−0.0033 (0.0036)
gas×*taxi*	0.7810*** (0.2850)	0.3700** (0.1520)	0.2940*** (0.0757)	0.1000*** (0.0193)	0.0471*** (0.0176)	−0.1320 (0.1440)
gas×*pubtran*	1.3900 (0.8610)	0.0996 (0.6490)	0.3820 (0.3860)	0.1610 (0.1280)	0.0916 (0.0756)	−0.3880 (0.3460)
gas×*nonmotor*	−3.9280 (12.9000)	−4.0560 (8.8190)	0.5800 (2.4560)	0.7970 (0.8100)	−0.2230 (0.3890)	1.1860 (2.2880)
气候控制变量	是	是	是	是	是	是
城市固定效应	是	是	是	是	是	是
时间固定效应	是	是	是	是	是	是

注:括号内为城市聚类稳健标准误;*、**、***分别表示估计系数的 *t*S 统计值在 10%、5%、1%水平上显著;(1)至(6)栏的被解释变量为 API 分别处于 50、100、150、200、300 以下以及 300～500 之间的百分比重。

从表 13-4 可发现:①油价与非私人汽车、出租车的交叉项显著促进了各地区一年中空气质量为优(API<50)的比重,且出租车交叉项显著促进了年 API<300 以下的比重,这说明年均油价的提高减少了非私人汽车与出租车的使用,提升了空气质量;②油价与汽车总量、私人汽车、公共交通汽车及摩托车的燃油效应并不明显;③汽油价格与各类汽车变量的交叉项系数在(1)至(3)栏中均为正,而在(4)至(6)栏系数出现负值,整体上表明汽油价格提升了地区空气质量,降低了污染程度。

(二)燃油价格与汽车购买

本章的关键假设是机动车数量并不受油价影响。然而,当油价变化改变人们购车决策时,机动车数量将由燃油价格内生决定,从而导致式(13-1)回归结果有偏。为此,本章利用 2005—2013 年月度汽车销量与平均油价数据,回归分析油价对汽车销量的影响。在控制月份和年份固定效应后,回归结果见表 13-5 第(1)栏,从中可知油价对汽车销量不存在显著的负效应。同时,本章采用了燃油价格与上一年度汽车数量交叉项作为关键变量。这是因为上年度的机动车购买不会被本年度燃油价格影响,且与本年度机动车数量具有较高相关性,在一定程度上反映了本年度的车辆水平,表 13-5 报告了其回归结果。

表 13-5 排除燃油价格对汽车购买的影响

	汽车销售额 (1)	API (2)	API (3)	API (4)	API (5)	API (6)	API (7)
gas	44.8300 (47.3800)						
gas×*car*		−0.0070 (0.0077)					
gas×*pvcar*			−0.0072 (0.0102)				
gas×*npvcar*				−0.0215 (0.0183)			
gas×*taxi*					−0.7550*** (0.2240)		
gas×*pubtran*						−0.6710 (0.8470)	
gas×*nonmotor*							6.8800 (10.0200)
气候控制变量	否	是	是	是	是	是	是
城市固定效应	否	是	是	是	是	是	是
时间固定效应	是	是	是	是	是	是	是
R^2	0.9610	0.1400	0.1380	0.1380	0.1310	0.1300	0.1310
样本数	108	175360	138229	142959	185565	185203	187386

注:括号内为对各城市的聚类稳健标准误;*、**、*** 分别表示估计系数的 t 统计值在 10%、5%、1%水平上显著;被解释变量为 API 数值,各栏关键变量为汽油价格与各栏首变量的交叉项。

资料来源:作者基于 *Stata* 软件估计。

表 13-5 中各栏回归系数与表 13-3 结果无较大差异,同时发现:出租车交叉项回归系数在 1%水平上显著,表明油价确实能够通过影响出租车的使用改变空气污染水平;其他机动车变量交叉项仍然不显著,这说明私人汽车、公共交通汽车与摩托车确实没有受到燃油价格影响;尽管非私人汽车与石油价格的交叉项显著性降低,但其 t 值大于 1,仍具有一定的显著性。从表 13-5 可以看出,油价对汽车购买并没有显著影响,根据上一年度

汽车变量回归结果的显著性也没有发生太大变化。

(三)内生性处理

本章的实证结果可能因油价与污染之间的内生性关系而出现偏误:油价变动与空气污染水平、经济发展、自然资源等密切相关,从而使 OLS 回归结果有偏且不一致。为处理内生性,本章一方面分析了油价通过机动车途径产生的污染效应,这在一定程度上排除了其他因素干扰的可能性,另一方面本章以全国油价调整作为各地区油价变化的外生冲击,有效地避免了内生性问题。

然而,发改委是否调整油价及调整幅度的确定可能在一定程度上考虑了实际经济状况,这又可能使油价水平与经济发展或空气污染状况相关。为减少各种内生性影响,本部分将通过工具变量、冲击检验、安慰剂检验、子样本回归等方法考察结果的稳健性。本章根据 2005—2013 年每日国际油价水平,严格按照《石油价格管理办法(试行)》中"国际市场原油连续 22 个工作日移动平均价格变化超过 4%"这一规定进行调价计算的全国油价水平作为工具变量[①],根据这一规则计算后的国内油价水平与国内经济发展水平无关,这尽可能地避免了回归中的内生性问题。利用 IV 进行 2SLS 回归后的结果见表 6(1)栏,可知非私人汽车和出租车仍显著为负,其他机动车不显著。

另外,本章也观察了油价变化对空气污染的短期冲击效应,通过分析油价变化对变化前后一天的 API 变化值以降低时间内生性的影响。为此,本章只保留油价调整当天的时间样本,利用油价调整当天与前一天 API 的变化值为被解释变量,利用油价调整幅度与各类机动车数量作为关键变量进行回归。结果见表 6(2)栏:①油价上升减少了汽车使用,从而降低当日空气污染;②油价变化在短期内也影响了私人汽车的使用,而前文中私人汽车的燃油价格效应并不显著,说明这种短期效应没有持续性;③油价的变化在短期内无法影响公共交通汽车的使用,说明公交运营在政府管理下保持价格稳定,油价变动难以转嫁给消费者;④非私人汽车以及出租车均显著为负,表明油价调整在短期内也对非私人汽车以及出租车使用产生影响。本章进一步计算了滞后 1~14 天的汽车总量、私人汽车与出租车的短期效应,如图 13-1 所示,各类机动车的燃油效应随着时间而逐渐减弱,同时汽车总量和私人汽车回归系数分别在滞后 5 天和 6 天后不再显著。本章认为其中的可能原因为:消费者在面对汽油价格上升时,将立即减少用车以降低燃油成本增加带来的损失,然而私人汽车使用者由于无法长时间改变其用车习惯又只能接受调整后油价,回归至初始用车水平,最终表现为私人汽车的短期显著效应;而出租车和私人汽车则表现为长期效应系数小于短期效应。

---

① 以防燃油消费投机与预期,发改委并不公布移动平均价格的天数。本章只能根据《办法》中的 22 天移动平均价格计算 22 天前后的变化率。在本章实证样本中,第一次油价调整的时间为 2005 年 3 月 23 日,本章则采用了 22 个工作日之后的移动平均数与该天的移动平均价格相比较,以此类推计算出中国油价的工具变量。

表 13-6　内生性处理

	工具变量	短期冲击	安慰剂检验		剔除尾号限行城市	剔除通地铁城市
	API (1)	API (2)	工业废水排放 (3)	工业废气排放 (4)	API (5)	API (6)
gas×*car*	−0.0207 (0.0127)	−0.0559*** (0.0256)	0.0327 (0.0388)	0.0459 (0.0344)	−0.0099 (0.0083)	−0.0143 (0.0117)
gas×*pvcar*	−0.0219 (0.0137)	−0.0600* (0.0339)	0.0618 (0.0440)	0.0894 (0.0605)	0.0001 (0.0099)	−0.0066 (0.0137)
gas×*npvcar*	−0.0722** (0.0321)	−0.2890*** (0.1040)	−0.2540 (0.3250)	−0.0880 (0.1120)	−0.0498* (0.0268)	−0.0470 (0.0298)
gas×*taxi*	−0.6970* (0.3660)	−4.9840*** (0.8370)	−0.9760 (3.7190)	2.8760 (2.1410)	−2.0080*** (0.7470)	−3.2580** (1.4190)
gas×*pubtran*	−0.4030 (0.9260)	−8.8440 (5.6090)	3.2060 (8.5110)	4.2640 (6.2630)	0.0842 (0.7910)	0.1260 (2.4810)
gas×*nonmotor*	6.1200 (10.1700)	−15.1300 (22.0900)	−77.6000 (64.2000)	−4.8820 (33.9000)	9.0150 (10.5700)	10.9800 (10.9000)
气候控制变量	是	是	是	是	是	是
城市固定效应	是	是	是	是	是	是
时间固定效应	是	是	是	是	是	是

注:括号内为城市聚类稳健标准误;*、**、***分别表示估计系数的 t 统计值在10%、5%、1%水平上显著;第(2)(3)栏中工业废水单位为百万吨,工业废气单位为千吨,为观察汽油价格变化对排放量的影响,回归中加入了上一年度的GDP变量以控制各地区工业污染的历史存量和规模。

资料来源:CEIC数据库和基于 *Stata* 软件估计。

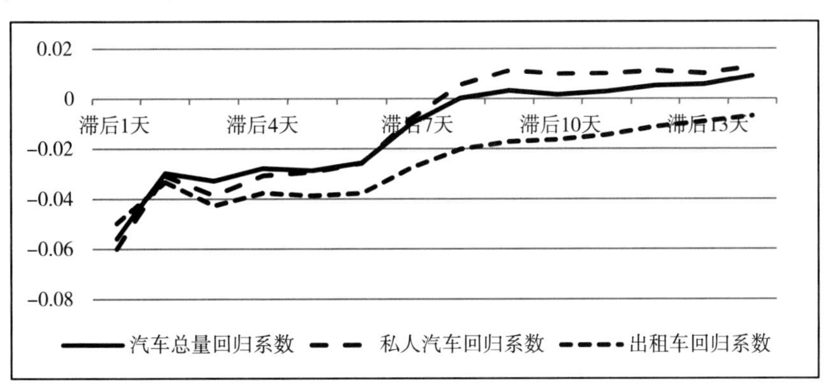

图 13-1　汽车、私人汽车和出租车的回归系数变化

注:为使出租车回归系数变化具有可比性,该系数除以100。

资料来源:作者绘制。

考虑中国工业经济发展对国际原油的需求变化可能改变国际原油市场的供需状况，从而反向影响到国内油价水平，这将导致国内空气污染、国际原油价格和国内经济发展之间存在一定的关联。为排除这种可能，本章采用了各地市工业废水排放量和工业废气排放量作为被解释变量进行安慰剂检验。若本章的燃油污染效应来自于油价与国内经济发展的相关性，那么油价也将影响工业废水排放与工业废气排放，其回归结果见表 13-6(3)(4)栏，可以看出，油价并没有显著影响工业废水及废气排放，这排除了本章燃油污染效应来自国内经济发展的干扰。更重要的是，工业废气的不显著表明汽油变化对空气污染的影响确实是通过机动车尾气排放造成的，而非来自汽油的工业废气效应。

为缓解交通压力，中国各城市采取了尾号限行限牌环境规制或发展地铁建设等办法，尽管本章控制了城市固定效应，但这些因素也可能通过其他途径影响空气污染，如限行政策可能增加地区汽车购买数量、地铁运行减少私人汽车使用等。为此，本章将采取尾号限行政策和修建地铁的城市样本[①]分别剔除后进行回归，结果见表 13-6(5)(6)栏。尽管剔除了这些样本，本章的结果仍然具有稳健性，表明环境规制等因素不会对主要实证结论提出挑战。

六 异质性的原因分析

实证结果表明，消费品燃油在不同收入人群并不存在明显的收入效应，否定了收入弹性假说 1 的成立，同时，假说 2 与假说 3 的成立则表明投资品燃油在价格传递过程中成本不可能完全转嫁至消费者上。本章认为这与汽车消费的前期投入有关：对于私人汽车或摩托车而言，消费者在消费前期付出了较大的沉淀成本，在使用过程中尽管油价有所增加，但不足以影响个人消费，否则将会造成沉淀成本的浪费。而对于以出租车为代表的非私人汽车，消费者前期投入成本为 0，能够较为灵活地面对成本变化。

为提供这一解释的依据，本部分准备从私人汽车与出租车的收入效应和替代效应两方面进行实证检验。其中收入效应指：对于私人汽车或摩托车，较高的沉淀成本决定了其具有较小的需求油价弹性，并且不存在收入异质性；对于出租车，消费者可以较为灵活地对待油价的变化，那么收入较高地区的消费者群体更为富裕[②]，其需求的油价弹性可能

① 限行城市样本包括北京、天津、上海、广州、杭州、成都、长春、兰州、南昌和贵阳 10 个城市，2013 年存在地铁的城市样本包括北京、上海、天津、广州、深圳、大连、武汉、重庆、南京、长春、成都、佛山、沈阳、苏州、西安和杭州。

② 理想的实证验证情况是对各类车辆消费者的收入水平进行比较来检验其收入效应，但受数据限制，本章无法得到这一数据。退而求其次，选择地区平均收入水平代表该地区各类汽车消费者的收入水平，认为一个地区收入水平越高，该地区的私人汽车或出租车消费者收入水平越高。

更低,因此这类地区空气污染受油价变动的影响较小。替代效应指的是:在各地区出租车数量相同的条件下,公共交通替代能力越强地区的人们可能更倾向于使用公共交通而减少使用出租车,因此当油价调整时,公共交通替代能力越强地区的油价污染效应越小,而这一替代效应对于私人汽车和摩托车而言并不存在。

(一)收入效应

如上分析,采用式(13-4)进行验证:

$$API_{ity}=\gamma \cdot gap_i \times price_t \times car_{iy} + \beta_1 \cdot price_t \times car_{iy} + X\beta + \lambda_y + \sigma_m + \rho_d + \delta_i + \mu_{it} \quad (13\text{-}4)$$[①]

本章根据2005—2013年各地区人均可支配收入的均值大小划分了不同收入水平样本。为获得稳健可信的结果,这里逐步加大了高收入与低收入地区间的收入差距:①根据各地区均值水平将样本划分为4、6、8、10[②]等若干等份;②只保留收入最高与最低两等分样本对式(13-4)进行回归,其中$gap_i=1$表示在划分收入等级后地区i处于最高收入水平,反之为0。

式(13-4)中γ表示相对于低收入地区,高收入地区的各类机动车受油价的影响。回归结果见表13-7(1)至(4)栏。私人汽车燃油效应不存在稳定的收入效应,摩托车燃油效应也与之类似;公共交通不存在收入效应,因其需求不受油价变动的影响,不具备收入效应的理论基础;而出租车对应的γ值显著并稳健地大于0,表明出租车的油价污染效应与收入有关,高收入地区的价格弹性较低,受到油价变动的影响更小。

从收入效应的检验可以看出,只有出租车的油价污染效应表现出稳健显著的正效应,这支持了假说4,而其他类型的机动车其结果并不显著或稳健。

(二)替代效应

本章选择地区公共交通与机动车数量的比重代表该地区的公共交通可替代性,该比重越大意味着地区公共交通替代能力越强[③]。利用式(13-1)进行回归的结果见表13-7(5)(6)栏[④]。

---

① 如式(13-1),在式(13-4)回归中单独控制了油价与汽车变量两个变量,为简便未列出。

② 划分为3～10等分的各实证结果差异不大,为了加大各地区间的收入差异,本章列出了这一组合结果,在10等份并按规则舍弃样本后仍包括约3万个样本。

③ 替代能力可理解为:人们在公共交通相对更多的地区能够接触或使用公共交通的可能性越高;当然,也可以认为这些地区公共交通设施相对越完善,其所覆盖区域更广,替代私家车或出租车的能力更强。

④ 摩托车为虚拟变量无法求比值,因此只考虑私人汽车和出租车的替代效应,式(13-1)中机动车变量此时变为公共交通与私人汽车或出租车的比值变量。

表 13-7 各类机动车的收入效应和替代效应

	4 等分 (1)	6 等分 (2)	8 等分 (3)	10 等分 (4)	API (5)	API (6)
$gap\times gas\times pvcar$	0.0398* (0.0226)	0.0214 (0.0139)	0.0170 (0.0164)	0.0229 (0.0210)		
$gap\times gas\times taxi$	2.0110** (0.9640)	1.2860** (0.4720)	1.5670** (0.5660)	1.2030** (0.4250)		
$gap\times gas\times pubtran$	0.4970 (4.6990)	−1.9680 (4.6360)	−5.6730 (7.2160)	1.7900 (2.6830)		
$gap\times gas\times nonmotor$	−8.3440*** (2.8220)	−6.5380 (3.8690)	−23.1900 (30.8700)	−6.2200 (17.8800)		
$gas\times pubtran/pvcar$					−0.2910 (7.3490)	
$gas\times pubtran/taxi$						0.3890** (0.1860)
是否气候控制变量	是	是	是	是	是	是
是否城市固定效应	是	是	是	是	是	是
是否时间固定效应	是	是	是	是	是	是

注：括号内为城市的聚类稳健标准误；*、**、*** 分别表示估计系数的 t 统计值在 10%、5%、1% 水平上显著；(5)(6)栏中公共交通与私人汽车和出租车的单位为百分比，回归式中分别控制了私人汽车与出租车变量，以获得在地区私人汽车或出租车相同的条件下替代效应的作用，下同。

资料来源：CEIC 数据库和基于 *Stata* 软件估计。

由表 13-7(5)栏所列，公共交通对私人汽车的替代效应并不显著，(6)栏中公共交通与出租车的替代性变量交叉项在 5%水平上显著为正，说明油价的提高使公共交通替代性越强的地区 API 降低得要少于替代性较弱地区，这表明公共交通对出租车确实具有一定的替代性。这支持了本章的理论假设，私人汽车与出租车的不同消费属性使油价污染效应不同。

(三)替代效应的收入效应

替代效应在不同收入水平的地区也可能表现出一定的差异，即当公共交通与出租车比重相同时，收入水平较低地区的人们倾向于选择公共交通而非出租车，收入水平较高地区的公共交通替代出租车的能力越弱，可知地区收入水平越高，其替代效应越弱。为此，可以使用式(13-4)进行回归[①]，结果见表 13-8。

① 式(13-4)中机动车变量此时变为公共交通与私人汽车或出租车的比值变量。

表 13-8　私人汽车、出租车替代效应的收入效应

	私人汽车				出租车			
	4 等分 (1)	6 等分 (2)	8 等分 (3)	10 等分 (4)	4 等分 (5)	6 等分 (6)	8 等分 (7)	10 等分 (8)
$gap \times gas \times R$	−0.5380 (3.6430)	0.7060 (3.6650)	1.4320 (3.9080)	7.4810** (2.7540)	−0.1420* (0.0745)	−0.1860* (0.1060)	−0.2180* (0.1060)	−0.3430** (0.1380)
$gas \times R$	16.8200* (9.5860)	13.1800 (7.7080)	11.1000 (7.8210)	0.5030 (6.0910)	0.4760** (0.1830)	0.4410** (0.1730)	0.4660** (0.1640)	0.5470*** (0.1790)
是否气候控制变量	是	是	是	是	是	是	是	是
是否城市固定效应	是	是	是	是	是	是	是	是
是否时间固定效应	是	是	是	是	是	是	是	是
R^2	0.1240	0.1260	0.1270	0.1280	0.1240	0.1260	0.1270	0.1280
观测值	66300	40217	35593	29163	81222	50757	42870	36061

注：括号内为城市的聚类稳健标准误；*、**、***分别表示估计系数的 t 统计值在 10%、5%、1%水平上显著；(1)至(4)栏为公共交通对私人汽车替代性的收入效应检验，(5)至(8)栏为对出租车的检验。

资料来源：CEIC 数据库和基于 *Stata* 软件估计。

根据表 13-8，尽管私人汽车替代效应的收入效应结果不具有稳健性，同时 β_1 系数并不显著，这符合预期，表明私人汽车与公共交通之间并不存在替代转换。从表 13-8(5)至(8)栏可以看出，各栏中公共交通对出租车替代率的 β_1 系数均显著为负，该系数与表 13-7(7)栏结果大小相近，同时这种替代效应在不同收入水平的地区存在显著差异，由 $\gamma<0$ 可知在富裕地区，出租车向公共汽车出行方式的转化更不明显，进一步证明了出租车使用存在较为明显的收入效应。

从替代效益和收入效应的实证结果可以看出，较大的前期沉淀成本使得消费者对于油价变化反应较为“迟钝”；而对于零前期投入的出租车而言，消费者对于价格的反应更为灵活。

七　结论及政策建议

本章检验了油价变化、机动车使用与空气污染间的实证效应，结果表明，一方面私人

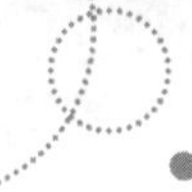

汽车和摩托车的使用不受油价变化的影响，另一方面，出租车等非私人汽车受到油价显著负向影响。由于机动车中私人汽车占有较大比重，因此油价变化对一个地区的汽车总体使用表现出不显著影响。

为验证上述结果的稳健性，本章分别进行了下列检验：①利用年度汇总数据发现年石油价格提高时可通过非私人汽车和出租车增加年空气质量，而私人汽车并不存在该效应；②燃油价格对汽车销售量并没有显著影响，在利用上一年度的汽车变量后，实证结果没有发生较大改变；③根据《石油价格管理办法》构建中国油价的工具变量，发现 2SLS 与 OLS 回归结果差异不大；④排除各限行城市样本后的实证回归结果显著性没有发生变化。本章同时利用工业废水与废气进行了安慰剂效应检验，发现油价对机动车的影响并不会显著改变工业废气及废水排放。此外，本章还探讨了油价变化的短期空气污染效应，发现油价短期内显著改变了私人汽车、非私人汽车以及出租车的使用，但这种短期效应随着时间将逐渐弱化，最终私人汽车并不表现出油价污染效应。据此，本章分析了油价对各类机动车不同影响的可能原因，认为这主要在于各类机动车的不同沉淀成本，并从收入效应和替代效应提供了证据。

本章也为中国汽车燃油税费改革提供了实证依据：2014 年 11 月至 2015 年 1 月间，财政部和国家税务总局在 45 天内 3 次提高成品油消费税，根据本章实证结果，成品油消费税将显著影响除公共交通之外的非私人汽车以及其中出租车的使用，然而燃油成本的变化并不能改变私人汽车的使用，可预期随着私人汽车比重的逐步提高，成品油消费税的效果将逐渐弱化。此时，燃油税费的开征不仅无法促进社会环境福利的增加，反而大大降低了机动车的消费福利

这对中国环保税的开征也具有一定的借鉴意义：国务院法制办 2015 年 6 月 10 日公布《中华人民共和国环境保护税法(征求意见稿)》，拟对大气污染物、水污染物等应税污染物征收环保税收，政府应重点评估这类税收带来的环保收益及福利损失，审视在目前发展阶段中国政府在环保领域的主要方向。从本章的实证结论来看，政府不应简单依赖税收杠杆调控燃油消费，其他可选政策工具可能更加有效。这些政策包括：强制提升车辆排放标准与油品质量，推广新能源汽车的研发与生产，大力兴建公共交通系统。当然，这需要进一步的实证研究来获得证据支持。

本章参考文献

BARNETT A G, KNIBBS L D. Higher fuel prices are associated with lower air pollution levels[J]. Environment International, 2014(66):88-91.

SIPES K N, MENDELSOHN R. The effectiveness of gasoline taxation to manage air pollution[J]. Ecological Economics, 2001, 36(2):299-309.

LI S J, TIMMINS C, HAEFEN R H V. How do gasoline prices affect fleet fuel economy? [J]. American Economic Journal: Economic Policy, 2009, 1(2):113-137.

LI S J, LINN J, MUEHLEGGER E. Gasoline taxes and consumer behavior[J]. American Economic Journal: Economic Policy, 2014, 6(4):302-342.

HENNESSY H, TOL R S J. The impact of government policy on private car ownership in ireland[J]. Economic and Social Review, 2011, 42(2):135-157.

ARCHIBALD R, GILLINGHAM R. An analysis of the short-run consumer demand for gasoline using household survey data[J]. The Review of Economics and Statistics, 1980, 62(4):622-628.

BURKE P J, NISHITATENO S. Gasoline prices, gasoline consumption, and new-vehicle fuel economy: evidence for a large sample of countries[J]. Energy Economics, 2013(36):363-370.

LIN C Y C, PRINCE L. Gasoline price volatility and the elasticity of demand of gasoline [J]. Energy Economics, 2013(38):111-117.

BRONS M, NIJKAMP P, PELS E, et al. A meta-analysis of the price elasticity of gasoline demand:a SUR approach[J]. Energy Economics, 2008, 30(5):2105-2122.

DAHL C A. Measuring global gasoline and diesel price and income elasticities[J]. Energy Economics, 2012(41):2-13.

LIN C Y C, ZENG J. The elasticity of demand for gasoline in China[J]. Energy Economics, 2012(59):189-197.

赖明勇,肖皓,陈雯,等.不同缓解燃油税征收的动态一般均衡分析与政策选择[J].世界经济,2008(11):65-76.

魏巍贤.基于CGE模型的中国能源环境政策分析[J].统计研究,2009(7):3-12.

CHEN Y, JIN G Z, KUMAR N, et al. The promise of beijing: evaluating the impact of the 2008 Olympic Games on air quality[J]. Journal of Environment Economics and Management, 2013(66):424-443.

VIARD B, FU S H. The effect of beijing′s driving restrictions on pollution and economic activity[J]. Journal of Public Economics, 2015, 125(2):98-115.

CHEN Y, WHALLEY A. Green infrastructure: the effects of urban rail transit on air quality[J]. American Economic Journal: Economic Policy, 2012, 4(1):58-97.

梁若冰,席鹏辉.轨道交通对空气污染的异质性影响:基于准实验方法的经验研究[R].厦门大学工作论文,2015.

LIN C Y C, ZENG J. The elasticity of demand for gasoline in China[J]. Energy Policy, 2013(59):189-197.

LI S J, TIMMINS C, HAEFEN R H V. How do gasoline prices affect fleet fuel economy? [J]. American Economic Journal: Economic Policy, 2009, 1(2):113-137.

CBO. Effect of gasoline prices on driving behavior and vehicle markets[EB/OL]. https://www.cbo.gov/publication/41657,2008.

KLIER T, LINN J. The price of gasoline and new vehicle fuel economy: evidence from monthly sales data[J]. American Economic Journal: Economic Policy, 2010, 2(3): 134-153.

肖俊极,孙洁.消费税和燃油税的有效性比较分析[J].经济学(季刊),2012,11(4):1345-1364.

XIAO J, JU H. Market equilibrium and the environmental effects of tax adjustments in China's automobile industry[J]. Review of Economics and Statistics, 2014, 96(2): 306-317.

第十四章　轨道交通对空气污染的异质性影响

——基于 RDID 方法的经验研究

梁若冰　席鹏辉 *

一　问题提出

近年来，众多中国城市面临着日益严重的空气污染，不仅威胁着居民的生命安全与身体健康，而且对城市可持续发展提出了严峻挑战。目前，恶化城市空气质量的主要污染物是细微颗粒物，即 $PM_{2.5}$。此类污染物不仅影响人体呼吸系统，而且可以通过呼吸系统进入血液循环，诱发心脑血管疾病。除了 $PM_{2.5}$，其他如 SO_2、NO_x、CO 与 HC 也是主要污染物，不仅直接危害人体健康，而且污染物之间通过物理化学反应形成的二次污染物对人体危害更大。在 $PM_{2.5}$ 的主要污染源中，机动车贡献超过 20%，成为最大来源①，而中国城市城区 74%的 HC、63%的 CO、37%的 NO_x 也都来自汽车尾气（李文兴和尹帅，2012）。尽管政府与学界已经逐渐认识到机动车污染的严重性，但未来的空气污染控制前景并不乐观。究其原因，在于当前城市机动车保有量大幅度增长，而且这种增速在可预期的未来很难有所减缓。

一般而言，轨道交通的外部成本，包括噪声、交通事故以及空气污染成本，都远小于私人机动车。以对欧洲国家的研究为例，轨道交通每乘客每千米的事故成本仅为小汽车的 1/20，而 CO_2 排放仅为后者的 1/25（Zheng and Kahn，2013）。因此，为缓解交通拥堵与空气污染，中国大中城市开始大规模兴建轨道交通。截至 2014 年年末，全国有 22 个城市共开通了 3173 千米的轨道交通运营线路，其中地铁与轻轨共 2600 千米，单轨、有轨电车、磁悬浮、城际快轨等其他轨道交通共 573 千米。在这 22 个城市中，北京与上海的轨道交通运营里程均超过 600 千米，而广州、重庆、深圳、南京、成都、天津、大连和沈阳 8

---

* 梁若冰，厦门大学经济学院财政系，教授；席鹏辉，厦门大学经济学院财政系博士，现供职于中国社会科学院财经战略研究院。

① 20%的数据来自北京市环境保护局的测算，也有研究发现北京市空气污染物只有 5.6%来自汽车尾气排放。事实上，两者采用了不同的分类方法，其中后者认为二次气溶胶是主要污染物（超过 50%），而汽车排放是构成该污染物的重要来源。

个城市也都超过了 100 千米。对于多数城市来说,轨道交通的快速发展主要在 2000 年,尤其是 2010 年之后。在 2010—2014 年,全国共建成通车轨道交通线路超过 1500 千米,超过之前的总和。根据现有规划,目前仍不断有城市加入兴建轨道交通的队伍中,在可预期的未来将呈现井喷趋势。

既然各地兴建轨道交通的原因是缓解交通拥堵和改善空气质量,那么对于评估该项政策的效果来说,准确识别与测量轨道交通的交通与空气效应就十分关键。就中国而言,城市轨道交通的大规模兴建遭受来自公众的两个方面的质疑:①没有证据支持中国城市轨道交通修建能有效缓解交通拥堵或空气污染;②尽管轨道交通的开通可能发挥一定作用,但其社会收益可能远低于巨额投入成本。在此背景下,科学严谨地获得中国城市轨道交通开通的污染治理效应具有一定的现实意义。然而,目前相关研究并不多见,主要原因是内生性问题难以处理:①兴建轨道交通的城市往往存在较严重的拥堵与空气污染,因而一般的 OLS 估计可能存在自选择与反向因果偏误;②影响空气污染的因素很多,若忽略与轨道交通相关的重要解释变量,可能造成遗漏变量偏误。就目前来看,双重差分(DID)与断点回归(RD)可以有效处理内生性,因而本章将采用上述方法以及综合两类方法优点而构造的 RDID 模型,对中国城市轨道交通建设进行评估。本章还将通过分析轨道交通减排效应的城市规模与污染程度异质性、污染物与污染时段异质性、轨道交通对不同城市规模拥堵的缓解及其对各类交通工具的替代效应,来推断污染减排的作用机制。因此,除了实践层面的贡献,本章在文献意义上也充实了环境经济学中替代性环境政策的讨论。目前讨论污染治理中行政管制与经济手段的文献相对较多,而分析替代性环境政策的研究则较为缺乏。不仅如此,在传统环境经济学研究中,只有补贴政策与替代性政策的原理相类似,但两者的补贴对象又有所差异,前者是通过对污染者进行直接补贴,而后者是对替代性交通进行补贴,从而通过促使污染者转变出行方式来实现减排。因此,从实现帕累托效率角度分析,替代性政策显然优于补贴政策,更有必要予以深入讨论。

因此,无论从理论还是实践层面看,本章对环境经济学相关内容都做出了有益的探索与补充。

二　理论假说

根据环境经济学理论,城市污染问题源于企业与居民活动的负外部效应,由此导致的市场失灵亟须政府采取公共政策予以治理。一般而言,政策当局可以采用 3 种措施将外部性内部化为污染者的成本,即行政管制、庇古税费与排污权交易。就目前来看,前两种政策在治理城市空气污染中较为常见,而第三种由于需要成熟的交易市场,因而多出现在发达国家。事实上,城市地方政府在治理城市机动车排放时,多以前两类政策为主:①通过行政管制直接限制汽车的购买与使用,包括限购、限牌、限行、限号等;②通过征收庇古税费提高机动车的使用成本,如提升油价、征收燃油税、施行道路收费等进行间接限制。由于这两类政策实施时间较长,为相关研究提供了充足的观察样本,因此与城市环境治理相关的经验研究大多集中于上述政策。

对于第一类政策,国内外城市出台的一系列清洁空气措施,包括车辆限行、限购等,为相关研究提供了合适的政策冲击。例如,部分对北京奥运会期间实施的改善空气质量政策的研究发现,限行的确显著降低了空气污染指数(API)(Chon et al., 2013; Viard and Fu, 2015),但同时也有研究发现这一效果并不显著(曹静等,2014),而对墨西哥城的研究则发现限行甚至恶化了空气质量(Eske land and Feyzioglu, 1997; Davis, 2008)。上述研究说明严厉的环境管制存在局限性,由于其无法实现激励相容的制度设计,可能扭曲市场消费行为,在产生较大福利损失的同时,治污效果有限赵峰侠等,2010。一般而言,庇古税费也是激励消费者改变出行方式的有效手段,且对社会福利造成的冲击小于行政管制。此类政策中,最常见的是提高燃油价格或征收燃油税。对发达国家的研究发现,燃油税可以有效改善空气质量,其途径或是降低燃油消费(Li et al., 2014),或是调整车辆结构,即购买更节油的车型,并加速对耗油旧车的折旧报废(Li et al., 2009)。然而,近期对中国城市的研究发现,通过提高燃油价格来改善城市空气质量的政策总体上并不可行(席鹏辉和梁若冰,2015)。究其原因,主要是中国城市中把机动车视为消费品的使用者的油价需求弹性较小,因而其用车行为并不会随油价调整而调整。

上述传统环境政策往往集中于通过提高污染者成本来内部化污染外部性,其缺陷是可能会造成较高的治理成本与福利损失,从而无法实现帕累托最优。因此,以替代性政策为主的治理思路就成为现实可选项,其基本原理是:轨道交通的开通使出行者改变原来的路面交通出行方式,尤其是乘坐私人汽车或出租车等非公共交通,从而产生交通转移效应或 Mohring 效应(Mohring, 1972)。路面交通工具因使用者减少而导致其尾气排放下降,从而实现城市空气污染减排的目标。显然,交通替代的主要优点是,污染者主动选择更为清洁的轨道交通出行方式,这种低污染方式可能伴随着高效用而非高成本,因而其交通转移并不会导致效用或利润的降低,实现了帕累托改进。替代性城市环境政策主要包括促进公共交通与非机动交通等竞争性交通形式的发展,如兴建轨道交通、实施公交优先、设置非机动车道等,通过替代路面机动车交通方式来实现污染减排。由于替代性政策为消费者提供更多可行选择,能在不降低社会福利的前提下改善城市空气质量,因此大力发展城市公共交通,尤其是轨道交通,就成为一项可望实现双赢的政策。

但是理论上,交通转移效应面临着交通创造理论(Vickery, 1969)的挑战,后者不仅认为公交的分流作用有限,而且它可能还会创造出新的需求。例如,轨道交通的兴建可能会导致居住在市中心的人搬到房价便宜的郊区,从而创造出新的通勤者与通勤需求。不过,就目前的经验研究看,显然交通转移说获得了更多的支持。Parry 和 Small(2009)通过估算美国华盛顿、洛杉矶与英国伦敦的参数,发现即便公共交通起始票价仅为运营成本的 50%,对其进一步削减仍可带来可观的福利增加。Anderson(2014)采用 RD 方法考察洛杉矶地铁工人罢工这一外生冲击对交通拥堵的影响,发现地铁停运使路面交通拥堵程度平均提升了 47%,表明公共交通比传统认识的影响更为显著。Chen 和 Whalley

(2012)也发现台北轨道交通的开通显著降低了与汽车尾气直接相关的 CO 排放水平。可见,尽管城市化水平与人均收入水平仍大幅落后于发达国家(地区),但后者面临的城市拥堵与环境问题在中国也日益严重。基于上述理论与经验研究,本章提出:

假设 1:轨道交通能够有效降低中国城市空气污染排放水平,主要途径是通过替代路面交通中的机动车出行方式。

根据 Mohring(1972)的分析,轨道交通还具有显著的规模效应,乘坐率上升可提高车次频率,减少候车时间,从而进一步提高乘坐率。对于人口规模较大的城市,路面交通资源因需求过大而较易出现供不应求,进而引发交通拥堵并恶化空气污染。因此,更需要轨道交通等替代性交通方式,从而使此类城市中的轨道交通更易形成规模效应,并使其无论在降低路面交通拥堵程度,还是改善城市空气质量方面,都具有较大优势。换言之,大城市居民较大的出行需求造成了较大的路面交通压力,此时轨道交通对于路面交通的替代作用最强。此外,由于轨道交通主要通过改变出行者的出行选择,即替代传统的路面交通方式来实现污染减排,因而应对机动车相关污染物具有显著效果。由此,本章提出:

假设 2:对于人口规模与密度较大、污染程度较高的城市,轨道交通具有较强的污染减排效应与拥堵缓解效应。

假设 3:轨道交通对机动车相关污染物,如 PM、SO_2、NO_x和 CO,具有显著的减排效应,且在机动车交通高峰期与交通密度较高地区具有较强的减排效应。

一般而言,通勤者的路面交通选择主要包括私家车、公共汽车与出租车 3 种类型,本章还需着重分析轨道交通究竟替代了上述哪类机动车的出行选择。此前研究发现,以私家车或公共汽车作为主要交通工具的居民,其出行需求的油价弹性较低,而以出租车为主的则非常显著(席鹏辉和梁若冰,2015)。因此,本章可以推断轨道交通的替代效应可能主要出现在对出租车使用的替代上。

三　计量模型设定与数据分析

(一)模型设定

为识别与测量中国城市轨道交通的开通对空气污染的影响,本章分别采用 DID 与 RD 模型进行基准估计,并在稳健性检验与异质性分析中采用 RDID 估计。固定效应(FE)面板与 DID 模型设定如下:

$$\mathrm{API}_{imdy}=\beta\cdot subway_{imdy}+Z\gamma+\lambda_y+\rho_m+\theta_w+\delta_i+\mu_{imdy} \tag{14-1}$$

式中,API_{imdy}为城市 i 在 y 年 m 月 d 日的空气污染指数;$subway_{imdy}$为轨道交通通车变量,包括是否开通轨道交通的虚拟变量(0,1)、轨道交通线路数量(条)与里程长短(千米)等;Z 为一组表示影响空气污染的气候变量向量,包括每日的平均气温、风速和降水;λ_y、ρ_m、θ_w、δ_i分别表示年份、月份、星期与地区固定效应;μ_{imdy}为随机扰动项。此外,本章还控制了断点效应,以控制每条通车线路的固定效应。从公式设定可知,当

$subway_{imdy}$为虚拟变量时，模型是典型的DID；当该变量为线路或里程时，模型是面板FE估计。

尽管DID与FE模型可以识别轨道交通开通的平均减排效应，但其估计值可能会受其他因素的影响而出现偏误，因而本章进一步采用RD方法进行相关估计：

$$\mathrm{API}_{imdy}=\alpha+\beta_1\cdot subway_{imdy}+\beta_2 f(x)+\beta_3\cdot subway_{imdy}f(x)+Z\gamma+\lambda_y+\rho_m+\theta_w+\delta_i+\mu_{imdy} \tag{14-2}$$

式中，$f(x)$是以x为自变量的多项式函数，x为执行变量(running variable)，即距离轨道交通开通的天数，开通当天设为0，之前为负值，之后为正值，其他变量含义同式(14-1)。在式(14-2)中，本章关心的是β_1的估计值，其恰好捕获了轨道交通开通前后的空气污染指数变动。RD估计可以有效解决DID估计存在的处理组与控制组难匹配的问题，因其处理组与控制组城市均为同一城市，而且在较小的时间窗口设定下，其他可能影响空气质量的变量不易发生大幅度变化，因而也可以较好地解决遗漏变量问题。

但是，时间RD估计的一个重要问题是，仍然无法彻底排除其他可能影响被解释变量在断点处发生骤变的可能性。针对这一问题，本章采用两类处理方式进行安慰剂检验：①检验可能影响空气污染的变量，观察其在断点处是否发生显著变化，估计式同式(14-2)，只是被解释变量换成安慰剂变量；②进行RDID估计，以某城市轨道交通开通时的断点为处理组，以同一时间其他城市的断点作为控制组，可写为如下完全饱和回归(fully saturated regression)方程：

$$\begin{aligned}\mathrm{API}_{imdy}=&\alpha+\beta_1\cdot subway_{imdy}+\beta_2 f(x)+\beta_3\cdot dd_i+\beta_4\cdot subway_{imdy}\cdot dd_i+\beta_5\cdot\\&subway_{imdy}\cdot f(x)+\beta_6\cdot dd_i\cdot f(x)+\beta_7\cdot subway_{imdy}\cdot dd_i\cdot f(x)+\\&Z\gamma+\lambda_y+\rho_m+\theta_w+\delta_i+\mu_{imdy}\end{aligned} \tag{14-3}$$

式中，dd_i是区分断点为处理组还是控制组的虚拟变量，即城市i在本市轨道交通开通时的断点为1，在其他城市轨道交通开通时的断点为0。在这一设置下，全体样本均为开通轨道交通的城市，只是根据开通时间的差异设置处理组与控制组，从而尽可能规避两组样本缺乏可比性以及出现不可观察变量断点的可能性。在式(14-3)中，本章关心的是β_4的估计值，其捕获了轨道交通实际开通时空气污染变动相对于未实际开通城市变动的差异，本质上可视为DID设定。

(二)数据分析

本章采用的空气污染数据主要有两类：第一类是全国120个城市的日度空气污染指数(API)[①]数据，主要用来进行FE(DID)、RD估计以及城市异质性分析，其中在RD估计时只采用14个城市新开通的45条线路进行分析。在120个城市的数据中，本章采用了2005—2013年的日度API，数据来自中华人民共和国环境保护部网站；主要解释变量为

① API的评价标准只包括3类污染物，即SO_2、NO_2和PM_{10}，无法满足空气质量监测的需要，因而2012年环保部公布了新的《环境空气质量标准》(GB 3095—2012)。新标准与老标准相比主要有3项改进：①名称改为空气质量指数(AQI)；②新增3类污染物，即$PM_{2.5}$、CO及O_3；③不仅有日报，还增加了实时报，即每小时报一次。总体而言，AQI比API标准更严格、污染物指标更多、发布频次更高，因而两者不具有可比性。

轨道交通开通与否及其线路与里程数，来自百度百科；主要控制变量包括日平均气温、降水量和风速，数据来自中国气象科学数据共享服务网；人均 GDP(*pcgdp*)、工业化率(*indu*)与城市化率(*urban*)以及用于进行城市人口规模与密度分类的城市人口、建成区面积数据来自 CEIC 数据库，其数据源为相关年份的《中国城市统计年鉴》。第二类是北京市具体污染物实时排放数据，主要用来分析污染物异质性。本章研究了北京轨道交通 7 号线在 2014 年 12 月 28 日开通前后 60 天内该市 35 个监测点的 6 类空气污染物排放 24 小时实时监测数据，数据来自北京市空气质量历史数据网站。此外，本章还考察了 2013 年 5 月 5 日开通的北京轨道交通 14 号线东、西两段对相关地区交通拥堵的影响，其中拥堵指数来自四维交通指数分析平台。文中主要变量的描述性统计见表 14-1，因篇幅所限，表中并未列出北京市污染与交通数据的描述性统计量。

表 14-1 主要变量的描述性统计

DID/FE 变量	含义	单位	样本数	均值	标准差
API	空气污染指数		294333	69.4723	31.6912
subway	轨道交通(0,1)		294333	0.1102	0.3117
numline	轨道交通线路	条	294333	0.3219	1.3738
length	轨道交通里程	千米	294333	11.6654	51.2052
temp	温度	0.1 ℃	187386	146.9622	113.8826
wind	风速	0.1 米/秒	294333	69.4712	31.6915
rain	降雨量	10 厘米	294333	0.1132	0.3111

RD 变量	全体样本	开通前	开通后	差异 t 值
	(1)	(2)	(3)	(4)
API	71.902	73.677	70.0084	−2.4017**
	[33.5976]	[33.0310]	[34.1082]	(0.0171)
	N=1927	N=995	N=932	
temp	144.4805	151.5238	137.0241	−2.1826**
	[118.5234]	[111.2276]	[125.4453]	(0.029)
	N=1266	N=651	N=615	
wind	22.5911	22.9601	22.2009	−1.3114
	[10.2672]	[10.5854]	[9.9134]	(0.1890)
	N=1266	N=651	N=615	
rain	2.5573	1.9344	3.2161	2.6213***
	[8.7352]	[7.6667]	[9.7024]	(0.0094)
	N=1266	N=651	N=615	

注：方括号内为标准差，N 为样本数；(4)列为 t 检验统计量，圆括号内为 p 值，原假设是(2)与(3)列中的变量值相等。

资料来源：作者根据国家环保部网站、CEIC 数据库、百度百科以及中国气象科学数据共享服务网资料整理。

四　实证结果分析

(一)基准回归结果

在基准回归部分,本章分别采用 FE 面板与 RD 模型估计。之所以进行 FE 估计,有 3 方面原因:①可以直接比较通轨道交通城市与未通城市,考察轨道交通通车的空气改善效应;②可以直接估计轨道交通线路与里程数的影响强度;③由于 FE 估计是利用组内差分的方式剔除不随时间变化的固定效应,因此其估计值反映的是轨道交通线路或里程数变动对空气污染变动的影响。对于 RD 估计来说,FE 估计的前两个优点是无法做到的,但 RD 的优点也是 FE 估计无法达到的,即处理组与控制组为同一城市,且估计的是局部平均处理效应(LATE),而非 FE 估计的平均处理效应(ATE)。同时,当处理组与控制组样本在断点处无限接近时,因样本选择非随机性或遗漏变量造成的估计偏误就变得不严重,此时的估计更接近于随机实验(Lee and Lemieux, 2010)。因此,本章采用了两种方法进行估计,结果分别见表 14-2 和表 14-3。

表 14-2　FE 估计结果

	API						
	全部城市					通轨道交通城市	
	(1)	(2)	(3)	(4)	(5)	(6)	(7)
length	−0.0515***			−0.0674***		−0.0603***	
	(0.0149)			(0.0050)		(0.0081)	
numline		−1.9131***			−1.9912***		−1.7558***
		(0.2750)			(0.1857)		(0.2428)
subway			−3.5803***				
			(1.3565)				
rain				0.0134	0.0136	0.0071	0.0078
				(0.0152)	(0.0152)	(0.0241)	(0.0241)
wind				−0.2911***	−0.2913***	−0.3660***	−0.3666***
				(0.0492)	(0.0492)	(0.0662)	(0.0661)
temp				0.0522**	0.0522**	0.1350***	0.1351***
				(0.0205)	(0.0205)	(0.0351)	(0.0351)
pcgdp				43.8820	44.5970	9.7784	25.2440
				(43.8370)	(42.9910)	(131.5600)	(127.3200)

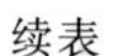
续表

	API						
	全部城市					通轨道交通城市	
	(1)	(2)	(3)	(4)	(5)	(6)	(7)
indu				0.2025	0.2096	−0.4402*	−0.4151*
				(0.1863)	(0.1858)	(0.2093)	(0.2143)
urban				−0.1345	−0.1327	0.1132	0.1183
				(0.1133)	(0.1142)	(0.1303)	(0.1388)
固定效应	N	N	N	Y	Y	Y	Y
年度效应	N	N	N	Y	Y	Y	Y
月度效应	N	N	N	Y	Y	Y	Y
星期效应	N	N	N	Y	Y	Y	Y
样本数	294333	294333	294333	115926	115926	1266	1266
组内 R^2	0.0012	0.0011	0.0001	0.1231	0.1230	0.1498	0.1494

注:括号内为市级聚类稳健标准误;* $p<0.1$,** $p<0.05$,*** $p<0.01$。

资料来源:作者基于 *Stata* 软件估计。

表 14-3　断点估计:通轨道交通的城市

	API					
	线性式	二项式	三项式	线性式	二项式	三项式
	(1)	(2)	(3)	(4)	(5)	(6)
subway	5.0081*	−10.0410**	−14.7101***	1.6537	−18.6199***	−17.3403***
	(2.6542)	(3.9300)	(5.4041)	(3.1643)	(4.9780)	(6.3252)
rain				0.1668	0.2004	0.2002
				(0.1603)	(0.1612)	(0.1614)
wind				−0.7491***	−0.7361***	−0.7336***
				(0.0922)	(0.0903)	(0.0890)
temp				0.2745***	0.2695***	0.2712***
				(0.0242)	(0.0243)	(0.0238)
样本数	1927	1927	1927	1266	1266	1266
R^2	0.0126	0.0235	0.0232	0.3178	0.3372	0.3371

注:括号内为市级聚类稳健标准误;* $p<0.1$,** $p<0.05$,*** $p<0.01$;表中同时控制了固定效应、年度效应、月度效应、星期效应与断点效应。

资料来源:作者基于 *Stata* 软件估计。

表14-2为利用FE面板进行估计的结果,本章采用3种指标表示轨道交通通车,即是否通轨道交通的虚拟变量、通车的线路数量及通车里程,第(1)至(3)列分别显示了未加控制变量的全样本估计结果,无论轨道交通线路还是里程都有显著的空气治理效应。不过,当加入控制变量与各种固定效应时,是否通轨道交通变量的估计结果变得不显著,因而表14-2第(4)至(7)列只列出另两项结果。从估计值看,每新开通一条线路,空气污染指数降低1.991;每新开通1千米,指数降低0.067。为提升样本可比性,第(6)、(7)列只对通轨道交通的城市样本进行估计,结果与全样本城市类似。不过,如前文所述,FE或DID估计并未解决因遗漏变量而导致的内生性偏误,因而进一步利用式(14-2)估计了通轨道交通前后断点附近的处理效应,结果见表14-3。

在进行RD估计之前,首先绘出了断点附近的散点图及其拟合曲线,如图14-1所示。从非参的LOWESS拟合图可以看出,二项式函数较好地拟合了轨道交通开通前后30天的API指数,且在轨道交通开通附近出现了明显的断点,使得本章可以进一步利用RD估计出断点处的LATE。表14-3的第(1)至(3)列与(4)至(6)列分别显示了不控制与控制相应变量与固定效应的估计结果。其中,线性式估计参数结果不太显著,而二项与三项式结果均为显著负值,且差异不大。根据图14-1,本章主要选择二项式结果进行分析。与表14-2第(14-3)列相比,表3第(5)列中的轨道交通通车LATE远大于ATE,污染治理效应由API均值的5%跃升至26%,而根据每条线路平均里程34千米,也可算出每千米API减排效应为0.470,远大于表14-2中的0.067,说明轨道交通对空气污染的短期治理效应大于其长期影响,这也可以从表14-1中的轨道交通开通前后API均值的比较中观察到。

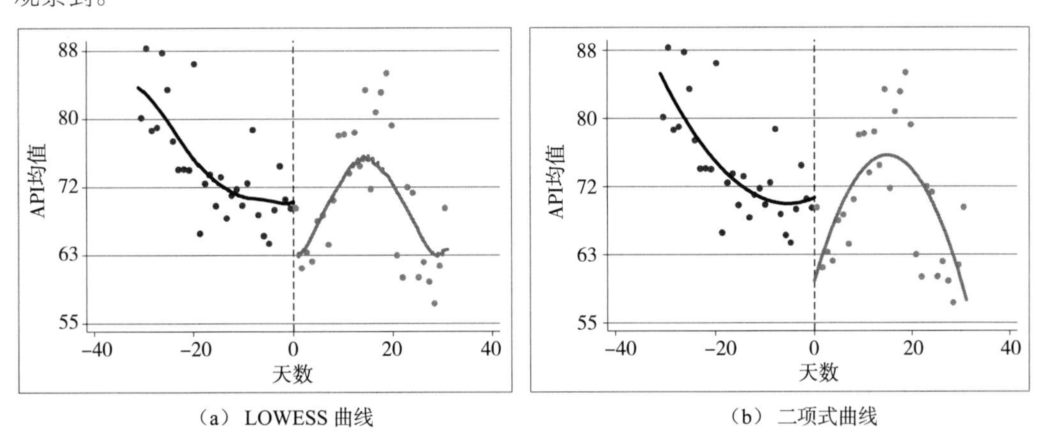

(a) LOWESS曲线　　(b) 二项式曲线

图14-1　轨道交通通车前后30天空气质量拟合曲线

资料来源:作者绘制。

(二)稳健性检验

上面的基准实证结果证实了轨道交通开通具有显著的环境治理效应,但RD分析结果的有效性可能受其他条件的限制，接下来将进行相关稳健性检验。

(1)带宽敏感性。上述 RD 估计结果的稳健性不仅依赖于曲线拟合形式，还可能受到选择的带宽(bandwidth)影响，因而本章有必要将带宽进一步缩小，从而更准确地估计出临近断点处的处理效应。本章分别选择了轨道交通开通前后 25 天、20 天和 15 天作为带宽进行估计，由于越趋近断点处，拟合曲线越接近线性形式，因而在带宽为 15 天和 20 天处主要采用线性式进行曲线拟合，在 25 天处则进行二项式拟合，结果见表 14-4。从第(1)至(3)列中可知 3 类带宽的估计结果均为显著负值，支持了表 14-3 实证结论的稳健性。

表 14-4　带宽敏感性与节假日效应

	API				
	±15 天	±20 天	±25 天	±30 天	±30 天
	线性式	线性式	二项式	二项式	二项式
	(1)	(2)	(3)	(4)	(5)
subway	−11.7615**	−13.4727***	−18.7736***	−11.5136**	−15.7002***
	(5.1810)	(4.1661)	(5.4654)	(4.8320)	(4.7881)
假日效应	N	N	N	剔除	控制
样本数	605	809	1009	838	1266
R^2	0.3232	0.3414	0.3155	0.4304	0.3667

注：括号内为市级聚类稳健标准误；* $p<0.1$，** $p<0.05$，*** $p<0.01$；表中同时控制了控制变量、固定效应、年度效应、月度效应、星期效应与断点效应。

资料来源：作者基于 *Stata* 软件估计。

(2)节假日效应。除了带宽敏感度，威胁本章 RD 估计稳健性的另一个因素是节假日效应。例如，若轨道交通通车时间选择在元旦、国庆节等节日之前，则可能会因通车效应恰好捕获了节假日效应而导致估计结果向上偏误，因而本章采用两种方法分别对节假日效应进行剔除与控制。表 14-4 中的第(4)与(5)列分别为剔除与控制节假日效应的估计结果，其数值符号与显著性均未产生较大变化。此外，另一个可能影响稳健性的因素是"处理前下降"(Ashenfelter's dip)(Heckman et al., 1999)，即在修建轨道交通时会造成交通拥堵和空气质量下降，而在建成通车后这种拥堵与污染会有所缓解，因而轨道交通通车可能因捕获停工导致的排放下降而造成估计结果向下偏误。不过，这个问题应不会影响上述结论，原因在于：按照规定，轨道交通建成后要经历验收、试运行和试运营 3 个阶段才能正式通车，一般试运行阶段不售票、不载客，时间不能少于 3 个月，而本章的时间范围选择在通车前后 30 天，不会受到上述因素的影响。

(3)安慰剂检验。时间 RD 估计面临的最大挑战是遗漏变量问题,因其很可能捕获其他相关影响因子的效应,尽管可以通过缩小带宽的方法降低,但无法消除这种可能性。例如,轨道交通可能恰好捕获了经济下滑导致的工业污染减排,或可能影响空气污染的其他因素的作用,如风速、气温等,都可能导致估计的处理效应高估。因此,本章采用两种方法进行安慰剂检验(Placebo test):①利用公式(14-3)进行 RDID 估计,在通轨道交通城市中以当期未开通轨道交通的城市在断点处的处理效应作为对照组,估计当期开通城市的处理效应,结果列于表 14-5 的第(1)至(3)列;②利用风速与气温作为被解释变量,估计轨道交通开通是否捕获了该变量的断点,列于第(4)与(5)列。

表 14-5　安慰剂检验

	API			*Wind*	*Temp*
	线性式	二项式	三项式	二项式	二项式
	(1)	(2)	(3)	(4)	(5)
subway	−1.9871**	−7.3067***	−6.2211***	1.1075	3.1767
	(1.0140)	(1.5130)	(2.0840)	(1.6720)	(5.0210)
subway×*dd*	3.5350	−10.8082***	−11.8744***		
	(2.5850)	(3.9140)	(5.2730)		
样本数	19267	19267	19267	1266	1266
R^2	0.1720	0.1770	0.1770	0.2420	0.9300

注:括号内为市级聚类稳健标准误;* $p<0.1$,** $p<0.05$,*** $p<0.01$;表中同时控制了控制变量、固定效应、年度效应、月度效应、星期效应、断点效应与假日效应。

资料来源:作者基于 *Stata* 软件估计。

从表 14-5 的估计结果可知,在加入控制组断点后,轨道交通开通的处理效应有所下降,表明其他无法观察的因素可能造成了一定影响,如轨道交通开通的时点恰好捕获了工业污染排放下降的效应,或者各城市的空气污染存在一个总体下降的时间趋势,从而使轨道交通减排效应产生向上的估计偏误①。不过,第(2)与(3)列的估计结果仍然显著为负,表明上述可能存在的减排效应并未抵消轨道交通效应。此外,从表中第(4)与(5)列的结果可以看出,轨道交通断点并未捕获风速与气温等可能影响污染变量的处理效应。

(三)异质性影响分析

(1)城市异质性。不同于 Chen 和 Whalley(2012)只关注台北轨道交通的一条新开通线路,本章考察了中国大陆 14 个城市的 45 条新开线路,有必要进一步了解这些城市的

① 此处有可能低估了轨道交通的实际减排效应,原因在于:本章将其他兴建轨道交通而未在断点处开通的城市都视为控制组,但由于某些城市可能在断点前后 60 天的时间窗口内开通,造成控制组也出现了显著的减排效应。

异质性特征对减排效应的影响，此处主要关注市区人口规模、人口密度及开通前后空气污染程度差异对轨道交通减排效应的异质性影响。上述指标的估计结果汇总到表 14-6 中，首先是第一行第(1)与(2)列的人口规模分组与第(3)与(4)列人口密度分组的估计结果，可知轨道交通的减排效应随人口规模与密度的增大而提高，具有规模收益递增的特点。究其原因，由于人口规模较大或密度较高的城市具有较大的交通需求，若供给不足将会导致交通拥堵，并恶化由尾气排放造成的空气污染，而轨道交通通过增大交通供给实现对路面交通的替代，从而达成污染减排。相反，人口规模较小或密度较低的城市并不会出现交通资源的严重不足，因而轨道交通的替代效应与减排效应就不显著了。

表 14-6　城市异质性分析

	API			
	(1)	(2)	(3)	(4)
人口规模/密度	＞1500 万人	＜1500 万人	＞1 万人/千米^2	＜1 万人/千米^2
subway	−12.9220*** (1.7651)	−1.3547 (1.7718)	−12.0337*** (4.4965)	3.6546 (7.4190)
污染程度(*API*)	＜80	80—90	＞90	＞80/＜80
subway	−2.0376 (3.6498)	−4.4990 (5.6844)	−35.3524** (13.8762)	−32.8144*** (10.9443)

注：括号内为市级聚类稳健标准误；* $p<0.1$，** $p<0.05$，*** $p<0.01$；RD 回归采用了二项式估计；表中同时控制了控制变量、固定效应、年度效应、月度效应、星期效应、断点效应与假日效应。

资料来源：作者基于 *Stata* 软件估计。

另一个值得关注的问题是空气污染程度对轨道交通减排效应的影响，为此本章依据每个断点前后 30 天范围内的平均 API 水平进行了城市分组。总体而言，14 个城市在轨道交通通车前后 API 均值的均值为 72.2，其中除大连 R3 线与深圳轨道交通 5 号线通车断点处的 API 均值为优(API＜50)，其他线路通车时 API 均值都为良。从结果可知，当 API 均值大于 90 时，轨道交通通车的空气净化效应最显著；而随着 API 均值下降，该效应也逐渐降低且变得不显著。由此可见，轨道交通的减排效应随污染程度的上升而增强，其原因在于：污染较重城市的汽车尾气排放也较多，由交通替代而引发的轨道交通减排效应也就较为明显；相反地，低污染城市中由交通替代引发的减排效应较弱。事实上，这反映出人们对交通需求与污染程度较低的城市兴建轨道交通的担忧不无道理。

(3)污染物异质性。除了城市异质性，轨道交通空气净化效应的污染物异质性也应引起重视，本章接下来主要围绕不同污染物与不同时间段进行分析。这里考察的对象为 2014 年 12 月 28 日开通的北京轨道交通 7 号线，选择该样本的原因有两个：①2014 年之后才有更细致的构成 AQI 的 6 类污染物的 24 小时实时排放数据；②可以利用观察点数据分析轨道交通对交通高峰期(上午 7—9 点与下午 17—19 点)与非高峰期(0—6 点)的不同距离观察点的影响。7 号线全长 23.7 千米,共有 19 个车站,周围 2 千米以内有 4 个污染物监测点。从表 14-7 的估计结果中可知,轨道交通开通对总体空气质量有显著的提升作用,尤其对 SO_2、NO_2、CO 与悬浮颗粒物具有显著遏制作用,却促进了 O_3 的生成。之所以出现这一现象,应当与 O_3 的二次污染物属性相关,因而使轨道交通污染净化效应出现了滞后。从排放时间看,RDID 估计结果显示出交通高峰与非高峰期存在显著差异,这也从侧面反映出轨道交通是通过替代路面交通的途径来改善空气质量的。

表 14-7　污染物异质性分析

	SO_2	NO_2	CO	O_3	PM_{10}	$PM_{2.5}$
	(1)	(2)	(3)	(4)	(5)	(6)
全市/全天	−18.7647***	−30.7405***	−1.0712***	13.6045***	−13.0836***	−37.3947***
	(1.5821)	(1.4990)	(0.0667)	(1.4554)	(4.4831)	(3.2163)
<2 千米	−23.4745***	−29.3334***	−0.8171***	17.34***	6.1781	−24.05*
	(3.7382)	(1.144)	(0.0564)	(1.0043)	(6.6272)	(8.0546)
高峰期	−19.5198***	−29.1449***	−0.9890***	10.7845***	−12.5647**	−41.6737***
	(1.968)	(1.5300)	(0.0749)	(1.6354)	(5.0443)	(4.0812)
高峰/非高峰	−15.6501***	−7.5763**	−0.1592	−1.5167	−23.9423**	−33.2847***
	(2.1900)	(3.5265)	(0.1883)	(1.5735)	(9.9495)	(9.5182)
<2 千米/>50 千米	−12.0433**	0.3714	−0.1202	−5.1171	24.137	5.4901
	(3.8635)	(7.5736)	(0.1541)	(3.4260)	(14.2490)	(10.3435)

注:括号内为观察点聚类稳健标准误;* $p<0.1$,** $p<0.05$,*** $p<0.01$;RD 回归采用了二项式估计;表中同时控制了固定效应、年度效应、月度效应、星期效应、断点效应、假日效应与小时效应。

资料来源:作者基于 *Stata* 软件估计。

在上述分析基础上,本章可以大致测算出空气污染降低对人均预期寿命的影响,并对轨道交通进行简单的成本—收益分析。根据 He 等(2015)的估算,PM_{10} 每降低 10 微克/立方米,全国城市人口年均死亡减少 19.6 万人。若本章选取的北京具有代表性,那么根据表 14-7(5)列的估计值计算出,轨道交通开通的污染净化效应可使中国城市死亡人数每年减少 25.5 万人。同时,利用条件价值评估法,根据中国城市居民的支付意愿估计出的人均生命价值介于 24 万～384 万元,从而可算出每年的经济收益为 612 亿～9792 亿元。以北京为例,2010—2012 年间每年平均开通轨道交通 64 千米,单位建造成本大致为 10 亿元/千米,若不考虑历史投入,则每年兴建与运营成本合计约为 686 亿元。而根据北京 2000 万人口规模,可测算出每年因轨道交通的减排效应而减少死亡的人口规模约为 3900 人,其 WTP 价值为 10 亿～150 亿元。由此可见,尽管轨道交通的修建与运营

成本价值不菲，但由其空气净化效应带来的收益可在最短 10 年内收回成本。

(四)减排机制分析：机动车替代

一般而言，若轨道交通具有减排效应，较符合逻辑的一个途径应是通过改变私人出行选择而减少路面交通需求，这不仅能够减少机动车尾气排放，也可以减少交通拥堵(And eraon, 2014)。因此，在中国城市机动车呈爆发式增长的趋势背景下，若能观察到轨道交通显著缓解了交通拥堵，就可以推断轨道交通对路面交通的使用具有显著的替代效应，这也正是轨道交通治理空气污染的主要途径。作为集中关注轨道交通减排效应的研究，这里将分析这一作用机制在中国城市的存在性。基于交通拥堵数据的可得性原因，本章选择了 2013 年 5 月 5 日开通的北京轨道交通 14 号线东段与西段作为考察对象。东、西两段分别长 12.4 千米与 14.8 千米，各拥有 7 个和 10 个站点，尽管其并未完全连通，但恰好分别位于朝阳区和丰台区，可以观察其对这两个区交通拥堵的直接影响，并利用相邻的海淀区与东城、西城两个城市中心区作为控制组，剔除无法观察的相关因素的可能影响。

本章将式(14-2)的估计结果列于表 14-8 中，其中分别包含了线性式与二项式估计的结果，而且将交通拥堵指数分为全天拥堵指数($traffic$)、早高峰拥堵指数($mptraffic$)和晚高峰拥堵指数($eptrafic$)3 种类型。从结果可知，14 号线的开通对丰台和朝阳区交通拥堵有显著的缓解作用，尤其对早高峰拥堵的缓解是显著且稳健的。相对而言，该线开通对市中心与海淀区的交通则无显著影响。当本章利用式(14-3)中的 RDID 方法，将丰台和朝阳区视为处理组、市中心与海淀区作为控制组时，发现早高峰时的处理组仍然出现显著的拥堵下降，表明轨道交通可能通过替代了路面交通的使用而减少拥堵。

表 14-8　轨道交通与交通拥堵：北京市

	线性式			二项式		
	$traffic$	$mptraffic$	$eptraffic$	$traffic$	$mptraffic$	$eptraffic$
	(1)	(2)	(3)	(4)	(5)	(6)
丰台和朝阳	-0.2881^{**}	-0.5775^{***}	-0.3777	-0.05161	-1.2142^{***}	0.2639
	(0.1291)	(0.2096)	(0.3373)	(0.2890)	(0.4353)	(0.7181)
市中心和海淀	-0.0733	0.0304	0.2300	0.6070	0.7028	1.9782^{*}
	(0.2665)	(0.3441)	(0.5240)	(0.5524)	(0.7544)	(1.0201)
丰台和朝阳/市中心和海淀	-0.2151	-0.6070^{*}	-0.6075	-0.6581	-1.9161^{***}	-1.7142^{**}
	(0.2457)	(0.3473)	(0.4612)	(0.4785)	(0.6636)	(0.8460)

注：括号内为稳健标准误；$^{*}p<0.1$，$^{**}p<0.05$，$^{***}p<0.01$；表中同时控制了固定效应、月度效应、星期效应与假日效应。

资料来源：作者基于 *Stata* 软件估计。

不过，对于北京的研究是否具有普遍意义值得怀疑，其原因在于：北京是中国人口规模最大、机动车数量最多的城市，轨道交通显著缓解了该市的交通拥堵，并不意味着也一定会对人口规模较小城市产生相同效果。因此，本章对国内其他城市进行了补充分析，主要关注一线城市中的上海和广州、二线城市的南京、宁波，以及三线城市的长沙与无锡。从表 14-9 的结果可知，上海、广州与南京的轨道交通对交通拥堵均有显著缓解作用，而对其他 3 个城市则效应不显著。从人口规模的角度分析，上海与广州人口分别超过 2000 万和 1000 万，南京超过 800 万，而其他 3 个城市则均低于 800 万，介于 600～800 万之间。这一结果与表 14-6 中的异质性讨论一致，不同人口规模的城市轨道交通确实存在异质性效应。由此，本章可做一个粗浅的推断，即轨道交通的拥堵缓解效应存在的人口规模临界点应位于 800 万附近，若低于该规模，则其缓解作用将不明显。

表 14-9　轨道交通与交通拥堵：其他城市

	Traffic					
	上海	广州	南京	长沙	宁波	无锡
	(1)	(2)	(3)	(4)	(5)	(6)
subway	-0.4304^{**}	-0.2212^{***}	-0.1854^{**}	-0.1437	-0.0518	-0.0916
	(0.2044)	(0.0593)	(0.0706)	(0.1345)	(0.1180)	(0.1159)

注：括号内为稳健标准误；$^{*}p<0.1$，$^{**}p<0.05$，$^{***}p<0.01$；RD 回归采用了二项式估计；表中同时控制了固定效应、月度效应、星期效应与假日效应。

资料来源：作者基于 *Stata* 软件估计。

关于轨道交通对路面交通的替代，另一个值得关注的问题是哪类出行方式受到更大的影响。这里利用各城市的机动车保有量数据，分别测算私人汽车、非私人汽车、出租车与公共汽车在高和低保有量的情形下轨道交通的污染减排效应差异。之所以这样处理，在于若轨道交通对路面交通的替代来自某种出行方式，那么该交通工具在城市间的数量差异将体现到轨道交通的减排效应上，使保有量较多城市具有较高的轨道交通减排效应。从表 14-10 中 RD 估计的结果可知，轨道交通对于私人汽车、非私人汽车以及公共汽车均有一定的替代作用，即保有量较高组的减排效应高于较低组，不过两组的差异不是很大，而 RDID 估计结果也说明这种替代效应并不显著。相反地，在出租车高、低分组中，轨道交通的替代效应存在显著差异，可知轨道交通是通过替代出租车出行实现污染减排的。这一结果类似于油价提升的污染减排效应，即在中国城市出租车是价格弹性与替代弹性最大的路面交通方式，而私人汽车则较为缺乏弹性。

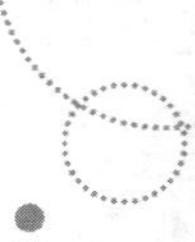

表 14-10 轨道交通对路面交通的替代

	API							
	私人汽车		非私人汽车		出租车		公共汽车	
	低	高	低	高	低	高	低	高
	(1)	(2)	(3)	(4)	(5)	(6)	(7)	(8)
subway	-15.8314^{***} (5.8594)	-16.8518^{**} (6.9205)	-12.1285^{**} (4.7030)	-15.6203^{**} (6.8380)	-2.4043 (6.6342)	-19.8935^{***} (6.3543)	-14.6429^{**} (7.2197)	-17.7826^{***} (5.9566)
subway×*aa*	-5.8079 (8.8059)		-10.5723 (8.4718)		-23.6645^{***} (8.7860)		-6.6090 (8.9921)	

注：括号内为市级聚类稳健标准误；$^{*}p<0.1$，$^{**}p<0.05$，$^{***}p<0.01$；RD 回归采用了二项式估计；各类机动车保有量高、低分组是根据是否高于或低于城市中位数确定的；表中的 *aa* 表示各类机动车的保有量高、低分组，若保有量高就为 1，低则为 0；表中同时控制了控制变量、固定效应、年度效应、月度效应、星期效应、断点效应与假日效应。

资料来源：作者基于 *Stata* 软件估计。

五　轨道交通的规模效应分析

轨道交通项目投资成本高且盈利能力弱,这不可避免地给地方政府带来了巨大的财政压力,从而可能降低其他城市公共品的供给水平。因此,一个亟须讨论的重要问题是:从空气污染治理角度看,轨道交通的建设是否存在最优规模?这不仅有助于从宏观角度理解中国城市轨道交通促进污染减排的基本规律,而且更有助于各城市政府正确评估当地轨道交通建设水平,并依据各自特点制定具有针对性的公共政策。当然,解答该问题的最终目标仍是在保证减排效果的前提下,尽量节约财政资源,从而优化支出结构,提高支出效率。理论上,在于轨道交通并不必然存在最优规模。究其原因,轨道交通网络具有很强的正外部性,主要包括两个方面[①]:①轨道交通具有公共交通的正外部性,即可以通过降低交通拥堵来提高路面交通通行效率;②轨道交通还具有正的网络外部性,即随着路网建设的日益完善,新建线路开通在使沿线居民获益的同时,也改善了与该线联网的其他线路沿线乘客的出行效率,从而实现帕累托改进(张学良,2012)。为准确评估轨道交通污染减排的规模效应,这里将进行分样本回归,考察已建成轨道交通线路累积里程在0～50千米、50～200千米以及大于200千米时新开通线路的异质性影响,实证结果见表14-11。

表14-11　轨道交通减排作用的规模效应

	API			
	(1)	(2)	(3)	(4)
累积里程	0～50千米	50～200千米	>200千米	>200千米/<50千米
subway	−8.3194 (5.5568)	−13.1447** (6.4209)	−20.8637** (10.5452)	−17.9631 (12.4421)
人口密度	<1万人/平方千米		>1万人/平方千米	
累积里程	0～50千米	>200千米	0～50千米	>200千米
subway	−13.3641 (9.0953)	−24.6066 (27.6874)	−18.6096** (8.0158)	−54.8944* (28.5467)

注:括号内为市级聚类稳健标准误;* $p<0.1$,** $p<0.05$,*** $p<0.01$;RD回归采用了二项式估计;由于线路数量与里程数高度相关,即0到1条、2～5条和大于5条线路分别对应于0～50千米、50～200千米及大于200千米,因而表中只列出里程数估计结果;本章还利用人口规模进行了分组回归,但估计结果并不存在明显规律,此表并未列出;表中同时控制了固定效应、年度效应、月度效应、星期效应、断点效应与假日效应。

资料来源:作者基于*Stata*软件估计。

---

① 轨道交通还可以促进沿线土地价格的上涨,从而使土地所有者获益,但由于这一外部性并非本章关注的问题,此处并不展开讨论。

从表14-11第一行的结果可知，总体上，现有轨道交通累积里程越长，新建线路的治污效果越强。当累积线路长度小于50千米时，其环保效应并不显著。这意味着对于一个城市而言，规模过小的城市轨道交通系统难以大规模替代路面交通出行方式，可能是由于少量的轨道交通线路无法产生足够的网络外部性，从而未能有效替代原有私人出行方式。当轨道交通累积线路里程介于50千米和200千米之间时，新建线路的减排效果有所提高，并变得显著。当累积里程超过200千米时，轨道交通的环保效应达到最大，这意味着当前中国城市的轨道交通仍然处于规模报酬递增阶段，更加健全的轨道交通体系对路面交通的出行方式具有更强的替代作用，因此其环保效应更大。总体而言，当前中国城市的轨道交通并没有达到最优规模，仍然能够受益于该交通模式的网络正外部性，从而验证了前述的理论分析。

当然，轨道交通网络存在正外部性必须满足一个前提条件，即当前运量并未达到饱和。如果现有系统已不堪重负，那么在未能提高旧线路运力的情况下，贸然连入新的线路，增长的需求将会恶化轨道交通运营效率。在此情况下，只有同时开通新线并改造旧线，才能实现轨道交通网络的正外部性。基于此，本章又进一步利用不同人口密度进行城市分组，考察两方面问题：①在人口密度较低的城市是否存在轨道交通资源的浪费？②在人口密度较高的城市是否存在轨道交通运力的饱和？从表14-11中第二行的估计结果可知，在人口密度低于1万人/平方千米的城市中，无论累积开通的轨道交通线路小于50千米还是大于200千米，新开线路的减排效果均不显著。相反，人口密度高于1万人/平方千米城市的新开线路，无论其距离长短，均存在显著的减排效应，且估计值显著大于低密度城市。上述结果至少说明3方面问题：①之前估计结果中，累积线路小于50千米样本的不显著可能来自低密度城市；②高密度城市并未出现现有线路运力饱和的情况；③累积里程大于200千米的低密度城市可能出现了资源浪费的情况，因其不显著的减排效应源于运力饱和的可能性较小。产生上述结果的原因易于理解：低密度城市的轨道交通对路面交通替代能力较弱，因而其减排效应不显著；而高密度城市由于其运力并未达到饱和，因而网络正外部性使其仍处于规模收益递增阶段。由此可见，在当前中国城市建设中，高人口密度城市的轨道交通远未达到最优规模，地方政府仍需进一步投入资源对其加以完善；而对于低密度城市，兴建轨道交通的时机可能并不成熟，其通过交通替代改善环境的潜力十分有限。

六　结论与启示

近年来，中国大中城市兴起了大规模兴建轨道交通的热潮，其目的在于解决日益严重的城市交通拥堵与空气污染。本章利用准实验方法对上述问题进行分析后发现：①城市轨道交通开通对空气污染具有显著的减排效应，而且这一结果在考虑节假日、不同带宽以及存在遗漏变量的情况下仍然稳健；②在异质性分析中，发现轨道交通减排效应随城市人口规模、密度、污染程度的上升而增大，表明其具有城市规模收益递增的特点；③轨道交通主要降低了与机动车相关的PM、SO_2、NO_2和CO排放，且在交通高峰期体现出高于非高峰期的减排效应，表明其主要途径是替代路面交通；④通过分析北京市交通拥堵数据，发现轨道交通连通对周边地区的早高峰时期的拥堵有显著缓解作用；⑤在对其他城市进行分析时，发现轨道交通在人口超过800万的城市显示出较强的缓解作用，而低于800万的二、三线城市则不显著；⑥通过对不同交通工具的分析，发现轨道交通减排效应在出租车保有量上存在显著异质性，表明其空气改善效应主要来自对出租车出行方式的替代；⑦通过对轨道交通兴建最优规模的分析，发现当前中国城市轨道交通建设仍处于规模报酬递增阶段，且人口密度越高的城市这一特征越明显。

本章的实证结论对中国城市的轨道交通兴建具有一定的参考意义，可为今后相关政策制定提供借鉴。①总体而言，中国城市轨道交通的开通具有显著的空气治理效应，能够有效缓解城市空气污染，从而显著提高社会净效益。在本章对当前北京轨道交通减排效应的价值测算中发现，从社会福利角度观察，尽管其兴建与运营成本高昂，但考虑到因拥堵缓解与空气改善为城市居民带来的福利增进，兴建轨道交通总体上仍是有利可图的。②若考虑轨道交通影响的异质性，对于人口规模与密度较低或者污染较轻城市，基于改善空气质量的目的来兴建轨道交通的地方政府应审慎对待这一基础设施投资。具体而言，人口规模低于1500万、人口密度低于1万人/平方千米或年均空气污染指数低于90的城市，其轨道交通的污染减排效应是不显著的。③若考虑轨道交通的拥堵缓解作用，人口规模低于800万的二、三线城市也是不显著的。同时，若城市机动车中出租车的比重较小，通过轨道交通替代路面交通的方式来改善空气质量的政策效果也将大打折扣。相反，若人口规模较大、密度较高或者城市出租车的数量较多，轨道交通将有显著的交通缓解与污染减排效应，而且这种效应将随其兴建规模的扩大而呈现规模效应，其主要机制就在于很大程度上替代了路面交通的出行方式。④从轨道交通网络外部性角度分析，更完善的轨道交通网络更加有利于实现对路面交通出行方式的替代，而对于开发初期的轨道交通系统，由于其网络外部性较弱，人们转变出行方式的意愿并不强烈。这一规模效应在较高人口密度城市中表现得尤为明显，而在人口密度较低的城市，盲目发展轨道交通可能导致财政资源的浪费。总体而言，城市规模对于轨道交通的拥堵缓解及污染减排效应均有显著影响，因而地方政府在实施该项政策时应对其成本与收益进行充分评估。

本章参考文献

李文兴，尹帅.城市轨道交通成本构成分析[J].交通运输系统工程与信息，2012(2)：9-14.

ZHENG S，KAHN M E. Understanding China's urban pollution dynamic[J]. Journal of Economic Literature，2013，51(3)：731-772.

CHEN Y，JIN G Z，KUMAR N，et al. The promise of Beijing：evaluating the impact of the 2008 Olympic Games on air quality[J]. Journal of Environment Economics and Management，2013，66(3)：424-443.

VIARD B，FU S. The effect of Beijing's driving restrictions on pollution and economic activity[J]. Journal of Public Economics，2015，125(2)：98-115.

曹静，王鑫，钟笑寒. 限行政策是否改善了北京市的空气质量[J].经济学(季刊)，2014，13(3)：1091-1126.

ESKELAND G S，FEYZIOGLU T. Rationing can backfire：the "Day without a Car" in Mexico City[J]. World Bank Economic Review，1997，11(3)：383-408.

DAVIS L. The effect of driving restrictions on air quality in Mexico City[J]. Journal of Political Economy，2008，116(1)：38-81.

赵峰侠，徐明，齐晔.北京市汽车限行的环境和经济效益分析[J].生态经济，2010(12)：40-44.

LI S，LINN J，MUEHLEGGER E. Gasoline taxes and consumer behavior[J]. American Economic Journal：Economic Policy，2014，6(4)：302-342.

LI S，TIMMINS C，VON HAEFEN R H. How do gasoline prices affect fleet fuel economy[J]. American Economic Journal：Economic Policy，2009，1(2)：113-137.

席鹏辉，梁若冰.油价变动对空气污染的影响：以机动车使用为传导途径[J].中国工业经济，2015(10)：100-114.

MOHRING H. Optimization and scale economies in urban bus transportation[J]. American Economic Review，1972，62(4)：591-604.

VICKERY W. Congestion theory and transport investment[J]. American Economic Review，1969，59(2)：251-260.

PARRY I W H，SMALL K A. Should urban transit subsidies be reduced[J]. American Economic Review，2009，99(3)：700-724.

ANDERSON M L. Subways，strikes，and slowdowns：the impacts of public transit on traffic congestion[J]. American Economic Review，2014，104(9)：2763-2796.

CHEN Y，WHALLEY A. Green infrastructure：the effects of urban rail transit on air quality[J]. American Economic Journal：Economic Policy，2012，4(1)：58-97.

LEE D, LEMIEUX T. Regression discontinuity design in economics[J]. Journal of Economic Literature, 2010, 48: 281-355.

HECKMAN J J, LALONDE R J, SMITH J A. The economics and econometrics of active labor market programs[M]//ASHENFELTER O, CARD D. Handbook of labor economics. Amsterdam: Elsevier, 1999.

HE G, FAN M, ZHOU M. The effect of air pollution on mortality in China: evidence from the 2008 Beijing Olympic Games[R]. HKUST IEMS Working Paper, 2015.

张学良.中国交通基础设施促进了区域经济增长吗——兼论交通基础设施的空间溢出效应[J].中国社会科学,2012(3):60-77.